Research on International Regulation of Radiocommunication

# 无线电通信国际规制研究

夏春利◎著

人 民 邮 电 出 版 社
北 京

图书在版编目（CIP）数据

无线电通信国际规制研究 / 夏春利著. -- 北京 : 人民邮电出版社, 2022.10（2023.9 重印）
ISBN 978-7-115-59566-9

Ⅰ. ①无… Ⅱ. ①夏… Ⅲ. ①无线电通信－研究－世界 Ⅳ. ①TN92

中国版本图书馆CIP数据核字(2022)第110315号

## 内 容 提 要

本书旨在研究无线电通信国际管理的机制、规则和程序。全书从无线电通信资源的定义及其法律性质出发，介绍了无线电通信国际规制的相关机构及其职能，阐述了无线电通信国际规制的法律渊源，分析了参与国际无线电通信活动的相关主体及其权利和义务，详解了在国际层面取得无线电通信资源使用权的相关规则，说明了减少和消除有害干扰、维护国际无线电通信秩序的规则程序，总结了无线电通信领域的争端解决机制，并针对大规模卫星星座部署等国际无线电通信发展新问题对相关规则体系的挑战进行了分析和展望。

本书适合无线电管理机构的工作人员，通信以及航天领域的运营商、制造商的频率规划和协调人员，通信和法学专业的高校和科研院所教研人员和学生阅读参考。

◆ 著　　　夏春利
责任编辑　苏　萌
责任印制　马振武
◆ 人民邮电出版社出版发行　　北京市丰台区成寿寺路 11 号
邮编　100164　　电子邮件　315@ptpress.com.cn
网址　https://www.ptpress.com.cn
北京七彩京通数码快印有限公司印刷
◆ 开本：720×960　1/16
印张：18.75　　2022 年 10 月第 1 版
字数：267 千字　　2023 年 9 月北京第 4 次印刷

定价：99.80 元

读者服务热线：(010)81055493　印装质量热线：(010)81055316
反盗版热线：(010)81055315
广告经营许可证：京东市监广登字 20170147 号

# 序

# P R E F A C E

随着信息通信技术的迅猛发展和各种新型无线电业务的不断涌现，无线电频谱作为信息传输的重要载体，已成为各国经济社会发展的关键物质基础和国防建设的重要战略资源。由于无线电通信活动涉及人类活动的众多领域，从军用到民用，从陆地、领空到太空、深海海底，无线电频谱在当前和今后都是事关国家安全与发展的重要资源。2020年修订的《中华人民共和国国防法》规定，国家建设强大稳固的现代边防、海防和空防，采取有效的防卫和管理措施，保卫领陆、领水、领空的安全，维护国家海洋权益；国家采取必要的措施，维护在太空、电磁、网络空间等其他重大安全领域的活动、资产和其他利益的安全。无线电频谱不但是建设现代边防、海防和空防的重要支柱和基石，而且其本身也已成为独立的安全领域，更是建设电磁强国的关键依托。

无线电频谱和卫星轨道资源是典型的国际资源。当前，在国际层面，无线电通信资源权益争夺日益激烈，从各种无线电通信业务的频率和卫星轨道资源的取得、使用和维护，到无线电通信国际规则和标准的制定，甚至是在外层空间的博弈，都体现着国家利益的角逐和国家安全战略制高点的争夺。掌握和灵活运用国际法上关于无线电频谱和卫星轨道资源的分配机制和操作程序规则，有利于开展国际互助合作，为国家争取更多的无线电通信资源，切实维护我国的电磁主权。参与制定无线电通信领域的国际法，有利于统筹推进涉外法治，提高我国依据国际法参与国际治理的能力，促进国际规则的完善和发展，在全球治理体系变革中提升中国的话语权，推动构建人类命运共同体。

夏春利副教授的专著《无线电通信国际规制研究》是研究无线电通信国际管理的机制、规则和程序的一次有意义的尝试。该书以无线电通信资源为出发点，介绍了无线电通信国际规制的相关机构和职能，分析了无线电通信国际规制的国际法渊源，从国际无线电通信活动参与主体及其权利和义务、国际无线电通信资源权益分配和使用、国际无线电通信秩序维护和争端解决等方面，系统阐述了无线电通信领域的国际法。由于无线电通信国际规制涉及多个交叉学科，与无线电通信行业的发展趋势深度融合，该研究难度很大。夏春利副教授在这一领域深耕十余年，积累丰厚，该书的出版丰富了无线电通信国际法研究领域的学术成果，十分难得。

希望本书的出版，能对广大无线电管理工作者和相关研究人员有所裨益，并对培养无线电通信领域的复合型人才起到积极的推动作用。

是为序。

**中国工程院院士 苏东林**

2022 年 4 月

# 前言

# F O R E W O R D

通信是人类的一项重要需求。古时候，人类通过口耳相传、鸿雁传书、烽火驿站等方式传递信息，在一定程度上满足了生产生活的基本需求，语言、书写和印刷，构成了人类历史上3次传播革命的奠基石[1]。1844年，美国人萨缪尔·芬利·布里斯·莫尔斯（Samuel Finley Breese Morse）受电磁感应现象的启发，发明了电报，人类进入电信时代，信息传播摆脱了纸张和车马的束缚，突破了时间和空间的限制，瞬息万里。及至人造地球卫星的发射、互联网的发明，万物互联的时代已经到来，任何人在任何地点、任何时间与任何人采取任何方式进行通信的“5W”的通信方式逐步成为现实[2]。

通信也是一项重要的人权。1948年《世界人权宣言》（Universal Declaration of Human Rights，UDHR）第19条庄严宣告：“人人有权享有主张和发表意见的自由；此项权利包括持有主张而不受干涉的自由，和通过任何媒介和不论国界寻求、接受和传递消息和思想的自由。”1966年《公民权利和政治权利国际公约》（International Covenant on Civil and Political Rights，ICCPR）第19条将通信自由上升为一项由国际条约确认和保障的人权，第19条第二款规定：“人人有发表自由之权利；此种权利包括以语言、文字或出版物、艺术或自己选择之其他方式，不分国界，寻求、接受及传播各种消息及思想之自由。”为了实现这一人权，作为联合国信息通信技术领域专门机构的国际电信

---

1 邵培仁. 论人类传播史上的五次革命[J]. 中国广播电视学刊，1996(7)：5-7.

2 美国铱星公司提出了“5W”的通信方式，即任何人（Whoever）在任何地点（Wherever）、任何时间（Whenever）可以与任何人（Whomever）采取任何方式（Whatever）进行通信。

联盟（International Telecommunication Union，ITU）将“以有效的电信业务促进各国人民之间的和平联系”作为该组织的发展愿景[3]。

电信是通信的下位概念。《国际电信联盟组织法》和《无线电规则》将电信定义为“利用导线、无线电、光学或其他电磁系统进行的对符号、信号、文字、图像、声音或任何性质信息的传输、发射或接收[4]”。主要通过两种方式来实现信息传递：有线（通过铜线、铝线、波导、光纤等）和无线（利用无线电波或其他无线系统）。其中，无线电通信通过不用人工波导而在空间传播的电磁波将信息妥为传递，是十分重要甚至是特定行业唯一的通信手段。无线电通信依赖无线电频谱的适当供给，固定和移动业务、卫星系统、无线电广播和电视广播、航空、海事、无线电导航、气象监测、空间研究、地球探测和业余无线电业务等，莫不如是。国际移动通信（International Mobile Telecommunications，IMT）对经济持续增长和社会发展的重要性和贡献度众所周知，据国际电信联盟的统计，截至2020年年底，全球93%的人口可接入移动宽带网络（3G及以上），其中85%的人口可被4G网络覆盖。而全球移动通信系统协会（Global System for Mobile Communications Association，GSMA）统计认为，早在2018年，移动通信行业总体贡献了3.9万亿美元的经济价值，相当于全球国内生产总值的4.6%[5]。在许多国家，国际移动通信成了主要的互联网接入方式。在航空领域，航空通信、导航和监视系统的正常运行对于确保飞行安全至关重要，而无线电频谱是航空通信、导航、监视系统引导飞机航行和使飞机获得空中交通信息的唯一可用的支撑手段。在海事领域，海洋运输满足了现代全球化经济体的货运需求，水上移动通信是海事行业成功的关键，通过这一媒介，水上安全、船舶位置报告、天气预报等信息都可以发送给出海的船

3 《国际电信联盟组织法》，序言。

4 《国际电信联盟组织法》，附件，第1012款；《无线电规则》（2020年版），第一卷条款，第1.3款。

5 马里奥·马尼维奇. 地面无线电通信的重要性[J]. 国际电信联盟新闻杂志——地面无线电通信，2019（4）：4.

只；对于陷入困境的船只，船舶位置报告的准确性和更新速度与救援能否迅速展开息息相关。而随着技术的发展，全球海上遇险和安全系统（Global Maritime Distress and Safety System，GMDSS）取代了莫尔斯电报，能更有效地为海岸站视线之外的船只提供水上安全信息[6]。基于无线电的遥感器是环境和气候监测、灾害预报和探测的主要工具，也是减轻自然灾害影响的主要手段，陆地和星载遥感应用构成了世界气象组织（World Meteorological Organization，WMO）全球气候观测系统（Global Climate Observing System，GCOS）的支柱，以至于在2010年坎昆联合国气候变化大会上，国际电信联盟指出，“没有频谱，就没有地球观测”。人类探索和利用外层空间的活动，包括操作各种卫星系统和开展空间研究，更是将无线电通信作为唯一手段在地球与宇宙之间收发信息。无线电通信在当前和未来，都是人类通信活动所使用的非常重要的手段。

无线电通信也与全球可持续发展目标密切相关。2015年9月25日，联合国大会第七十届会议通过了题为《变革我们的世界：2030年可持续发展议程》的第A/RES/70/1号决议，宣布了17个可持续发展目标和169个具体目标，以推动全世界在随后15年内消除极端贫穷、战胜不平等和不公正、遏制气候变化。《变革我们的世界：2030年可持续发展议程》明确且着重强调了信息通信技术在快速实现可持续发展目标中的核心催化职能：“信息和通信技术的传播和世界各地之间相互连接的加强在加快人类进步方面潜力巨大，消除数字鸿沟，创建知识社会。”国际电信联盟作为联合国信息通信技术领域的专门机构，应在促进数字世界繁荣方面发挥关键作用。联合国可持续发展目标的第9项是“产业、创新和基础设施”，包含的一项具体指标是“大幅提升信息和通信技术的普及度，力争到2020年在最不发达国家以低廉的价格普遍提供因特网服务”，这与国际电信联盟“促使世界上所有居民都得益于新的电信技术”

---

6 JOHN METTROP. 水上移动业务和船舶港口安全系统[J]. 国际电信联盟新闻杂志——2012年世界无线电通信大会，2012(1)：62.

的宗旨[7]完全一致。联合国可持续发展目标的第13项是“采取紧急行动应对气候变化及其影响”，要求加强所有国家应对气候灾害和自然灾害的复原力和适应能力，为实现这一目标，无线电通信可以提供监测、缓解和适应这些气候事件所需的解决方案，其中，卫星通信系统，特别是空间遥感和地球观测系统，可用于监测海洋状态和保护森林，可探测大气状态，从而提供准确的气象预测，其他无线电通信系统也可用于收集和传输与天气情况相关的数据，这些数据构成了探测气候相关灾害所需的关键主体数据[8]。当前，数字革命已成为全球经济和社会发展的引擎，医疗、教育、交通运输等行业正在发生深刻变革，无线电通信是正在进行的变革的助推器，其或成为《变革我们的世界：2030年可持续发展议程》中每一项可持续发展目标的直接助力，或为之提供技术便利，从而有助于人类社会的可持续发展[9]。

鉴于无线电通信的重要性，各主权国家早在一百多年前就通过国际电信联盟这一政府间国际组织平台进行谈判协商，缔结了一系列国际条约，从3个主要维度确立了无线电通信的国际规则，并通过国际电信联盟的相关机构和制度确保规则的实施。

第一，无线电通信资源管理。无线电通信资源主要包括无线电频谱和卫星轨道资源。无线电波是远距离实时发送和接收信息的主要载体，其频率范围是0~3000GHz，无线电频谱具有有限性、非耗竭性、排他性、易受污染性和共享性的特征，对其不使用或不当使用都是一种资源浪费。卫星轨道是卫星质心运动的轨迹，卫星在外层空间执行探索、开发以及利用太空和地球以外天体的特定任务时，其所占用的轨道是位于外层空间的、无形的无线电台站址资源，也具有稀缺性。随着无线电通信技术的发展，各种无线电业务和应用增加，无线电频谱和卫星轨道资源日益紧张。《国际电信联盟组织法》第

---

7 《国际电信联盟组织法》，第6款。

8 马里奥·马尼维奇. WRC-19：助力全球无线电通信迈向更美好的明天[J]. 国际电信联盟新闻杂志——不断演进的新技术的频谱管理，2019(5)：7.

9 《国际电信联盟2020—2023年战略规划》，2018年国际电信联盟全权代表大会第71号决议，附件1。

196款强调:“在使用无线电业务的频段时,各成员国须铭记,无线电频率和任何相关的轨道,包括对地静止卫星轨道,均为有限的自然资源,必须依照《无线电规则》的规定合理、有效和经济地使用,以使各国或国家集团可以在照顾发展中国家的特殊需要和某些国家地理位置的特殊需要的同时,公平地使用这些轨道和频率。”无线电通信资源管理的规则主要包括国际电信联盟对频段进行划分、对频道进行分配和对频率指配的登记,以及无线电频谱和卫星轨道资源的使用者在国际层面取得资源使用权的规则和程序(也包括丧失这种使用权的条件),是一套精密复杂的规则体系。

第二,无线电通信活动管理。为了更好地利用无线电频谱和卫星轨道资源,《国际电信联盟组织法》和《国际电信联盟公约》规定了各成员国的权利和义务。在权利方面,每个国家都有主权权利监管其电信,有权使用无线电频谱和卫星轨道资源,成员国可在特定条件下阻断电信业务,国际电信联盟还承认各成员国对于军用无线电设施保留完全的自由权。在义务方面,国际电信联盟成员国负有遵守国际电信联盟法规和避免有害干扰的主要义务。《无线电规则》为频率使用者、电台操作者等无线电通信活动的主体设定了具体的操作规则,相关规则技术性强。

第三,无线电通信秩序管理。有序、不受干扰的无线电通信是有效利用无线电通信资源的重要保障。《国际电信联盟组织法》第197款规定:“所有电台,无论其用途如何,在建立和使用时均不得对其他成员国或经认可的运营机构或其他正式受权开办无线电业务并按照《无线电规则》的规定操作的运营机构的无线电业务或通信造成有害干扰。”《无线电规则》不仅禁止有害干扰,也禁止其他违章行为。国际电信联盟成员国、无线电通信局、无线电规则委员会、世界无线电通信大会等机构,在处理有害干扰和违章行为方面,各自担负一定的职责,相关规则与无线电通信领域的争端解决机制密切相关。

本书旨在研究无线电通信国际管理的机制、规则和程序。第一章研究无线电通信资源的定义及其法律性质,这是理解和运用无线电通信相关国际规则的前提。第二章介绍无线电通信国际规制的相关机构及其职能,包括国际电信联盟、区域性电信组织，以及业务范围涉及无线电通信的其他相关国际组织和机构。第三章阐述无线电通信国际规制的法律渊源，涵盖了以国际电信联盟条约规则为主体、以其他国际法分支的规则为补充、以无线电通信国际标准为指南的规则体系。第四章分析参与国际无线电通信活动的相关主体及其权利、义务。第五章详解取得无线电通信资源使用权的国际规则。第六章分析减少和消除有害干扰、维护国际无线电通信秩序的规则和程序。第七章介绍无线电通信领域的争端解决机制。第八章针对大规模卫星星座部署等国际无线电通信发展新问题，展望相关规则体系的前景。

中国于1920年加入国际电信联盟，1932年首次派代表参加了在西班牙马德里召开的全权代表大会并签署了《国际电信公约》，1947年在美国大西洋城召开的全权代表大会上第一次被选为行政理事会的理事国。中华人民共和国成立后，中国在国际电信联盟的合法席位曾被非法剥夺。1972年5月，国际电信联盟行政理事会第27届会议通过决议恢复了中华人民共和国在国际电信联盟的合法席位，至今恰逢50周年。笔者通过写作本书，对本人过去多年的研究和实践活动进行了阶段性总结，也借此机会向多年来参与国际电信联盟活动、为我国争取无线电频谱和卫星轨道资源、确保无线电通信有序进行的前辈和专业人士致敬。

由于无线电通信国际规制技术性强，作者从事相关实务工作的经验有限，对规则的理解难免有不足和偏颇之处，期待学术界和实务界专家予以批评指正。

# 目录

CONTENTS

# 第一章
# 无线电通信资源概述

**本章概要：** 本章研究无线电通信活动中所使用的无线电频谱和卫星轨道资源的定义、特性及其在国际法中的地位问题，定义和定性是无线电频谱和卫星轨道资源国际规制的出发点，是无线电通信国际规制的基础性问题。

**关键术语：** 无线电频谱、卫星轨道资源、人类共同继承财产

## 第一节　无线电频谱的定义和特性

### 一、无线电频谱的定义

#### （一）电磁频谱的相关概念

1864—1873 年，苏格兰物理学家詹姆斯·克拉克·麦克斯韦（James Clerk Maxwell）提出了电磁感应原理，通过 4 个方程证明了电场和磁场的相互作用。1887 年，德国物理学家海因里希·鲁道夫·赫兹（Heinrich Rudolf Hertz）进行了世界上首次无线电发射机室内试验，将电磁波传送至数米远的地方。1895 年，俄国物理学家亚历山大·波波夫（Alexander Popov）和意大利发明家古列尔莫·马可尼（Guglielmo Marconi）分别进行了无线电通信实验[1]。人类进入电磁时代。

1 HAIM MAZAR. 无线电频谱管理政策、法规与技术[M]. 王磊，谢树果，译. 北京：电子工业出版社，2018：1.

根据电磁感应原理，交变的电场产生磁场，交变的磁场产生电场，变化的电场和磁场之间相互联系、相互依存、相互转化。以场能形式存在于空间的电场能和磁场能按照一定的周期不断转化，形成具有一定能量的电磁场。交变的电磁场不仅可以存在于电荷、电流或导体周围，还能够脱离其波源向远处传播，这种在空间或媒质中以波动形式传播的交变电磁场，被称为电磁波。电磁波在单位时间内重复变化的次数，称为电磁波频率（frequency），一般用 $f$ 表示，单位为 Hz（赫兹），常用单位还有千赫（kHz）、兆赫（MHz）和吉赫（GHz）。电磁波的频率范围称为电磁波的频谱，简称电磁频谱（spectrum），其范围从零到无穷大。电磁频谱按不同属性和传播特性可被划分为不同的波段，以频率由小到大依次为无线电波、红外线、可见光、紫外线、X 射线和 γ（伽马）射线，如表 1–1 所示[2]。

**表 1–1　电磁频谱的频段划分**

| 频段名称 | 无线电频率范围（单位：GHz） | 波长范围（单位：μm） |
|---|---|---|
| 无线电波 | 0 ～ 3000 | ≥ 100 |
| 红外线 | $300 \sim 4\times10^5$ | 0.75 ～ 1000 |
| 可见光 | $3.84\times10^5 \sim 7.69\times10^5$ | 0.39 ～ 0.78 |
| 紫外线 | $7.69\times10^5 \sim 3\times10^8$ | $10^{-3} \sim 0.39$ |
| X 射线 | $3\times10^8 \sim 5\times10^{10}$ | $6\times10^{-6} \sim 10^{-3}$ |
| γ（伽马）射线 | 约 $10^9$ 以上 | 约 $3\times10^{-4}$ 以下 |

### （二）无线电频谱的相关概念

在电磁频谱各波段中，无线电波是不用人工波导而在空间传播的、频率规定在 3000GHz 以下的电磁波[3]。无线电波是远距离实时发送和接收信息的主要载体之一。无线电通信就是利用无线电波所进行的对符号、信号、文字、图像、声音或任何性质信息的传输、发射或接收[4]。作为联合国负责信息通信

2　翁木云，吕庆晋，谢绍斌，刘正锋，等. 频谱管理与监测：第 2 版[M]. 北京：电子工业出版社，2017：1-2.

3　《无线电规则》（2020 年版），第一卷条款，第 1.5 款。

4　《无线电规则》（2020 年版），第一卷条款，第 1.3 款（电信的定义）、1.6 款（无线电通信的定义）。

技术事务的专门机构，国际电信联盟在《无线电规则》中将无线电频谱分为9个频段，在表1–2中以递增的整数列示。因为无线电频率的单位为赫兹（Hz），无线电频率的表达方式为：3000kHz以下（包括3000kHz），以千赫（kHz）表示；3～3000MHz（包括3000MHz），以兆赫（MHz）表示；3～3000GHz（包括3000GHz），以吉赫（GHz）表示。

表1–2 无线电频谱的频段划分和命名[5]

| 频段序号 | 符号 | 无线电频率范围（下限除外，上限包括在内） | 相当于米制的细分 |
| --- | --- | --- | --- |
| 4 | VLF | 3～30kHz | 万米波 |
| 5 | LF | 30～300kHz | 千米波 |
| 6 | MF | 300～3000kHz | 百米波 |
| 7 | HF | 3～30MHz | 十米波 |
| 8 | VHF | 30～300MHz | 米波 |
| 9 | UHF | 300～3000MHz | 分米波 |
| 10 | SHF | 3～30GHz | 厘米波 |
| 11 | EHF | 30～300GHz | 毫米波 |
| 12 | | 300～3000GHz | 丝米波 |

## 二、无线电频谱的特性

无线电频谱资源具有以下几个特性。

（1）无线电频谱资源具有有限性。可为无线电通信所使用的电磁频谱在一定的时间、空间和频段内是有限的。依据定义，无线电频谱是指3000GHz以下的电磁频谱，3000GHz以上的电磁频谱的开发使用尚在研究探索中。在3000GHz以下的无线电频谱中，国际电信联盟在2019年11月之前进行了业务划分的仅为8.3kHz～275GHz频段；在2019年世界无线电通信大会（World Radiocommunication Conference，WRC）上，275～3000GHz被列入

5 《无线电规则》（2020年版），第一卷条款，第2.1款。

修订的频率划分表，但目前尚无具体业务划分，只是通过脚注形式规定了特定业务可在这一频段操作。尽管无线电频谱可以通过在频率、时间、空间、码字上复用来重复使用，但就某一个频点或某一段无线电频率来说，其在一定的时域和空域上都是有限的。为此，国际电信联盟在其《组织法》第 44 条中指出：“在使用无线电业务的频段时，各成员国须铭记，无线电频率和任何相关的轨道，包括对地静止卫星轨道，均为有限的自然资源。”尽管频谱资源是有限的，但人类向较高频段探索的脚步从未停止。2002 年在摩洛哥马拉喀什召开的国际电信联盟全权代表大会通过了题为《频率在 3000GHz 以上的频谱的使用》的第 118 号决议，指出“在今后世界无线电通信大会上，可在议程内列入与 3000GHz 以上频谱管制相关的议项，并采取任何适当措施，包括修订《无线电规则》的有关部分”，这在无线电通信国际规制历史上具有重要意义，因为它为在无线电通信框架内开发光学无线电通信铺平了道路[6]。

（2）无线电频谱资源具有非耗竭性。无线电频谱资源虽然与森林、矿产等资源一样具有稀缺性，但又与这些传统的、可消耗的自然资源有所不同，无线电频谱资源具有非耗竭性，任何用户只是在一定的空间或时间内“占用”无线电频率，却不会消耗掉无线电频率，用户用完之后，无线电频率依然存在。因此，不使用无线电频谱资源或者使用不当，都是一种浪费。

（3）无线电频谱资源具有排他性，其在一定时间、地区和频域内一旦被使用，其他设备就不能再用，否则就会产生干扰。

（4）无线电频谱资源具有易受污染性，如果无线电频率使用不当，就会受到其他无线电台、自然噪声和人为噪声的干扰而无法正常工作。

（5）无线电频谱资源具有共享性，是一种全人类共享共有的资源，任何国家、运营商或者个人都有权依据相关规则加以利用。

正是由于无线电频谱资源具有上述特性，对其进行划分、规划、分配和管理是必要的。

6 FABIO LEITE. Evolving Radiocommunications[J]. ITU News，2015（3）：13.

## 三、无线电频谱管理的必要性

1901 年，马可尼在英国用无线电波收发装置实现了跨大西洋的简单电报传输，揭示了无线电波在无线电通信中的广泛应用前景。无线电波早期主要应用于电报领域，如今则为各种现代通信事业所运用，或服务于数量庞大、种类各异的企业或家庭等终端用户，或服务于国防安全、公共服务、科学研究等公共需求。随着信息通信技术的发展，无线电频谱日益显示出其经济价值和重要作用，是公认的稀缺自然资源，也是支撑国民经济和国防建设的重要战略资源。

以我国为例，近年来，我国无线电频谱资源的用户数量迅猛增长。截至 2019 年年底，在无线电技术应用规模最大的公众移动通信领域，我国移动电话用户总数已超 16 亿户，其中 4G 用户总数达到 12.8 亿户，居世界第一；在广播电视领域，全国共有 7000 多座地面无线广播电视发射台、4.6 万部发射机，使用中星 6A、中星 6B、中星 6C 等 10 颗卫星及 78 个转发器，通过 38 座广播电视地球站，为 1.4 亿直播卫星用户提供 111 套电视节目和 6 套广播节目；在航空无线电通信、无线电导航、无线电监视、航空气象等无线电业务、应用的支撑下，我国在 2019 年完成运输总周转量 1292.7 亿吨公里、旅客运输量 6.6 亿人次、货邮运输量 752.6 万吨……[7] 国际电信联盟《无线电规则》中界定的固定业务、移动业务、航空业务、广播业务、卫星业务、导航业务、气象业务、业余业务等 42 种无线电业务，在我国均有应用[8]。

一个无线电通信系统需要依赖特定无线电台来工作，无线电台是为在某地开展无线电通信业务或射电天文业务所必需的一台或多台发信机或收信机，或发信机与收信机的组合[9]。无线电台之间通过无线电波传播信号来实现通信。一国在其领土范围内（包括领陆、领海和领空）设立无线电台以及开发、利

---

7 工业和信息化部无线电管理局（国家无线电办公室）. 中国无线电管理年度报告（2019 年）[R].（2020-06）.

8 相关无线电通信业务的名称和定义见《无线电规则》（2020 年版），第一卷条款，第 1.19 至 1.60 款。

9 《无线电规则》（2020 年版），第一卷条款，第 1.61 款。

用和管理无线电频谱资源的活动，既关系到该国国民经济和社会发展进程，也关系到国家主权和安全，若此活动不产生国际影响，则不属于无线电通信国际规制的对象。换言之，一国对于不产生国际影响的无线电频谱使用、无线电台的设置和使用具有自主权[10]。当前，很多国家通过立法将无线电频谱资源规定为属于国家所有的战略资源和经济发展资源，并指定国内主管部门对这一资源进行规划、分配和管理。《中华人民共和国民法典》第252条规定“无线电频谱资源属于国家所有”，《中华人民共和国无线电管理条例》第3条规定“国家对无线电频谱资源实行统一规划、合理开发、有偿使用”。在一国国内对无线电频谱资源进行开发、利用和管理，是一国电信主权的重要体现。

然而，无线电波传播不受国界控制，卫星通信、短波广播等无线电通信活动天然地具有国际影响，船舶、航空器遇险时发出的求救信号只有在划定的受保护频道上才容易被收听。在国际层面，由于无线电频谱资源具有有限性、非耗竭性、排他性和易受干扰性，必须在全球范围内制定无线电频谱的频段划分、频率使用和管理的统一规则，才能充分发挥资源效用，避免有害干扰。国际电信联盟承担这一职责，该组织的193个成员国通过谈判协商，缔结了对成员国有约束力的《国际电信联盟组织法》《国际电信联盟公约》和《无线电规则》等国际条约。

国际电信联盟还通过了一系列被无线电通信行业所认可和遵守的国际标准，作为该组织履行其在无线电通信国际管理方面的两项重要职责的依据[11]：

---

10 《国际电信联盟组织法》第42条第193款规定，各成员国为其本身、为经其认可的运营机构以及为其他正式受权的机构保留就一般不涉及成员国的电信事务订立特别安排的权利。其前提是不对其他成员国的无线电业务造成有害干扰或不对其他成员国的电信业务运营造成技术危害。《无线电规则》第一卷条款第4.4款规定，各成员国的主管部门不应给电台指配任何违背《无线电规则》中的无线电频率划分表或本规则中其他规定的频率，除非明确条件是这种电台在使用这种频率指配时不对按照《国际电信联盟组织法》《国际电信联盟公约》和《无线电规则》规定工作的电台造成有害干扰，并不得对该电台的干扰提出保护要求。以上规定均体现了各国对于其不具有国际影响的无线电通信活动的自主权。

11 《国际电信联盟组织法》，第11至12款。

实施无线电频谱的频段划分、无线电频率的分配和无线电频率指配的登记，以及空间业务中对地静止卫星轨道的相关轨道位置及其他轨道中卫星的相关特性的登记，以避免不同国家无线电台之间的有害干扰；

协调各种努力，消除不同国家无线电台之间的有害干扰，改进无线电通信业务中无线电频谱的利用，改进对地静止卫星轨道及其他卫星轨道的利用。

## 第二节　卫星轨道的定义和特性

### 一、卫星轨道的定义

在无线电通信活动中，卫星通信是一种重要的通信方式，其利用卫星作为中继电台转发或反射无线电波，以此来实现两个或多个地球站（或手持终端）之间或地球站与航天器之间的通信[12]。一个卫星通信系统一般由空间段和地面段组成[13]：空间段主要以位于外层空间的卫星为主体，还包括所有用于卫星控制和监测的地面设施，如卫星控制中心及其跟踪、遥测、指令站和能源装置；地面段包括所有的地球站，即设于地球表面或地球大气层主要部分以内的电台，拟用于与一个/多个空间电台通信，或通过一个/多个反射卫星、其他空间物体与一个/多个同类电台进行通信[14]。卫星围绕地球运动的轨迹称为人造地球卫星轨道，是在自然力（主要是重力）的作用下，卫星或其他空间物体的质量中心所描绘的、相对于某指定参照系的轨迹[15]。

### 二、卫星轨道的类型

按照卫星轨道的高度、形状、平面倾角的不同，可以将卫星轨道分为不

12　朱立东，吴廷勇，卓永宁. 卫星通信导论：第4版[M]. 北京：电子工业出版社，2015：1.

13　王丽娜，王兵. 卫星通信系统：第2版[M]. 北京：国防工业出版社，2014：6.

14　《无线电规则》（2020年版），第一卷条款，第1.63款。

15　《无线电规则》（2020年版），第一卷条款，第1.184款。

同的类型[16]。

### （一）按卫星轨道高度分类

根据卫星运行轨道距离地球表面的高度，通常可以将卫星轨道分为低地球轨道（Low Earth Orbit，LEO）、中地球轨道（Medium Earth Orbit，MEO）、高椭圆轨道（Highly Ellptical Orbit，HEO）和地球静止轨道（Geostationary Earth Orbit，GEO）。低地球轨道距离地球表面为 900 ～ 1500km；中地球轨道距离地球表面 10 000km 左右；高椭圆轨道距离地球表面的最近点为 1000 ～ 21 000km，最远点为 39 500 ～ 50 600km；地球静止轨道距离地球表面 35 786km。

### （二）按卫星轨道形状分类

按照卫星轨道的形状（偏心率 $e$），可以将卫星轨道划分为圆形轨道（$e=0$）和椭圆形轨道（$0 < e < 1$）两类。

### （三）按卫星轨道平面倾角分类

按照卫星轨道平面倾角 $i$ 的大小不同，通常可以将卫星轨道分为赤道轨道、倾斜轨道、极轨道 3 类。赤道轨道 $i=0°$，轨道面与赤道面重合；倾斜轨道的轨道面与赤道面成一个夹角，倾斜于赤道面，$0° < i < 90°$；极轨道 $i=90°$。

## 三、卫星轨道的特性

卫星在外层空间执行探索、开发和利用外空和地球以外天体的特定任务，其所占用的轨道是位于外层空间、无形的无线电台站址资源，具有稀缺性。

---

16 王丽娜，王兵. 卫星通信系统：第 2 版 [M]. 北京：国防工业出版社，2014：9-10.

卫星轨道与无线电频谱资源的区别在于，卫星轨道位于外层空间[17]，根据1967年《关于各国探索和利用包括月球和其他天体的外层空间活动所应遵守原则的条约》(简称《外空条约》)这一规范人类外空活动的国际条约，各国不得通过主权要求、使用或占领等方法或其他任何措施，把外层空间(包括月球和其他天体)据为己有；所有国家可在平等、不受任何歧视的基础上，根据国际法自由探索和利用外层空间[18]。由此，卫星轨道资源的利用天然地具有国际影响，各国不得对卫星轨道资源主张主权，也不得将其据为己有。在利用卫星轨道资源操作卫星的过程中，为了避免有害干扰，提升使用效率，保护外层空间环境，国际层面的管理规则应运而生。

## 第三节 无线电频谱和卫星轨道资源是人类共同继承财产

无线电频谱和卫星轨道资源是有限的资源，是支撑国民经济和国防建设的重要战略资源。随着信息技术的发展，各国对无线电频谱和卫星轨道资源的需求日益增加。在国际层面，与无线电频谱和卫星轨道资源分配和管理有关的规则备受关注。作为在国际层面划分和分配无线电频谱以及协调卫星轨道资源使用的机构，国际电信联盟在其《组织法》第196款指出："无线电频率和任何相关的轨道，包括对地静止卫星轨道，均为有限的自然资源，必须依照《无线电规则》的规定合理、有效和经济地使用。"在国际法上，可将无

---

17 地球表面以上的空间分为空气空间和外层空间，在国际法上分别受制于航空法和外层空间法。航空法方面最主要的国际条约——1944年《国际民用航空公约》(又称《芝加哥公约》)规定了领空主权原则，而外层空间法方面最主要的国际条约——1967年《关于各国探索和利用包括月球和其他天体的外层空间活动所应遵守原则的条约》确立了对外层空间不得主张主权和不得占有的规则。然而，空气空间和外层空间的定义和定界问题在国际法上没有明确规定，技术领域的通说是"人造地球卫星轨道最低点说"，即以人造地球卫星可以停留的最低高度作为空气空间和外层空间的界线，大约距离地球表面100km。

18 《外空条约》，第1至2条。

线电频谱和卫星轨道资源视为类似于海洋法[19]和外层空间法[20]中的“人类共同继承财产”（common heritage of mankind），这一定性决定了这类资源应根据相关国际机制为所有国家和人民所获得和使用。

## 一、人类共同继承财产的概念和要素

一国对其所有的自然资源的经济主权得到了国际法的确认，这项权利包括对资源的拥有权、使用权和处分权，其范围以国家管辖权来界定[21]。然而，尚有一些自然资源处于主权国家的管辖之外，这些资源除了国际海底区域及其矿产资源、外层空间的月球和其他天体上的自然资源等有形资源之外，还包括不属于某一国家管辖的无线电频谱和卫星轨道这类重要的无形资源。

20 世纪 60 年代中后期，发展中国家在联合国的地位逐步提升，倡导集体维护生存权和发展权，缩小发达国家和发展中国家的差距，实现公平和均衡地分享资源，为此必须建立新型的、有连带关系的国际秩序和国际合作[22]。人类共同继承财产概念就是在这一背景下提出的。

人类共同继承财产概念最早是由马耳他驻联合国大使阿维德·帕多（Arvid Pardo）在 1967 年 9 月 21 日的联合国大会发言中针对大陆架问题提出的[23]。当时有关大陆架的国际法是 1958 年《大陆架公约》，该公约第 1 条以“技术上可开采”为标准，将大陆架定义为邻接海岸但在领海范围以外，深度达 200 米或超过此限度而上覆水域的深度容许开采其自然资源的海底区域的海床和底土。该公约第 2 条规定沿海国为探测大陆架及开发其天然资源之目

---

19 1982年《联合国海洋法公约》第136至137条规定了国际海底区域及其资源是人类共同继承财产。

20 1979年《关于各国在月球和其他天体上活动的协定》第11条规定：“月球及其自然资源均为全体人类的共同财产”，并应在月球开发变得切实可行之时，建立相应的国际制度。

21《1974年各国经济权利和义务宪章》，第2条。

22 肖巍，钱箭星. 人权与发展[J]. 复旦学报（社会科学版），2004（3）：104-109.

23 Arvid Pardo, Ambassador of Malta to United Nations, Address at the 22nd Session of the General Assembly of the United Nations（1967）, U.N. Doc. A/6695（1967-09-21）.

的，对大陆架行使主权权利。这一规定不能阻止沿海各国无限制地扩张该国对大陆架直至国际海底区域的资源的主权要求。帕多认为，传统国际法主要调整国家之间的关系，然而，在海洋法领域，为了保护海洋环境以及确保在超越国家管辖权之上理性和公平地开发海洋资源，应当将“全人类共同的重大利益”作为国际法的一项基本原则确定下来[24]。帕多的主张包括以下要素：第一，国际海底区域的开发和利用应以保护环境为前提；第二，任何国家不应对国际海底区域及其资源提出主权主张；第三，开发和利用国际海底区域应以理性和公平地分配资源为目标。

帕多的主张得到了广大发展中国家的支持。随后联合国大会在 1969 年 12 月 15 日的第 2574D（XXIV）号决议[25]和 1970 年 12 月 17 日的第 2749（XXV）号决议[26]中宣布国际海底区域属于全人类共有，不承认国家的主权主张，一国不能在其管辖权范围之外、在国际海底区域及其海床和底土上进行资源开采活动。这两个决议遭到西方发达国家的强烈反对，但在以发展中国家为主的 77 国集团的支持下仍得以通过。

1982 年《联合国海洋法公约》第 11 部分对国际海底区域的法律地位和管理制度作出了具体规定，以条约形式确立了“人类共同继承财产”这一概念的国际法地位。该公约第 136 条明确规定，国家管辖范围以外的海床、洋底和底土（公约中称为“区域”[27]）及其资源是人类共同继承财产。该公约第 137 条规定，任何国家不应对区域的任何部分或其资源主张主权或行使主权

24 Arvid Pardo 于 1970 年 12 月 3 日在欧洲理事会的发言，转引自 ALEXANDRE KISS. The common heritage of mankind：utopia or reality?[J]. International journal, 1985, 40（3）: 425.

25 Question of the Reservation Exclusively for Peaceful Purposes of the Sea-bed and the Ocean Floor, and the Subsoil Thereof, Underlying the High Seas beyond the Limits of Present National Jurisdiction, and the Use of Their Resources in the Interests of Mankind, UN Doc. A/Res/2574（XXIV）（1969-12-15）.

26 Declaration of Principles Governing the Sea-Bed and the Ocean Floor, and the Subsoil Thereof, Beyond the Limits of National Jurisdiction, U.N. Doc. A/RES/25/2749（XXV）（1970-12-12）.

27 《联合国海洋法公约》，第 1 条第 1 款。

权利，任何国家或自然人、法人，也不应将区域或其资源的任何部分据为己有，对区域内资源的一切权利属于全人类。该公约第141条规定，区域开放给所有国家，且只能用于和平目的。截至2021年6月，共有168个国家批准或者加入了《联合国海洋法公约》，该公约关于国际海底区域及其资源是人类共同继承财产的规定也被普遍接受。为了开发利用国际海底区域并让全人类共享利益，1990—1994年，联合国会员国共召开了15次会议，并在第48届联合国大会上表决通过了《关于执行1982年12月10日〈联合国海洋法公约〉第十一部分的协定》和《关于执行1982年12月10日〈联合国海洋法公约〉第十一部分的协定的决议》，明确了《联合国海洋法公约》中有关国际海底区域条款的实施问题。

国际海底区域及其资源并非人类共同继承财产的唯一例子。《关于各国在月球和其他天体上活动的协定》（简称《月球协定》）第11条将月球和其他天体规定为“全体人类的共同财产”，亦规定了对月球和其他天体不得主张主权和不得据为己有[28]、仅为和平目的加以利用[29]、月球的探索和利用应为一切国家谋福利[30]、缔约国在探索和利用月球的活动中应依照互助和合作的原则行事[31]，并承诺在月球自然资源开发即将可行时，建立指导此种开发的国际制度和程序[32]。但是，各国加入《月球协定》的积极性较低，截至2021年2月，该协定只有18个批准国和4个签署国。

而国际法上无线电频谱和卫星轨道资源的分配和管理规则表明，无线电频谱和卫星轨道资源是人类共同继承财产，并有着比国际海底区域、月球和其他天体更为详尽和有效的国际合作管理机制。

28 《关于各国在月球和其他天体上活动的协定》，第11条第2款。
29 《关于各国在月球和其他天体上活动的协定》，第3条。
30 《关于各国在月球和其他天体上活动的协定》，第4条第1款。
31 《关于各国在月球和其他天体上活动的协定》，第4条第2款。
32 《关于各国在月球和其他天体上活动的协定》，第11条第5、7款。

## 二、作为人类共同继承财产的无线电频谱和卫星轨道资源

国际电信联盟法律文件包括《国际电信联盟组织法》和《国际电信联盟公约》这些适用于国际电信联盟各个部门[33]的国际条约，还包括无线电通信部门制定和修改的、适用于无线电通信部门的《无线电规则》。《国际电信联盟组织法》第195至196款规定了使用无线电频谱和卫星轨道资源的原则，即各成员国依照《无线电规则》的规定合理、有效和经济地使用，并在照顾发展中国家的特殊需要和某些国家地理位置的特殊需要的同时，公平地使用这些轨道和频率。《无线电规则》进一步详细规定了在国际层面取得无线电频谱和卫星轨道资源使用权的程序，可以概括为协调法和规划法。

协调法是依据《无线电规则》第9条进行无线电频率和轨道位置的协调，并依据第11条进行无线电频率指配的通知和登记，实质是“先登先占”，在国际频率登记总表（Master International Frequency Register，MIFR）取得登记的无线电频率指配可以享有国际承认的权利，并受保护而不受有害干扰。

规划法在空间业务方面体现为《无线电规则》第二卷附录30、附录30A和附录30B，这3个附录就特定频段、特定区域内的特定卫星业务，有计划地在名义上将无线电频率和对地静止卫星轨道位置分配给若干国家，确保国家不论大小与强弱，都有利用无线电频率和对地静止卫星轨道的权利和机会。此外，《无线电规则》还有关于特定频段内水上移动业务、航空移动业务等的相关规划[34]。

协调法和规划法的有机结合巧妙地平衡了发达国家和发展中国家、空间大国和空间能力弱的国家、无线电频率和卫星轨道位置的先占国家和后进国家的利益，体现了国际合作共同管理稀缺国际资源的机制。

国际电信联盟相关条约中并未明确规定无线电频谱和卫星轨道资源是人类共同继承财产，然而通过类比，这两种资源可被视为国际共同管理机制完

---

33　国际电信联盟依托3个部门行使职能，分别是无线电通信部门（ITU-R）、电信标准化部门（ITU-T）和电信发展部门（ITU-D）。

34　《无线电规则》（2020年版），第二卷附录25、附录26、附录27。

善程度胜过国际海底区域和月球的又一种人类共同继承财产。以国际海底区域及其资源为标本的人类共同继承财产这一概念包含5个要素，无线电频谱和卫星轨道资源符合这5个要素的条件。

第一，各国不得对人类共同继承财产主张主权，也不承认此种主张[35]。国际电信联盟并未规定无线电频谱和卫星轨道资源的所有权，但《国际电信联盟组织法》第196款强调："无线电频率和任何相关的轨道，包括对地静止卫星轨道，均为有限的自然资源，必须依照《无线电规则》的规定合理、有效和经济地使用，以使各国或国家集团可以在照顾发展中国家的特殊需要和某些国家地理位置的特殊需要的同时，公平地使用这些轨道和频率。"对于无线电频谱来说，除了在一国范围内，其使用不产生国际影响的无线电频谱资源可被各国规定为属于该国所有[36]之外，具有国际影响的无线电频谱的使用均应依据《无线电规则》进行，各国无法主张主权，即便是登入国际频率登记总表的频率指配记录也并未提供频率的所有权，而仅仅确认了频率的使用权。地面无线业务的频率使用权通常具有一定的期限；空间业务中，依据《无线电规则》附录4（同时考虑了频谱使用权中止的情形），一旦卫星频率指配被登入国际频率登记总表，则对该频率的使用通常没有期限。某些频率规划提及了频率使用期限的问题，如《无线电规则》附录30第14条、附录30A第11条、附录30/30A第4.1.24款、附录30B第11条等[37]，有的频率指配操

35 《联合国海洋法公约》，第137条第1款。

36 若以所有权的4项权能——占有、使用、收益、处分来衡量，一国对于可规定为其所有的无线电频谱资源的权能是全面的、实际存在的。

37 《无线电规则》(2020年版)附录30第14条规定了各条款和相关规划的有效期，即对于1区和3区，各该条款和相关规划是为了满足有关频段内卫星广播业务自1979年1月1日起至少15年的一个时期的需要而制定的；对于2区，各该条款和相关规划是为了满足有关频段内卫星广播业务至少延长至1994年1月1日的一个时期的需要而制定的；各该条款和有关规划在根据现行公约有关条款召开的有资格的无线电通信大会予以修订以前，在任何情况下均应保持有效。附录30、附录30A第4条第4.1.24款均规定，《列表》中的任一指配的操作期限都不得超过15年，从其投入使用之日或2000年6月2日两个日期中较后的一个算起；如果相关主管部门在该截止日期最少3年之前向无线电通信局提出延续请求，则该期限可最长延续15年，条件

作期限不得超过 15 年[38]，但在符合条件时可申请延期。还应看到，规划法对于未能实际使用无线电频谱和卫星轨道资源的国家来说只具有形式上的意义，以外层空间的卫星轨道资源为例，根据外层空间无主权的原则，获得某一轨道位置使用权的国家并不能主张对该轨道位置的所有权。2003 年世界无线电通信大会第 2 号决议指出，一国在无线电通信局登记的无线电频率指配并不能为其提供任何永久性的优先权，也不应阻碍其他国家建立空间系统[39]。若部署新的卫星系统需要利用某些无线电频率和轨道位置，则需要根据卫星业务的频率协调和规划修改程序进行协调。也就是说，不论是协调法还是规划法，确立的都是有关国家对某一无线电频率或卫星轨道位置的优先使用权，而非所有权。而且，由于无线电频谱和卫星轨道资源的非消耗性特征，一旦某一无线电频率和轨道位置被让出，仍可由其他操作者使用而不被消耗，也就是说，这一使用权仅为一定程度上的优先权，并不构成永久性的优先权。无线电频谱和卫星轨道资源，类似于国际海底区域，各国不得据为己有，而应为人类共同所有和利用。

第二，不得据为己有原则[40]。这一规定将“人类共同继承财产”与“公共地或公共资源”的概念区分开来，因为对人类共同继承财产禁止不受国际监

是指配的所有特征不变。附录30A第11条规定了各条款和相关规划的有效期，即各条款和相关规划是为了满足有关频段内卫星广播业务馈线链路至少延长至1994年1月1日的一个时期的需要而制定的；在任何情况下，各条款和相关规划在根据现行公约有关条款召开的相关无线电通信大会修订以前，均应保持有效。附录30B第11条也规定了该附录的各项条款和相关规划的有效期，即制定这些条款和相关规划是为了在实施中保证所有国家公平地进入对地静止卫星轨道及第3条中所载的频段，以满足从该附录生效之日后至少20年内卫星固定业务的需要；在任何情况下，在按照有效的《国际电信联盟组织法》和《国际电信联盟公约》的相关条款召开有权能的世界无线电通信大会对其进行修改前，这些条款和相关规划应一直有效。

38 HAIM MAZAR. 无线电频谱管理政策、法规与技术[M]. 王磊，谢树果，译. 北京：电子工业出版社，2018：100-101.

39 《关于各国以平等权利公平地使用空间无线电通信业务的对地静止卫星轨道和频段》，2003 年世界无线电通信大会第2号决议，第1段。

40 《联合国海洋法公约》，第137条第1款。

管而单方据为己有的行为，而对公共地或公共资源可以进行非排他性地开发和使用[41]。人类共同继承财产的典型例子是国际海底区域及其资源、月球和其他天体，而公共地或公共资源的典型例子是公海和外层空间。

第三，国际合作和共同管理机制[42]。国际合作是联合国宗旨之一[43]，也是联合国大会的职权之一[44]。20世纪六七十年代以来，国际合作已成为国际法上的一项重要原则，写入1962年联合国大会通过的《关于自然资源永久主权的决议》[45]以及1974年联合国大会通过的《建立新的国际经济秩序宣言》[46]、《建立新的国际经济秩序行动纲领》[47]和《各国经济权利和义务宪章》[48]等文件。《各国经济权利和义务宪章》更将国际合作视为国家的权利和义务，规定每个国家都有权进行国际贸易和其他形式的经济合作[49]；且所有国家都有义务进行个别的和集体的合作，以消除妨害各国促进经济、社会和文化发展的障碍[50]。1970年《关于各国依联合国宪章建立友好关系及合作之国际法原则之宣言》亦规定各国依照《联合国宪章》有彼此合作的义务。国际电信联盟无线电通信部门是各成员国协调无线电频谱和卫星轨道资源的平台，该组织拥有193个成

41 ERKKI HOLMILA. Common heritage of mankind in the law of the sea[J]. Acta Societatis Martensis, 2005(1): 197.

42 国际海底管理局由大会、理事会和秘书处3个主要机关以及一个商业化的企业部组成。3个主要机关是国际海底管理局的议事和执行机构，而企业部则代表全人类直接进行“区域”内活动以及从事运输、加工和销售从“区域”回收的矿物。同时，《联合国海洋法公约》还赋予了国际海底管理局以国际法律人格、为执行其职务和实现其宗旨所必要的法律行为能力以及在每一缔约国领土内的特权和豁免。见《联合国海洋法公约》第158至170、第176至177条。

43 《联合国宪章》，第1条第3款。

44 《联合国宪章》，第13条第1款。

45 《关于自然资源永久主权的决议》，序言、第1条、第3条。

46 《建立新的国际经济秩序宣言》，第3条、第4条第2款。

47 《建立新的国际经济秩序行动纲领》，第七部分。

48 《各国经济权利和义务宪章》，序言。

49 《各国经济权利和义务宪章》，第4条。

50 《各国经济权利和义务宪章》，第7条。

员国、900 多个部门成员以及部门准成员，其宗旨包括“协调各成员国的行动”，自然也包括协调有关无线电频谱和卫星轨道资源分配和使用的成员国行动[51]，为此，国际电信联盟特别强调要注重“实施无线电频谱的频段划分、无线电频率的分配和无线电频率指配的登记，以及空间业务中对地静止卫星轨道的相关轨道位置及其他轨道中卫星的相关特性的登记，以避免不同国家无线电台之间的有害干扰”，同时要“协调各种努力，消除不同国家无线电台之间的有害干扰，改进无线电通信业务中无线电频谱的利用，改进对地静止卫星轨道及其他卫星轨道的利用[52]”。国际电信联盟各成员国通过召开世界无线电通信大会，讨论无线电频谱和卫星轨道资源的分配规则，并以具有约束力的国际条约——《无线电规则》将规则固定下来，同时在会上依据这些规则划分频段、分配各种业务所需的无线电频率——这些程序和做法体现了国际合作与协调的管理机制。而在国际电信联盟无线电通信局组织的有关无线电频谱和卫星轨道资源有效利用的论坛和会议上，多国主管部门、卫星运营机构和业界的代表都认为国际电信联盟有关卫星无线电频谱和卫星轨道资源管理的程序是目前国际共同财产管理方面的最佳典范[53]。

第四，公平地分享利益[54]。《国际电信联盟组织法》第 196 款强调应对无线电频率和任何相关的轨道进行合理、有效和经济地使用，同时兼顾发展中国家的特殊需要和某些国家地理位置的特殊需要，确保公平地使用这些轨道和频率。

第五，专为和平目的利用[55]。《联合国宪章》中规定了禁止使用武力和威胁、和平解决国际争端两项重要国际法基本原则，“为和平目的”可以说是来源于《联合国宪章》的一般国际法义务。国际电信联盟有关文件并未对此作出详细

51 《国际电信联盟组织法》，第 11 款。

52 《国际电信联盟组织法》，第 12 款。

53 YVON HENRI. 为卫星行业服务：致力于频谱/卫星轨道资源的充分利用[J]. 国际电信联盟新闻杂志——2012 年世界无线电通信大会，2012(1)：22.

54 《联合国海洋法公约》，第 140 条。

55 《联合国海洋法公约》，第 141 条。

规定,《国际电信联盟组织法》第 202 款还规定各成员国对于军用无线电设施保留其完全的自由权。尽管如此，对无线电频谱或者卫星轨道资源可能的军事用途并不一定有违和平目的。还应当看到，尽管各国对如何确定“和平目的”的内涵并无一致意见，但“为和平目的”是国际电信联盟及各成员国在该组织相关会议上普遍认同并经常使用的词汇。“为和平目的”这一理念的广为接受以及内涵的模糊不定之间的矛盾，在与海洋法和外层空间法有关的场合，均是如此。

由此，在国际法层面，无线电频谱和卫星轨道资源是可为各国平等获取的自然资源，是人类共同继承财产，其获取和使用应遵循国际电信联盟的相关规则。

# 第二章 无线电通信国际规制的机构

**本章概要：** 国际电信联盟是负责信息通信技术事务的联合国专门机构，是无线电通信领域负责规划、分配和协调无线电频谱和卫星轨道资源，维护国际无线电通信秩序的政府间国际组织。六大区域性电信组织——亚太电信组织、欧洲邮政和电信主管部门大会、美洲国家电信委员会、区域通信联合体、非洲电信联盟和阿拉伯电信和信息部长理事会，在区域无线电通信事务协调以及形成世界无线电通信大会的区域共同观点方面发挥着重要作用。海事、航空、气象等专门领域的国际组织，对与其业务相关的无线电活动承担职责。本章梳理无线电通信领域的国际组织及其工作内容，包括相关机构概况、组织架构、法规体系、决策程序等。

**关键术语：** 国际电信联盟、亚太电信组织、欧洲邮政和电信主管部门大会、美洲国家电信委员会、国际民航组织、世界气象组织

## 第一节 国际电信联盟

### 一、国际电信联盟的历史与现状

1844 年 5 月 24 日，萨缪尔· 芬利· 布里斯·莫尔斯从美国华盛顿向巴尔

的摩发出了首份公共电报。10 年后，电报得以普及并向公众提供服务。19 世纪中期，各国使用不同的电报制式，通过电报跨境传递信息，要经过电文誊写、翻译并送交到边境口岸，再经邻国的电报网络转发，整个过程效率低下。为解决这一问题，1865 年 5 月 17 日，20 个欧洲国家召开会议，筹划建立各国电报网络的互联，为此要共同制定一项国际互联框架协议，包括设备标准化通用条例、适用于所有国家的统一操作守则以及通用的国际资费和结算规则等。经过艰苦磋商，创始成员国在法国巴黎签署了第一份《国际电报公约》，成立了国际电报联盟（International Telegraphy Union，ITU），这便是国际电信联盟的前身。可见，国际电信联盟发端于人类社会进入电信时代后的互联互通需求。

国际电报联盟能动地适应了信息通信技术进步所提出的管理制度改革需求，不断将新的技术领域纳入其管理范畴。国际电报联盟最初的专业领域是电报，但随着电话于 1876 年获得专利并逐步普及，国际电报联盟于 1885 年开始起草有关电话技术的国际立法。1896 年无线电报技术（最早形式的无线电通信）问世并应用于海事和其他领域，随后，国际电报联盟于 1903 年在德国柏林召开了第一次无线电预备大会，并于 1906 年签署了第一份《国际无线电报公约》，其附件载有最早的有关无线电报通信的规则，这便是《无线电规则》的前身。1924 年，国际电报联盟成立了国际电话咨询委员会（International Telephone Consultative Committee，CCIF），1925 年成立了国际电报咨询委员会（International Telegraph Consultative Committee，CCIT），1927 年成立了国际无线电咨询委员会（International Radio Consultative Committee，CCIR），这些机构被赋予协调电信各领域的技术研究、测试、测量和起草国际标准的任务。

1932 年，国际电报联盟在西班牙马德里召开大会，决定将 1865 年《国际电报公约》和 1906 年《国际无线电报公约》合并，形成《国际电信公约》，同时将机构名称改为“国际电信联盟”，以此名称来反映该组织所承担的全部职责包括各种形式的有线通信和无线通信这一现实，新的名称于 1934 年 1 月

1 日生效。

1947 年，国际电信联盟与联合国签署协议，国际电信联盟成为联合国信息通信技术事务方面的专门机构。

1989 年，国际电信联盟尼斯全权代表大会决定对国际电信联盟的结构、运作、工作方法和资源分配进行重新评估，并于 1992 年日内瓦全权代表大会上对国际电信联盟进行了彻底重组，形成了无线电通信部门（ITU Radiocommunication Sector，ITU-R）、电信标准化部门（ITU Telecommunication Standardization Sector，ITU-T）和电信发展部门（ITU Telecommunication Development Sector，ITU-D）3 个部门，来履行划分全球的无线电频谱和卫星轨道、制定技术标准以确保网络和技术的无缝互联、努力为世界欠发达社区提供信息通信技术接入的职责，以使国际电信联盟更灵活地适应日益复杂、互动和竞争性的环境。

国际电信联盟是一个由 193 个成员国组成的政府间国际组织，是成员国在信息通信技术事务领域进行合作而产生的一种重要组织形式和法律形式，该组织具有国际法主体资格，可以与其他国际组织或者成员国订立协议，在每一个成员国领土上均享有为行使其职能和实现其宗旨所必需的法律权能[56]。与此同时，国际电信联盟的国际法主体地位是有限的、派生的，其权利能力和行为能力均由成员国通过《国际电信联盟组织法》赋予，其活动限于《国际电信联盟组织法》规定的范围。与其他很多政府间国际组织不同，国际电信联盟自诞生之日起就是一个公共和私营部门的合作机构，除了 193 个成员国外，该组织还有 900 多家私营部门实体和学术机构参与其活动。

国际电信联盟总部位于瑞士日内瓦，并在世界各地设有 12 个区域和地区代表机构，其中包括分别设在亚的斯亚贝巴（非洲区）、巴西利亚（美洲区）、开罗（阿拉伯国家区）、曼谷（亚太区）和莫斯科（欧洲和独联体国家区）的区域代表处和在上述区域设立的若干地区办事处。

---

56 《国际电信联盟组织法》，第 176、205 款。

国际电信联盟的正式语文为阿拉伯文、中文、英文、法文、俄文和西班牙文，与联合国的6种工作语言一致[57]。国际电信联盟在同等地位上使用这6种工作语言，用以起草和出版国际电信联盟的文件和文本，在国际电信联盟的大会和会议期间使用这些语言相互传译[58]。但仅就国际电信联盟的法律文件来说，如《国际电信联盟组织法》和《国际电信联盟公约》的各语种文本之间存有差异，应以法文本为准[59]。

作为联合国信息通信技术领域的专门机构，国际电信联盟的优势在于拥有150多年的历史和传统，是一个中立的、具有包容性的全球平台，得到成员国普遍认可且信誉良好。国际电信联盟拥有组织国际大会和重大活动的合法地位与能力，通过了各成员国接受的国际条约，确立了普遍适用的法规和标准。国际电信联盟在组织全球信息通信技术资源使用方面发挥主导作用，在促进发挥信息通信技术的作用以加速落实可持续发展目标方面具有突出贡献。国际电信联盟具有独特的成员构成，参加该组织活动的包括各国政府、私营部门和学术界，国际电信联盟与主要利益攸关方建立合作伙伴关系并开展合作。

国际电信联盟在运作中也反映出一些不完善的方面，如治理机构决策进程冗长，联邦式结构要求对各部门的职能加以协调和澄清以避免出现重叠或冲突，组织文化要素保守且不愿承担风险以及难以就收入来源的多元化作出决策。

当前，国际电信联盟面临一系列发展机遇，主要是信息通信技术对于经济社会发展日益重要，特别是在落实可持续发展目标方面，在医疗、社保、教育、社会身份等方面的重要性日益增加。一些行业和公共服务也开始了数字化的转型，新的市场得以创建，新的重要参与者进入市场并带来了新的发

57 1945年联合国成立时，《联合国宪章》第111条将英文、法文、俄文、中文和西班牙文作为《联合国宪章》作准文字和联合国工作语言，1973年阿拉伯语因其在中东以及整个阿拉伯世界的影响也被确立为联合国工作语言。

58 《在同等地位上使用国际电信联盟的六种正式语文和工作语文》，2002年国际电信联盟全权代表大会第115号决议。

59 《国际电信联盟组织法》，第242款。

展机遇。发展中国家对于多边体系的参与日益增加并对国际电信联盟的发展做出重要贡献，进而推动了有利的政策和监管环境方面的创新发展。

国际电信联盟也面临着一系列的挑战，比如数字鸿沟、性别平等和地域发展方面的差距不断拉大，全球经济难以重新实现强劲、平衡且可持续的增长。信息通信技术发展的可持续性也面临挑战，并进而影响使用信息通信技术的信心和安全性。不断增加的网络、数据和互联设备给环境造成影响等[60]。

为此，国际电信联盟需要与成员国、其他相关国际组织及利益攸关方紧密合作，以实现“一个由互连世界赋能的信息社会，在此社会中，电信/信息通信技术加速并促成可由人人共享的社会、经济和环境可持续增长和发展”的美好愿景[61]。

中国于1920年加入国际电信联盟，1932年首次派代表参加了在西班牙马德里召开的全权代表大会，签署了马德里《国际电信公约》，1947年在美国大西洋城召开的全权代表大会上第一次被选为行政理事会的理事国。中华人民共和国成立后，中国在国际电信联盟的合法席位曾被非法剥夺。1972年5月，国际电信联盟行政理事会第27届会议通过决议恢复了中华人民共和国在国际电信联盟的合法席位。此后，中国积极参加国际电信联盟有关无线电管理事务，在国际无线电领域的影响力不断提升[62]。

## 二、国际电信联盟的组成

国际电信联盟是一个政府间国际组织，参与国际电信联盟活动的主要是各成员国，还包括部门成员、部门准成员和一些学术机构，它们依据《国际电信联盟组织法》和《国际电信联盟公约》规定的权利和义务，为实现国际电信联盟的宗旨而相互合作。

60 《国际电信联盟2020—2023年战略规划——情况分析》，2018年全权代表大会第71号决议，附件2。

61 《国际电信联盟2020—2023年战略规划》，2018年全权代表大会第71号决议，附件1。

62 宋雯. ITU简史[J]. 中国标准导报，2013(8)：63.

## （一）成员国

根据《国际电信联盟组织法》第 2 条，国际电信联盟的成员国包括 3 类：在《国际电信联盟组织法》和《国际电信联盟公约》生效前作为《国际电信公约》缔约方已成为国际电信联盟成员国的任何国家；按照《国际电信联盟组织法》第 53 条加入国际电信联盟的联合国会员国；经申请并取得三分之二国际电信联盟成员国同意后加入国际电信联盟的非联合国会员国。目前，国际电信联盟共有 193 个成员国。

成员国是国际电信联盟的主要参加者，国际电信联盟的基本文件《国际电信联盟组织法》和《国际电信联盟公约》是成员国通过谈判缔结的多边条约，国际电信联盟的目的和宗旨由成员国提出和确认，职权由成员国在《国际电信联盟组织法》中赋予。国际电信联盟一旦基于成员国的同意而建立，就会成为具有一定自主性的国际法主体，形成了特定的结构体系和决策程序，具有独立的国际法律人格。成员国有义务根据《国际电信联盟组织法》《国际电信联盟公约》和行政规则的规定，开展无线电通信活动。

成员国在参加国际电信联盟的大会、会议和意见征询方面，享有完全的权利，包括：所有成员国均有权参加国际电信联盟的大会，有资格入选理事会，有权提名候选人参加国际电信联盟官员或无线电规则委员会委员的选举[63]；每一个成员国在国际电信联盟的全权代表大会、世界性大会、所有部门的全会和研究组会议上，以及如为理事国，在理事会的所有例会上，均享有一票表决权，在国际电信联盟以通信方式进行的意见征询中，也享有一票表决权[64]。

## （二）部门成员

部门成员根据《国际电信联盟公约》第 19 条受权参加国际电信联盟某一部门或多个部门的活动，以电信领域运营商居多，还包括活动领域涉及电信的一些科学或工业组织，标准化、金融或发展机构。

63 《国际电信联盟组织法》，第 26 款。

64 《国际电信联盟组织法》，第 27 至 28 款。

早在 1865 年国际电报联盟成立时，《国际电报公约》（1865 年）就规定政府有义务要求私营公司执行条约。这一条款延续至今，成为现行《国际电信联盟组织法》第 6 条第 38 款："各成员国还有义务采取必要的步骤，责令所有经其批准而建立和运营电信并从事国际业务的运营机构或运营能够对其他国家无线电业务造成有害干扰的电台的运营机构遵守本《组织法》《公约》和行政规则的规定。"1868 年第二届国际电报大会修订的《国际电报公约》在第 66 条新增一项内容，规定成员国同意私营公司加入公约及其规则，以使其受益于有关国际资费的条款。1871—1872 年，在意大利罗马召开的国际电报大会上，国际电信联盟成员国决定允许私营公司派代表出席国际电信联盟的大会和会议，有权参与讨论，但无权进行表决。1924—1927 年，国际电报联盟先后成立了涉及电话、电报和无线电的 3 个国际咨询委员会，私营部门的技术专家可以加入委员会和提出观点。1932 年，在西班牙马德里召开的国际电报大会上，国际电信联盟对私营部门参加国际咨询委员会提出了更为明确的条件，包括正式通报参会意愿、承担委员会会议的一般性支出等。1992 年，在瑞士日内瓦增开的全权代表大会将国际咨询委员会改革为无线电通信部门、电信标准化部门和电信发展部门这 3 个部门，为私营企业创设了部门成员资格，使它们以部门成员或部门准成员的身份参加国际电信联盟部门的活动[65]。1998 年，在美国明尼阿波利斯召开的全权代表大会系统修订了《国际电信联盟组织法》和《国际电信联盟公约》，并在这两份重要条约中明确了部门成员的权利和义务。2002 年全权代表大会开始讨论是否允许部门成员作为观察员参加国际电信联盟理事会的会议、从而为非国家行为体提供在更高级别的国际电信联盟机构中发声的机会[66]，并在 2002 年和 2006 年两届全权代表

---

65 ITU. 私营部门在国际电信联盟活动中的参与[J]. 国际电信联盟新闻杂志——国际电信联盟的150年创新，2015(3)：30-33.

66 FRANCIS LYALL. Legal issues of expanding global satellite communications services and global navigation satellite services, with special emphasis on the development of telecommunications and E-commerce in Asia[J]. Singapore journal of international & comparative law, 2001, 5(1): 237.

大会上修订了《国际电信联盟公约》相关条款，允许部门成员作为观察员出席理事会、其委员会及其工作组的会议[67]。

国际电信联盟吸纳部门成员参加活动，并没有改变该组织作为政府间国际组织的属性，有关实体或组织要想以部门成员身份加入国际电信联盟，必须经过其所属成员国的批准[68]，在修订条约文件时，部门成员并无表决权。

根据《国际电信联盟组织法》和《国际电信联盟公约》，部门成员应有权全面参加其所在部门的活动，包括：可以向部门的全会和会议以及世界电信发展大会推荐正副主席[69]，可以参加相关课题和建议的通过以及有关部门工作方法和程序的决策[70]。截至 2021 年 1 月，参加无线电通信部门、电信标准化部门或电信发展部门工作的部门成员共有 538 个，有的机构和实体只参加一个部门的工作，有的则同时参加国际电信联盟 3 个部门的工作。作为部门成员参加国际电信联盟活动的中国通信企业有中国移动通信集团有限公司、中国联合网络通信集团有限公司、中国电信集团公司、华为技术有限公司、中兴通讯股份有限公司、中国卫通集团股份有限公司等。

### （三）部门准成员

根据《国际电信联盟组织法》，一个部门的全会或大会可以吸收某些实体或组织以部门准成员的身份参加某一研究组或子研究组的工作[71]。

部门准成员参与某一部门建议书或标准的制定工作，可以得到所参加的研究组的所有相关文件以及工作计划所要求的其他研究组文件，但不能参加

67《国际电信联盟公约》，第 60B 款。

68 《国际电信联盟公约》，第 233 至 234B 款。

69《国际电信联盟组织法》，第 28B 款。

70《国际电信联盟组织法》，第 28C 款。

71 《国际电信联盟公约》，第 241A 至 241D 款。

该研究组的任何决策性或联络性活动[72]，而且应按照理事会的规定摊付所参加的部门、研究组及子研究组的经费[73]。截至 2021 年 1 月，国际电信联盟共有 238 个部门准成员参加特定研究组的工作。作为部门准成员参加国际电信联盟无线电通信部门活动的中国实体或机构有中国铁塔股份有限公司等 26 家企业。

### （四）学术机构

2010 年，国际电信联盟瓜达拉哈拉全权代表大会通过了题为《接纳学术界、大学及其相关研究机构参加国际电信联盟三个部门的工作》的第 169 号决议，决定在无须对《国际电信联盟组织法》第 2 条和第 3 条以及《国际电信联盟公约》第 19 条或《国际电信联盟公约》其他条款进行任何修正的前提下，自 2011 年起，允许学术机构通过申请和所属成员国的支持，参加国际电信联盟 3 个部门的活动，以搭建跨学科桥梁，将理论与应用结合起来并促进国际对话。该决议经 2018 年迪拜全权代表大会修订为《接纳学术成员参加国际电信联盟的工作》的第 169 号决议，其中，学术成员包括与电信 /ICT 发展相关的院所、大学及其相关研究机构[74]。也就是说，学术机构参与国际电信联盟的活动不是由《国际电信联盟组织法》或《国际电信联盟公约》规定的，而是由全权代表大会决议规定的。根据全权代表大会决议，学术成员不能在决策过程（包括决议或建议书的通过）中发挥作用。截至 2021 年 1 月，我国清华大学、南京大学、浙江大学等 23 所高校和科研机构通过这一途径参与国际电信联盟的活动。

## 三、国际电信联盟的主要机构

根据《国际电信联盟组织法》第 7 条，国际电信联盟应由以下部门构成：

72 《国际电信联盟公约》，第 248B 款。

73 《国际电信联盟公约》，第 483A 款。

74 《接纳学术成员参加国际电信联盟的工作》，2018 年全权代表大会第 169 号决议。

国际电信联盟最高权力机构全权代表大会、代表全权代表大会行事的理事会、国际电信世界大会、总秘书处以及国际电信联盟的 3 个部门——无线电通信部门、电信标准化部门和电信发展部门。本小节概括介绍全权代表大会、理事会、国际电信世界大会和总秘书处的相关职能，下一小节详细介绍无线电通信部门的相关机构和职能。

### （一）全权代表大会

全权代表大会（Plenipotentiary Conference，PP）是国际电信联盟的最高政策制定机构和权力机构，自 1994 年以来一般每 4 年召开一次，由每个成员国组成代表团参会。全权代表大会的主要职责规定在《国际电信联盟组织法》第 47 至 59D 款，可分为以下几类。

#### 1. 与国际电信联盟宗旨有关的职责

与国际电信联盟宗旨有关的职责包括根据成员国的提案并在考虑理事会的报告后，为实现国际电信联盟宗旨确定总政策[75]；审议理事会关于上届全权代表大会以来国际电信联盟活动的报告并审议理事会关于国际电信联盟政策和战略规划的报告[76]；制定国际电信联盟的战略规划[77]。

#### 2. 与选举有关的职权

全权代表大会选举进入理事会的国际电信联盟成员国[78]，选举秘书长、副秘书长和各部门的局主任作为国际电信联盟的选任官员[79]，选举无线电规则委员会委员[80]。

全权代表大会在进行以上选举时应确保：

---

75 《国际电信联盟组织法》，第 49 款。

76 《国际电信联盟组织法》，第 50 款。

77 《国际电信联盟组织法》，第 51 款。

78 《国际电信联盟组织法》，第 54 款。

79 《国际电信联盟组织法》，第 55 款。

80 《国际电信联盟组织法》，第 56 款。

理事国的选举需适当注意世界所有区域公平分配理事会的席位[81]；

秘书长、副秘书长和各局主任须从成员国提名的本国候选人中选定，所有候选人应来自不同的成员国；选举时应适当考虑世界各区域间按地域公平分配名额；并应考虑国际电信联盟职员的资格和能力方面的相关原则[82]；

无线电规则委员会的委员应以个人身份当选，选举时须适当考虑世界各区域间按地域公平分配名额，并应考虑《国际电信联盟组织法》关于选任委员的资格和能力方面的要求[83]。

3. 与国际电信联盟法规有关的职权

全权代表大会是唯一有权修订《国际电信联盟组织法》和《国际电信联盟公约》的机关[84]，还有权通过和修正《国际电信联盟大会、全会和会议总规则》[85]。

全权代表大会还可以缔结或在必要时修订国际电信联盟与其他国际组织之间的协定，审查理事会代表国际电信联盟与此类国际组织所缔结的任何临时协定，并对临时协定中的问题采取其认为适当的措施[86]。

4. 与国际电信联盟财务有关的职权

全权代表大会制定国际电信联盟的预算基础，确定某一阶段的财务限额[87]，根据各成员国宣布的会费等级确定两届全权代表大会之间的会费单位总数[88]，审查国际电信联盟的账目，并适时予以最后批准[89]。

从以上规定可以看出，全权代表大会作为国际电信联盟最高权力机构，拥有广泛的职权。

---

81 《国际电信联盟组织法》，第61款。

82 《国际电信联盟组织法》，第62款。

83 《国际电信联盟组织法》，第63款。

84 《国际电信联盟组织法》，第57款。

85 《国际电信联盟组织法》，第58A款。

86 《国际电信联盟组织法》，第58款。

87 《国际电信联盟组织法》，第51款。

88 《国际电信联盟组织法》，第51A款。

89 《国际电信联盟组织法》，第53款。

## （二）理事会

理事会（Council）起源于 1947 年美国大西洋城召开的全权代表大会上成立的行政理事会（Administrative Council）[90]，是国际电信联盟的执行机关，在两届全权代表大会之间作为国际电信联盟的管理机构在全权代表大会所授予的权限内代行其职权[91]。

### 1. 理事会的组成

理事会由全权代表大会根据《国际电信联盟组织法》第 61 款规定选举出的成员国组成，理事国的数目不得超过成员国总数的 25%[92]，现有理事国 48 个。

理事会每年在国际电信联盟所在地举行一次例会，每一理事国须指派一人出席理事会会议[93]。

每届例会开始时，理事会应在考虑到区域轮换原则的情况下，从其成员国的代表中选举理事会的正副主席。他们将任职到下届例会开始时为止，并不得连选连任[94]。

国际电信联盟的秘书长、副秘书长和各局主任可以参加理事会的讨论，但不参加表决。理事会也可以召开仅限于理事国代表参加的会议[95]。

非理事国可以在预先通知秘书长的情况下，向理事会的会议、其委员会和工作组的会议派出一位观察员，观察员没有表决权[96]。部门成员可以作为观察员出席理事会、其委员会及其工作组的会议，但需遵守理事会规定的条件，包括有关观察员的数量及任命观察员的程序的条件[97]。

---

90 《国际电信公约》(1947 年)，第 5 条；又见 ITU. The Council turns 60[J]. ITU News，2007(7)：4.

91 《国际电信联盟组织法》，第 68 款。

92 《国际电信联盟公约》，第 50 至 51 款。

93 《国际电信联盟组织法》，第 65 至 66 款。

94 《国际电信联盟公约》，第 51、55 款。

95 《国际电信联盟公约》，第 60 款。

96 《国际电信联盟公约》，第 60A 款。

97 《国际电信联盟公约》，第 60B 款。

根据《国际电信联盟公约》第61B款，理事会制定了《理事会议事规则》，目前适用的是2007年版《理事会议事规则》，该文件规定了理事会会议的召开、议程、参会主体、理事会的组织、会议记录和报告、表决程序等方面的事项，但在理事会工作上，还应优先适用《国际电信联盟组织法》《国际电信联盟公约》和《国际电信联盟大会、全会和会议总规则》。

2. **理事会的职权**

作为全权代表大会的执行机关，理事会的职权广泛，在两届全权代表大会之间监督国际电信联盟的全面管理和行政工作[98]：包括采取一切步骤促进成员国执行国际电信联盟法规和全权代表大会的决定，履行全权代表大会指派的职责；安排召开国际电信联盟大会和全会，向国际电信联盟总秘书处和各部门提供有关筹备和组织大会和全会中的技术性帮助和其他帮助方面的适当指示；审议内容广泛的电信政策问题；编写建议国际电信联盟进行的政策和战略规划及其财务影响的报告；协调国际电信联盟的工作；对总秘书处和3个部门进行有效的财务控制；通过其掌握的一切手段为发展中国家的电信发展做出贡献等。

### （三）国际电信世界大会

国际电信世界大会（World Conference on International Telecommunications，WCIT）的主要职责是修订《国际电信规则》（International Telecommunication Regulations，ITRs），并可处理其权能范围内与其议程有关的、具有世界性的任何问题。国际电信世界大会的决定在任何情况下均应与《国际电信联盟组织法》和《国际电信联盟公约》相一致[99]。

### （四）总秘书处

总秘书处就国际电信联盟活动的所有行政和财务问题向理事会负责。现

98 《国际电信联盟组织法》，第69至72款；《公约》，第62至82款。

99 《国际电信联盟组织法》，第146至147款。

任秘书长是来自中国的赵厚麟。

秘书长的职责规定在《国际电信联盟公约》第 83 至 105 款，包括负责全面管理国际电信联盟的各种资源[100]；协调国际电信联盟总秘书处和各部门的活动[101]；另外，秘书长还应在协调委员会的协助下，协调国际电信联盟的活动；在协调委员会的协助下，准备并向成员国和部门成员提供编写国际电信联盟政策和战略规划报告可能需要的具体资料，并协调该规划的实施工作，此报告应在一届全权代表大会前的最后两届理事会例会上提交国际电信联盟成员国和部门成员审议[102]；对总秘书处以及各部门的各局的职员及其待遇有管理权[103]；秘书长应向国际电信联盟提供法律咨询[104]；秘书长还应承担国际电信联盟大会会前和会后的适当秘书工作、为国际电信联盟的大会提供秘书处、出版国际电信联盟刊物以及履行国际电信联盟的所有其他秘书职能等[105]。

此外，秘书长、副秘书长和 3 个局的主任组成了协调委员会，由秘书长主持，作为国际电信联盟的内部管理班子行事，就不单属于某一具体部门或总秘书处职能范围内的所有行政、财务、信息系统和技术合作事宜，以及对外关系和公众宣传事宜向秘书长提供咨询意见和实际协助。协调委员会在考虑问题时，应充分顾及《国际电信联盟组织法》和《国际电信联盟公约》的规定、理事会的决定和国际电信联盟的整体利益[106]。

## 四、无线电通信部门的主要机构

无线电通信部门是国际电信联盟负责无线电频谱和卫星轨道资源管理的

100 《国际电信联盟公约》，第 84 款。

101 《国际电信联盟公约》，第 85 款。

102 《国际电信联盟组织法》，第 73A 至 76A 款。

103 《国际电信联盟公约》，第 87、87A、88、89、92、93 款。

104 《国际电信联盟公约》，第 91 款。

105 《国际电信联盟公约》，第 94 至 104 款。

106 《国际电信联盟组织法》，第 148 至 149 款。

重要机构，其使命是确保所有无线电通信业务（包括使用卫星轨道的无线电通信业务）合理、公平、有效和经济地使用无线电频谱，确保无线电通信系统的无干扰运营，开展有关无线电通信的研究并批准相关建议书等。无线电通信部门主要通过世界/区域无线电通信大会、无线电通信全会、无线电规则委员会、无线电通信研究组、无线电通信顾问组以及无线电通信局开展工作，具体途径是：

第一，召开世界无线电通信大会，制定或修改完善《无线电规则》；召开区域性无线电通信大会（Regional Radiocommunication Conference，RRC），制定或修改完善区域性协议；

第二，在无线电通信全会（Radiocommunication Assembly，RA）确定的框架下，通过ITU-R研究组起草的有关无线电通信业务和系统技术特性和运营程序的ITU-R建议书；

第三，协调各方活动，消除不同国家无线电台之间的有害干扰；

第四，充实和完善国际频率登记总表；

第五，通过提供工具、信息和研讨会，协助各国开展无线电频谱管理工作。

### （一）世界无线电通信大会

世界无线电通信大会每3～4年举行一次，通常在两届全权代表大会之间召开一到两届世界无线电通信大会。大会由国际电信联盟成员国派出代表团参加，成员国具有表决权。部门成员也可参加会议，但无表决权。相关国际组织以观察员身份参会，也无表决权。

世界无线电通信大会可以研究所有全球性无线电通信问题，但其最重要的职能是审议和修订《无线电规则》这一规范无线电频谱和卫星轨道资源使用的国际条约。世界无线电通信大会也有权审议无线电规则委员会和无线电通信局的活动并对其作出指示，还可以确定供无线电通信全会及其研究组研究的课题。

世界无线电通信大会的议程由国际电信联盟理事会参照历届世界无线电

通信大会议程提出建议，大会议程的大致范围提前4～6年确定，理事会在大会前两年制定出得到多数成员国认可的最终议程[107]。为了支持一届大会的工作，在大会前一般召开两次大会筹备会议（Conference Preparatory Meeting，CPM），并以主管部门提交的文稿和无线电通信研究组的研究为依据，起草一份综合报告，称为CPM报告，用以支持大会的工作。

根据《国际电信联盟组织法》，世界无线电通信大会、无线电通信全会或区域性无线电通信大会的决定在任何情况下均应符合《国际电信联盟组织法》和《国际电信联盟公约》。无线电通信全会或区域性无线电通信大会的决定在任何情况下均应符合《无线电规则》[108]。换句话说，修订《国际电信联盟组织法》和《国际电信联盟公约》的权力属于全权代表大会，世界无线电通信大会、无线电通信全会或区域性无线电通信大会均不得违反或者改变《国际电信联盟组织法》和《国际电信联盟公约》的规定。修订《无线电规则》的权力属于世界无线电通信大会，无线电通信全会或区域性无线电通信大会均不得违反或者改变《无线电规则》的规定。

### （二）无线电通信全会

无线电通信全会通常每3～4年召开一次，其主要职责是为世界无线电通信大会的工作提供必要的技术基础，并根据世界无线电通信大会的指示开展工作，主要包括：建立、保留或终止研究组，为研究组分配拟研究的课题；审议研究组按照《国际电信联盟公约》第157款编写的报告，批准、修改或否决这些报告中所拟的建议草案；批准在审议现有课题和新课题后产生的工作计划，确定各项研究的轻重缓急、预计财务影响和完成研究的时间表；应世界无线电通信大会的要求，就其职责范围内的问题提供咨询意见；向随后召开的世界无线电通信大会报告可能列入未来无线电通信大会议程的各项

107 《国际电信联盟公约》，第118款。

108 《国际电信联盟组织法》，第92款。

问题的进展情况等[109]。无线电通信全会可以制定和通过内部管理方面的工作方法和程序，但须符合《国际电信联盟组织法》《国际电信联盟公约》和行政规则的规定。

### （三）无线电规则委员会

无线电规则委员会（Radio Regulations Board，RRB）的前身是1947年大西洋城全权代表大会通过的《国际电信公约》第6条所建立的、由5名全职专家组成的国际频率登记委员会（International Frequency Registration Board，IFRB），在1992年瑞士日内瓦增开的全权代表大会上，国际频率登记委员会改组为由9名兼职专家组成的无线电规则委员会，现有委员12人，人数是根据《国际电信联盟组织法》第93A款确定的[110]。无线电规则委员会是国际电信联盟无线电通信部门的重要组成部分，无线电规则委员会由技术专家组成，承担着技术判定和解决争端的重要职责，可处理成员国针对无线电通信局所作的频率指配决定的复议，也可以处理成员国之间关于有害干扰的争端，具有准司法机构的特征。我国朱三保曾于1994—1998年担任无线电规则委员会委员。

无线电规则委员会的产生程序、职能和工作方式规定在《国际电信联盟组织法》《国际电信联盟公约》《无线电规则》和《程序规则》（Rules of Procedure，RoP）中，包括以下内容。

1. **存在依据**

《国际电信联盟组织法》第7条第43款和第12条第82款对无线电规则委员会作了规定，其地位以国际电信联盟宪章来保障。

2. **委员任职资格**

无线电规则委员会须由无线电领域内资历深厚并在频率的指配和利用方面具有实际经验的选任委员组成。每位委员须熟悉世界一特定地区的地理、

109 《国际电信联盟组织法》，第91款；《公约》，第131至136B款。

110 《国际电信联盟组织法》第93A款规定无线电规则委员会委员的人数不超过12名，或相当于成员国总数的6%。

经济和人口状况。他们须独立地并在非全职的基础上为国际电信联盟履行职责[111]。

### 3. 人数、产生方式和程序

无线电规则委员会委员的人数不超过 12 名，或相当于成员国总数的 6%，以两个数目中较大者为准[112]。

无线电规则委员会委员由国际电信联盟全权代表大会选举产生，委员只能连选连任一次[113]。《国际电信联盟组织法》规定了选举的原则和方法,《国际电信联盟大会、全会和会议总规则》可适用于选举程序[114]。选举时，由成员国提名本国的候选人，以个人身份当选。每一成员国仅可提名一位候选人。无线电规则委员会委员的国籍须不同于无线电通信局主任的国籍；选举时须适当考虑世界各区域间按地域公平分配名额，并应考虑候选人在无线电领域内的资历以及在频率的指配和利用方面的实际经验[115]。

### 4. 职责

根据《国际电信联盟组织法》第 94 至 97 款和《国际电信联盟公约》第 140 款，无线电规则委员会的职责主要有 4 项。

（1）审议无线电通信局主任应一个或多个相关主管部门的要求而提出的关于有害干扰的调查报告，并对此提出建议。

（2）审议成员国对无线电通信局主任作出的频率指配决定的申诉。

（3）按照《无线电规则》和有权能的无线电通信大会可能作出的任何决定，批准《程序规则》，包括技术标准，这些《程序规则》将由主任和无线电通信局在应用《无线电规则》登记成员国的频率指配时使用。这些规则须以透明的方式制定，并听取主管部门的意见，如始终存在分歧，须将问题提交

111 《国际电信联盟组织法》，第 93 款。

112 《国际电信联盟组织法》，第 93A 款。

113 《国际电信联盟组织法》，第 56 款；《国际电信联盟公约》，第 20 款。

114 《国际电信联盟组织法》，第 177 款。

115 《国际电信联盟组织法》，第 63 款。

下届世界无线电通信大会。

（4）全权代表大会、理事会或世界无线电通信大会指定的其余附加职责。

5. 工作方法

无线电规则委员会的委员须自行选举其正副主席各一名，任期一年。此后，每年由副主席接任主席并另选一名新的副主席。在正副主席均缺席时，无线电规则委员会须从委员中选举一名临时主席。委员会可按照《国际电信联盟组织法》《国际电信联盟公约》和《无线电规则》的规定做出其认为必要的内部安排，此类安排须作为无线电规则委员会议事规则的一部分予以公布[116]。

无线电规则委员会一般每年召开 3 ～ 4 次会议，会期一般为一周，地点一般在瑞士日内瓦，开会时须至少三分之二的委员出席，也可利用现代化的通信手段履行其职责。自 1995 年 2 月至 2021 年 12 月，无线电规则委员会共召开了 88 次会议，其中 2020 年以来有 5 次会议由于受到全球新冠肺炎疫情的影响而采取了电子化会议的形式。

无线电规则委员会在作出决定时须力求取得一致，如果不能达成一致，则至少需要三分之二的无线电规则委员会委员投票赞成，一项决定才能生效。无线电规则委员会的每个委员有一票表决权，不允许代理投票。

6. 工作要求

无线电规则委员会委员应遵守《国际电信联盟组织法》中有关履行职责的国际性和独立性的要求，即在履行无线电规则委员会的职责时，委员不得代表各自的成员国或某一区域，而必须作为国际公共信托管理人开展工作，每位委员均不得干预与该委员自己的主管部门直接相关的任何决定。委员不得请求或接受来自任何政府、任何政府成员、任何公营或私营组织或个人的、与其履行职责有关的指示。委员不得采取与其国际公共信托管理人身份不符的任何行动或参与同这种身份不符的任何决策。成员国和部门成员亦必须尊

116 《国际电信联盟公约》，第 144 至 147 款。

重委员会委员职责的绝对国际性，不得影响他们履行委员会的职责[117]。

7. 无线电规则委员会与国际电信联盟其他机构的关系

无线电规则委员会作为无线电通信部门的重要机构，与该部门的其他机构保持密切的关系。

与世界无线电通信大会的关系：世界无线电通信大会可以设置议程，对无线电规则委员会和无线电通信局的活动作出指示并对其相关活动进行检查[118]。

与无线电通信全会的关系：无线电规则委员会可以向无线电通信全会提出研究问题的建议，无线电通信全会须处理并适时发布有关按照其程序通过的课题的建议[119]。在无线电通信全会开会时，无线电规则委员会指定两名委员以顾问身份参加[120]。

与无线电通信局的关系：无线电规则委员会的执行秘书由无线电通信局担任[121]，《程序规则》草案由无线电通信局编写，并提交无线电规则委员会批准[122]；无线电通信局应将无线电规则委员会批准的《程序规则》向所有成员国分发并收集成员国意见[123]；无线电通信局实施《程序规则》并编印和出版基于该规则的审议结果，并将一主管部门要求的且在运用《程序规则》后仍不能解决的任何审议结果提交无线电规则委员会复审[124]；无线电通信局应主管部门的要求帮助处理有害干扰案例，并在必要时进行调查，编写一份包括给有关主管部门的建议草案的报告，供无线电规则委员会审议等[125]。

117 《国际电信联盟组织法》，第98至100款。
118 《国际电信联盟公约》，第116款。
119 《国际电信联盟公约》，第129款。
120 《国际电信联盟公约》，第298G款。
121 《国际电信联盟公约》，第174款。
122 《国际电信联盟公约》，第168款。
123 《国际电信联盟公约》，第169款。
124 《国际电信联盟公约》，第171款。
125 《国际电信联盟公约》，第173款。

## （四）无线电通信研究组

### 1. 组成和工作内容

无线电通信全会设立了 6 个无线电通信研究组[126]，来自各主管部门、电信行业和世界各地学术组织的 5000 余名专家参加了研究组议题的研究工作。研究组的工作集中于频谱 / 卫星轨道资源的有效管理和使用、无线电系统的特点和性能、频谱监测以及用于公众防护和救灾的应急通信等内容。研究组在对技术或运营备选方案作出比较时，也会考虑经济因素。

ITU–R 研究组结构、工作内容和重要成果如表 2–1 所示[127]。

表 2–1　ITU–R 研究组结构、工作内容和重要成果

| 研究组编号 | 研究组名称 | 工作内容 | 重要成果 |
| --- | --- | --- | --- |
| 1 研究组（SG 1） | 频谱管理 | 研究频谱管理原则和技术、总体共用原则、频谱监测、频谱使用的长期战略、国家频谱管理的经济方式、自动化技术，以及与电信发展部门合作为发展中国家提供帮助 | 《国家频谱管理手册》《频谱监测手册》《计算机辅助频谱管理技术（CAT）手册》 |
| 1A 工作组（WP 1A） | 频谱工程技术 | 研究无用发射、频率容限、共用技术、频谱工程、计算机程序、技术定义、地球站协调区和技术频谱效率 | |
| 1B 工作组（WP 1B） | 频谱管理方法和经济战略 | 研究经济战略、频谱管理方法、国家频谱组织、国家和国际规则框架、备选方式、灵活的划分和长期规划战略 | |
| 1C 工作组（WP 1C） | 频谱监测 | 研究频谱监测与测量技术、无线电台站检查、干扰源的确定和定位 | |
| 3 研究组（SG 3） | 无线电波传播 | 研究电离层及非电离层媒介中无线电电波传播和无线电噪声的特性 | 《ITU-R 适用于干扰和共用研究的传播预测方法手册》《无线电气象手册》《地球表面无线电波传播的曲线手册》《地球表面无线电波传播的曲线手册》《电离层及其无线电波传播效应手册》《预测 |
| 3J 工作组（WP 3J） | 传播要素 | 提供非电离层媒介无线电波传播方面的信息并制定描述其根本原则和机制的模式 | |
| 3K 工作组（WP 3K） | 点对面传播 | 制定地面点对面传播路径的预测方法 | |

126 《国际电信联盟公约》，第 148 款。

127 国际电信联盟. ITU-R 研究组[R]. 日内瓦：国际电信联盟，2020.

续表

| 研究组编号 | 研究组名称 | 工作内容 | 重要成果 |
|---|---|---|---|
| 3L 工作组（WP 3L） | 电离层传播及无线电噪声 | 解决在电离层和通过电离层进行的无线电波传播的各方面问题以及低频率的地波传播和接收机的外来无线电噪声 | 地对空路径通信无线电波传播信息手册》《有关设计地面点对点链路的无线电波传播信息的手册》《地波传播手册》 |
| 3M 工作组（WP 3M） | 点对点和地对空传播 | 解决有用和无用信号的点对点地面路径和地对空路径的无线电波传播问题 | |
| 4 研究组（SG 4） | 卫星业务 | 负责卫星固定业务（Fixed-Satellite Service，FSS）、卫星移动业务（Mobile-Satellite Service，MSS）、卫星广播业务（Broadcasting-Satellite Service，BSS）和卫星无线电测定业务（Radiodetermination-Satellite Service，RDSS）的系统和网络 | |
| 4A 工作组（WP 4A） | 将轨道 / 频谱有效用于卫星固定业务和卫星广播业务 | 解决 FSS 和 BSS 轨道 / 频谱效率、干扰和协调问题 | 《卫星移动业务（MSS）手册》《卫星移动业务（MSS）手册》增补 1、2、3 和 4，《卫星通信（FSS）手册》《DSB 手册 –VHF/UHF 频段车载、便携和固定接收机接收的地面和卫星数字声音广播》《ITU-R 专门出版物：卫星广播业务传输系统的规范》 |
| 4B 工作组（WP 4B） | 卫星固定业务、卫星广播业务和卫星移动业务系统、空中接口、性能和可用性指标，其中包括基于 IP 的应用和卫星新闻采集 | FSS、BSS 和 MSS 卫星系统地球站设备的性能、可用性和空中接口研究工作，特别关注与互联网协议（IP）相关的系统和性能的研究，并制定了新的和经修订的有关卫星的 IP 的建设书和报告 | |
| 4C 工作组（WP 4C） | 将轨道 / 频谱有效用于卫星移动业务和卫星无线电测定业务 | 提高 MSS 和 RDSS 系统对轨道 / 频谱资源的使用效率，包括分析此类系统之间以及与其他无线电通信业务系统之间的各种干扰情况，制定协调方法，说明 MSS 和 RDSS 系统在特定领域的潜在应用，如应急、水上或航空通信、时间分配等 | |
| 5 研究组（SG 5） | 地面业务 | 固定、移动、无线电测定、业余和卫星业余业务 | 《业余和卫星业余业务手册》《数字无线电中继系统》《MF/HF 频段的频率自适应系统和网络》《陆地移动（包括无线接入）卷 1：固定无线接入》《陆地移动（包括无线接入）卷 2：IMT-2000/ |
| 5A 工作组（WP 5A） | 30MHz 以上的陆地移动业务（不包括国际移动通信）；固定业务中的无线接入；业余和卫星业余业务 | 通过适当研究促进陆地移动业务和业余业务平等使用无线电频谱 | |

续表

| 研究组编号 | 研究组名称 | 工作内容 | 重要成果 |
|---|---|---|---|
| 5B 工作组（WP 5B） | 包括全球海上遇险和安全系统在内的水上移动业务；航空移动业务和无线电测定业务 | 是制定并充实完善 ITU-R 有关不同应用有效操作和保护的建议书、报告和手册的牵头工作组；与国际民航组织、国际海事组织和世界气象组织密切合作开展工作 | FPLMTS 演变发展的原则和方式》《陆地移动手册（包括无线接入）卷 3：调度和先进消息处理系统》《陆地移动手册（包括无线接入）卷 4：智能交通系统》《陆地移动通信（包括无线接入）卷 5：宽带无线接入系统的部署》《向 IMT-2000 系统过渡 –IMT-2000 系统部署手册增补 1》《IMT-2000 手册：光盘特别版》《IMT-2000 手册：光盘特别版》《固定业务系统使用 1350MHz-43.5GHz 频率范围的双边 / 多边讨论指导手册》 |
| 5C 工作组（WP 5C） | 固定无线系统；高频和 30MHz 以下频段的其他固定和陆地移动业务系统 | 研究固定和陆地移动业务的固定无线系统和高频系统，涉及系统的性能和可用性指标、干扰标准、射频频道 / 块安排、系统特性和共用可行性 | |
| 5D 工作组（WP 5D） | 国际移动通信系统 | 研究国际移动通信（IMT）系统的地面部分的总体无线电系统问题，包括现有的 IMT-2000 系统，IMT 先进（IMT-Advanced）系统和 IMT-2020 | |
| 6 研究组（SG 6） | 广播业务 | 负责向公众传输的视频、声音、多媒体和数据业务 | 《DTTB 手册 –VHF/UHF 频段的数字地面电视广播》《DTTB 手册 –VHF/UHF 频段的数字地面电视广播》《DTTB 手册 –VHF/UHF 频段的数字地面电视广播》 |
| 6A 工作组（WP 6A） | 地面广播传输 | 研究声音、视频、多媒体和交互式地面系统的特性、频道编码 / 解码、调制 / 解调、频率规划和共用以及发射和接收天线的特性和业务区评估方法、发射机和接收机的参考性能要求、地面发射源编码的要求以及地面广播元数据的要求 | |
| 6B 工作组（WP 6B） | 广播业务组合与接入 | 涵盖衔接节目制作和内容分发的领域，包括制作链到各种交付介质（地面、卫星、有线、互联网等）所需的接口以及内容、元数据、中间件、服务信息和接入控制的源编码和多路复用 | |
| 6C 工作组（WP 6C） | 节目制作与质量评估 | 涵盖广播和电视内容制作的“呈现层”以及广播业务的国际交换，包括制作节目所用的信号格式、评估声音和图像质量的方法以及对使用新技术的指导 | |

续表

| 研究组编号 | 研究组名称 | 工作内容 | 重要成果 |
|---|---|---|---|
| 7 研究组（SG 7） | 科学业务 | 负责标准频率和时间信号、空间研究、空间操作、卫星地球探测、卫星气象、气象辅助和射电天文业务 | 《将无线电频谱用于气象：天气、水资源和气候监测及预测手册（ITU/WMO）》《卫星地球探测业务手册》《射电天文手册》《选择和使用精确的频率和时间体系手册》《卫星时间频率传递与分发手册》《空间研究通信手册》 |
| 7A 工作组（WP 7A） | 时间信号和频率标准的发射 | 负责地面和卫星的标准频率和时间信号业务，包括标准频率和时间信号的传播、接收和交换以及这些业务的协调 | |
| 7B 工作组（WP 7B） | 空间无线电通信应用 | 研究空间操作、空间研究、卫星地球探测和卫星气象业务的遥控指令、跟踪和遥测数据的发射和接收 | |
| 7C 工作组（WP 7C） | 遥感系统 | 研究有源和无源卫星地球探测业务的遥感应用、MetAids 业务系统以及地基无源传感器、空间研究传感器和空间研究传感器 | |
| 7D 工作组（WP 7D） | 射电天文 | 研究基于地球和空间的射电天文和雷达天文传感器 | |

2. **工作方法**

无线电通信研究组应研究按照无线电通信全会制定的程序通过的课题，编写建议书草案，以便按照《国际电信联盟公约》第 246A 至 247 款规定的程序予以通过。无线电通信研究组还应研究世界无线电通信大会的决议和建议中确定的问题，其研究结果应体现在建议书或根据《国际电信联盟公约》第 156 款规定编写的报告中[128]。无线电通信研究组还应对世界性和区域性无线电通信大会拟考虑的技术、操作和程序问题进行预备性研究，并按照无线电通信全会通过的工作计划或根据理事会的指示对相关问题编写详细报告。

## （五）无线电通信顾问组

无线电通信顾问组（Radiocommunication Advisory Group，RAG）的职责包括[129]：审议部门内部通过的工作重点和战略；跟踪研究组的工作进展；

128 《国际电信联盟公约》，第 149、149A 款。

129 《国际电信联盟组织法》，第 84A 款；《国际电信联盟公约》，第 160A 至 160I 款。

为研究组的工作提供指导；就与其他机构和国际电信联盟其他部门加强合作与协调提出建议。无线电通信顾问组就这些问题向无线电通信局主任提供咨询意见。无线电通信全会可将其职责范围内的具体问题交由无线电通信顾问组处理。

## （六）无线电通信局

无线电通信局（Radiocommunication Bureau，BR）是在 1992 年瑞士日内瓦增开的全权代表大会上，由 1947 年在美国大西洋城召开的国际无线电会议设立的国际频率登记委员会（IFRB）的专门秘书和 1927 年华盛顿无线电报会议上建立的国际无线电顾问委员会（CCIR）组成，是组织、协调无线电通信部门工作的机构，也承担无线电规则委员会的秘书职责[130]。无线电通信局的职责和工作方法规定在《国际电信联盟公约》第 12 条和《无线电规则》中，包括以下几方面。

### 1. 在与无线电通信大会相关的方面

协调研究组和无线电通信局开展的大会筹备工作，将筹备工作的结果通报给各成员国和部门成员，收集他们的意见，并向该大会提交一份包含具有规则性质的提案的综合报告；以顾问的身份参加无线电通信大会、无线电通信全会和无线电通信研究组及其他组的讨论；在发展中国家筹备无线电通信大会时向他们提供帮助[131]。

### 2. 在与无线电规则委员会相关的方面

无线电通信局从事两项重要工作：

第一，按照《无线电规则》的有关规定，有秩序地记录和登记频率指配和（在适当时）相关轨道特性，并不断更新国际频率登记总表；检查该表中的登记条目，以便在有关主管部门的同意下，对不能反映实际频率使用情况

130 F. MOLINA NEGRO, J.-M. NOVILLO-FERTRELLY PAREDE. The International Telecommunication Convention from Madrid (1932) to Nairobi (1982): half a century in the life of the Union[J]. Telecommunication Journal 1982, 49(12): 816.

131 《国际电信联盟公约》，第 163 至 166 款。

的登记条目视情况予以修改或删除；

第二，应一个或多个有关主管部门的要求，帮助处理有害干扰的案例，在必要时进行调查，并编写一份包括给有关主管部门的建议草案的报告，供无线电规则委员会审议。

此外，无线电通信局还负责编写《程序规则》草案并提交无线电规则委员会批准，《程序规则》草案应特别包括实施《无线电规则》的规定所需的计算方法和数据；向所有成员国分发无线电规则委员会批准的《程序规则》，收集各主管部门的意见并提交无线电规则委员会；处理在实施《无线电规则》、区域性协议和《程序规则》时从主管部门获得的资料，并视情况以适当的形式准备出版；实施无线电规则委员会批准的《程序规则》，编印和出版基于该规则的审议结果，并将一主管部门要求的且在运用《程序规则》后仍不能解决的任何审议结果提交无线电规则委员会复审；担任无线电规则委员会的执行秘书[132]。

3. 在与研究组和顾问组相关的方面

协调和组织各无线电通信研究组和其他组的工作；为无线电通信顾问组提供必要的支持，并每年向成员国、部门成员和理事会报告顾问组的工作结果。为促进发展中国家参加无线电通信研究组和其他组的工作采取切实可行的措施[133]。

4. 其他工作

无线电通信局的其他工作还包括：

开展研究，以便针对在那些可能发生有害干扰的频段使用尽可能多的无线电信道提出咨询意见，并致力于公平、有效和经济地使用对地静止卫星轨道，在研究时应考虑到请求帮助的成员国的需要和发展中国家的特殊需要以及某些国家的特殊地理情况；

以机器可读的方式及其他方式与各成员国和部门成员交换数据，编写并

132 《国际电信联盟公约》，第 167 至 174 款。

133 《国际电信联盟公约》，第 175 至 175B 款。

更新无线电通信部门的任何文件和数据库，并在适当时间，与秘书长一起，按照《国际电信联盟组织法》第 172 款安排以国际电信联盟的语文予以出版；

保存可能需要的基本记录；

向世界无线电通信大会提交一份有关上届大会以来无线电通信部门活动的报告；如果未计划召开世界无线电通信大会，则应向理事会提交一份有关上届大会以来该部门活动的报告，并将其提交成员国和部门成员供其参考；

根据无线电通信部门的需要编制一份基于成本的预算，并转呈秘书长，供协调委员会审议并列入国际电信联盟的预算；

每年编写一份涉及随后 1 年及随后 3 年的 4 年期滚动式运作规划，包括该局为支持整个部门而开展的活动的财务影响；此 4 年期运作规划由无线电通信顾问组按照《国际电信联盟公约》第 11A 条审议，并每年由理事会审议和批准[134]。

## 第二节 区域性电信组织

《国际电信联盟组织法》第 43 条规定："各成员国保留召开区域性大会、订立区域性安排和成立区域性组织的权利，以解决可在区域范围内处理的电信问题。"各区域内的国际电信联盟成员国通过密切合作，可以促进区域性电信的发展，而国际电信联盟与区域性组织以及区域性组织之间的通力协作，也提升了全球电信政策制定的效率。《国际电信联盟公约》鼓励区域性电信组织参加国际电信联盟的活动，并允许它们作为观察员参加国际电信联盟的大会[135]。区域性电信组织为全权代表大会、国际电信世界大会、无线电通信大会和全会、世界电信发展大会和世界电信标准化全会进行区域性筹备工作，在区域层面汇总国际电信联盟成员国的观点，并在国际电信联盟相关大会和全

134 《国际电信联盟公约》，第 176 至 181A 款。

135 《加强国际电信联盟与区域性电信组织的关系以及全权代表大会的区域性筹备工作》，2014 年全权代表大会第 58 号决议。

会之前开展区域间讨论，降低了在国际电信联盟大会和全会期间达成一致意见的难度，提升了谈判效率。

目前，在全球范围内有六大区域性电信组织，分别是亚太电信组织、欧洲邮政和电信主管部门大会、美洲国家电信委员会、区域通信联合体、非洲电信联盟以及代表阿拉伯国家联盟总秘书处的阿拉伯电信和信息部长理事会。这些区域的政府间国际组织与国际电信联盟密切合作，在形成相关区域参加国际电信联盟相关会议的共同观点方面发挥了重要作用。

## 一、亚太电信组织

亚洲—太平洋电信组织（Asia-Pacific Telecommunity，APT，简称“亚太电信组织”）是亚太地区政府间电信组织，该组织是在联合国亚太经济和社会委员会以及国际电信联盟的联合推动下，于 1979 年 2 月在泰国曼谷成立的，其宗旨是促进亚太地区信息通信基础设施、电信业务和技术的发展与合作。

### （一）组织目标

亚太电信组织将促进整个地区、特别是欠发达地区的电信服务和信息基础设施发展作为该组织的目标。为实现这一目标，亚太电信组织可以扩展电信服务和信息基础设施，使信息和通信技术为该地区人民带来的福利最大化；在无线电通信和标准制定等各国共同关注的领域促成区域合作；与其他国际组织合作，开展关于电信和信息基础设施技术、政策和管理的研究；鼓励本地区内的与电信服务和信息基础设施有关的技术转让、人力资源开发和信息交换；促成区域内在电信服务和信息基础设施主要问题方面的合作，以强调该区域在国际上的立场[136]。

136 《亚太电信组织宪章》，第 2 条。

### （二）成员

亚太电信组织是一个区域性的政府间国际组织，现有 38 个成员国，4 个准会员，139 个列席会员[137]。

### （三）组织结构

亚太电信组织由大会（General Assembly）、管理委员会（Management Committee）和秘书处（Secretariat）组成[138]。

大会是该组织的最高权力机构，每 3 年召开一次，主要职责是确定该组织的发展政策、战略规划、财务预算和修订该组织的章程等。每届大会均选举一名主席和两名副主席，任期 3 年；大会还选举亚太电信组织的秘书长和副秘书长，规定其工作内容、工作期限和工作条件。大会由所有成员国和准会员参加，每个成员国有一个投票权，准会员无投票权，列席会员可以凭观察员身份列席大会[139]。

管理委员会是亚太电信组织的执行机构，每年召开一次会议，由所有成员国和准会员派一名代表组成。在管理委员会中，每个成员国有一个投票权，准会员无投票权，列席会员可以凭观察员身份列席大会[140]。管理委员会负责亚太电信组织的行政事务，可为该组织的行政、财务和其他活动制定其认为必要的规则，审查和批准该组织的工作计划、年度预算，审计和批准该组织的决算，审查和批准该组织的工作报告并提交给大会，审查、指示、控制和协调秘书处的所有活动，代表该组织与政府、组织或主管部门签订临时协定，要求大会主席采取适当措施解决《亚太电信组织宪章》中未涉及的问题。

秘书处负责亚太电信组织总体事务的管理和协调。秘书处由秘书长和

137 《亚太电信组织宪章》，第 3 条。

138 《亚太电信组织宪章》，第 7 条。

139 《亚太电信组织宪章》，第 8 条第 2 至 4 款。

140 《亚太电信组织宪章》，第 9 条第 2 至 4 款。

副秘书长组成，任期 3 年，可连选连任一次。秘书长是亚太电信组织的行政长官。

### （四）法律文件

《亚太电信组织宪章》是亚太电信组织最重要的基础文件，规定了该组织的组成、组织结构和管理程序等。《亚太电信组织宪章》第 4 条规定，亚太电信组织须尊重成员国和准会员管理其电信服务和信息基础设施的权利；也须考虑成员国、准会员和列席会员在现有国际和区域性电信组织的义务。

《亚太电信组织宪章》由其他一系列经《亚太电信组织宪章》授权的机构制定的规则、规章、指南和其他文件进行补充。

### （五）工作方式

亚太电信组织主要通过举办研究组会议、标准化论坛、研讨会、考察访问和培训班等活动促进各成员国之间在信息通信政策和技术方面的交流与合作，亚太电信组织帮助成员国准备国际层面的大会 [ 如国际电信联盟的全权代表大会、世界电信发展大会（World Telecommunication Development Conference，WTDC）、世界无线电通信大会、信息社会世界峰会（World Summit on the Information Society，WSIS）、世界电信标准化全会（World Telecommunication Standardization Assembly，WTSA）以及其他国际电信联盟会议 ] 并形成区域共同提案。亚太电信组织召开的、准备全权代表大会的会议叫作“APT-PP 大会筹备组（APT Preparatory Group for ITU Plenipotentiary Conferences，APT-PP）会议”，旨在帮助 APT 成员国就本区域内共同关注的话题形成参加全权代表大会的共同提案。亚太电信组织召开的、准备世界无线电通信大会的会议叫作“APT-WRC 大会筹备组（APT Conference Preparatory Group for WRC，APG）会议”，一般在每届世界无线电通信大会之前要召开 4 ～ 5 次 APG 会议。在无线电通信领域，虽然区域性需求一直是 APG 工作的重点，但亚太地区的会议筹备活动也邀请了来自亚太区域以外的参加者，因为会议遇到的许多问题已经演变成了全球性的问题，通过 APG 可促成与其他区域性组织的沟通和交流[141]。

## 二、欧洲邮政和电信主管部门大会

欧洲邮政和电信主管部门大会（European Conference of Postal and Telecommunications Administrations，CEPT）是由欧洲各国邮政和电信业务主管部门组成的区域性组织[142]，成立于 1959 年，总部位于瑞士伯尔尼。

### （一）组织目标和职能

CEPT 的基本目标是加强会员国之间的联系，促成会员国之间的合作，以促进欧洲邮政和电子通信领域的动态市场的建立。该组织的职能包括：确立会员国在邮政和电子通信领域优先事项和发展目标的共同观点；审查欧洲范围内的邮政和电子通信、包括无线电频谱使用的公共政策和适当管理问题；促进欧洲范围内的进一步融合，特别是在无线电频谱方面，强调欧洲国家之间的切实合作，以帮助实现欧洲范围的监管协调；在欧洲委员会、欧洲自由贸易协会秘书处以及其他处理邮政和电子通信问题的欧洲机构和协会（工业、运营商、用户和消费者等）之间建立必要的联系和合作；与其他处理邮政和电子通信事务的区域性组织及其成员建立必要的联系和合作；提供一个平台以形成、采纳和推广在国际电信联盟等机构的欧洲共同提案；考虑技术和市场的发展并就未来监管环境提出建议；提供一个平台以协调欧洲的候选人参

141 ALAN JAMIESON. 为世界各区域划分频谱 代表亚洲和太平洋[J]. 国际电信联盟新闻杂志——为变化中的世界划分频谱，2015(5)：21.

142 《建立欧洲邮政和电信主管部门大会的协定》(Arrangement establishing the European Conference of Postal and Telecommunications Administrations，April，2009)，第 2 条。

加国际组织职位的选举[143]。

## （二）组织结构

CEPT 通过召开会议将会员国代表聚集在一起。CEPT 大会处理该组织的战略和政策问题，维护《建立欧洲邮政和电信主管部门大会的协定》，处理该组织的结构问题，批准该组织内部机构的职权及明确其相互关系等。大会一般以通信方式建立联系，仅在必要时召开实体会议[144]。

CEPT 下设 3 个委员会，分别是电子通信委员会（Electronic Communications Committee，ECC）、欧洲邮政监管委员会（European Committee for Postal Regulation，CERP）和 ITU 政策委员会（Committee for ITU Policy），3 个委员会的主席组成了 CEPT 理事会的主席团。CEPT 由其常设机构欧洲通信办公室（European Communications Office，ECO）担任秘书处[145]。欧洲邮政监管委员会负责邮政事务的监管协调以及欧洲国家参加万国邮政联盟会议的准备工作。ITU 政策委员会负责组织和协调 CEPT 会员国参加国际电信联盟全权代表大会、理事会、世界电信发展大会、世界电信标准化全会等会议的工作，但不包括世界无线电通信大会。

电子通信委员会与无线电通信事务密切相关，其首要目标是在欧洲实现无线电频谱、卫星轨道以及电信网码号资源的有效利用。ECC 通过以下 4 种方式发挥其作用：（1）发布用于重要的协调问题的决定，决定如果被 CEPT 会员国接受就具有约束力，但会员国并没有义务来接受决定；（2）在没有必要出台正式决定的情况下发布建议，建议并没有约束力，但是应尽量被遵守；（3）发布报告，目的是支撑协调措施，报告来自 ECC 的研究；（4）形成并向国际电信联盟世界无线电通信大会等国际大会提交欧洲共同提案，作为欧洲国家参会的指导方针。以上这些措施对于会员国都不具有约束力，在一个会

143 《建立欧洲邮政和电信主管部门大会的协定》，第 4 条。
144 《建立欧洲邮政和电信主管部门大会的协定》，第 6 条。
145 《建立欧洲邮政和电信主管部门大会的协定》，第 7 条。

员国拒绝遵守时，CEPT 没有手段来强制其遵守。但是，避免无线电干扰代表了 CEPT 所有会员国的利益，这让 CEPT 在欧洲无线电频谱管理中找到了关键定位。在参加世界无线电通信大会方面，欧洲对于不同议题的观点和立场都是由 CEPT 通过电子通信委员会的大会筹备组进行准备。

## 三、美洲国家电信委员会

美洲国家电信委员会（Inter-American Telecommunication Commission，CITEL），是美洲国家组织（Organization of American States，OAS）的一个机构，是根据《美洲国家组织宪章》第 52 条、由美洲国家组织大会的第 1244 号决议成立的，是美洲国家组织在电信 / 信息通信技术领域的主要咨询机构，与其他国家政府、政府间国际组织以及非政府组织就电信 / 信息通信技术事务等保持密切联系并开展合作。目前，美洲国家组织的 35 个会员国也是 CITEL 的会员国，另有 67 个部门成员参加无线电通信领域的事务。

### （一）组织目标和职能

美洲国家电信委员会致力于通过电信手段促进经济、社会发展和实现公平，该组织特别强调实现电信现代化和进行区域协调，所有工作——包括改进基础设施建设、促进电信服务的提供、无线电频谱融合以降低无线业务运营成本、信息通信技术培训、帮助国家制定电信发展战略等，都围绕其组织愿景进行。

美洲国家电信委员会的具体目标包括：采取所有可行手段，不断促进和改善电信 / 信息和通信技术的可持续发展；通过电信 / 信息技术手段推动地区一体化发展和进步；组织区域的技术专家，针对电信 / 信息技术发展和应用等问题开展研究；与国际电信联盟以及其他有关标准化组织合作，促进地区系统、设备的标准统一化；为该组织会员国在规划、建设、维持和运营电信系统时订立官方协议而开展研究并提出建议等。在本地区内部，该组织还研究电信 / 信息通信技术事务的政策和管理框架。

### （二）组织结构

美洲国家电信委员会采用委员会框架进行工作，委员会定期召开会议，并通过在线、电子邮件、电话和其他手段协调工作。委员会最高权力机关是大会，下设常设执行委员会、负责电信 / 信息和通信技术事务的常设第一顾问委员会、负责无线电通信包括广播事务的常设第二顾问委员会，同时还设有委员会的秘书处。

第二顾问委员会负责无线电通信和广播事务，作为美洲国家电信委员会的顾问委员会，其推动无线电通信业务和广播方面的无线电频谱以及对地静止卫星轨道和非对地静止卫星轨道的规划、协调、融合和有效使用。为此，该委员会根据国际电信联盟的有关规则、程序和建议，在会员国之间开展无线电频谱使用的融合，促进新技术的应用以改善无线电频谱的有效使用，就世界无线电通信大会的输出文件及成果向会员国提供信息，进行国际电信联盟世界无线电通信大会的区域准备工作和协调，包括准备美洲提案和共同观点、进行区域间磋商等。

第二顾问委员会由 6 个工作组和一个特设小组组成，分别是：

第一工作组：负责美洲国家电信委员会参加世界无线电通信大会的准备工作；

第二工作组：负责地面固定业务；

第三工作组：负责频谱管理；

第四工作组：负责卫星系统和科学业务；

第五工作组：负责广播工作；

第六工作组：就无线电通信事务协调美洲国家组织的战略提案；

特设小组：负责关于第二顾问委员会的决议、决定和建议。

### （三）法律文件

美洲国家电信委员会的法律文件是《美洲国家电信委员会规约》和《美洲国家电信委员会规则》。《美洲国家电信委员会规约》由美洲国家组织大会决议通过，是美洲国家电信委员会的纲领性文件;《美洲国家电信委员会规则》是对《美洲国家电信委员会规约》的补充，设定了该组织确保实现其目的和宗旨的运行、管理、程序方面的具体规则。目前适用的是 2018 年版的《美洲国家电信委员会规约》和《美洲国家电信委员会规则》。美洲国家电信委员会在履行职责时，在《美洲国家组织宪章》和《美洲国家电信委员会规约》的规定下，保持技术自治。

## 四、区域通信联合体

1991 年 12 月 17 日，东欧独立国家通信监管机构负责人在俄罗斯莫斯科召开会议，签署了《关于成立区域通信联合体的协议》，成立了区域通信联合体（Regional Commonwealth in the Field of Communications，RCC），其目的是在平等协商、互相尊重和主权原则的基础上，在新独立国家之间，就电信、邮政和通信事务开展合作。1992 年 10 月，在吉尔吉斯斯坦的比什凯克，独立国家联合体的政府首脑签署了《关于在邮政和电信领域开展国家间协调的协议》，授权 RCC 在该领域进行协调。

RCC 的主要任务包括在通信网络和设施融合的过程中扩展国家间的互惠关系、在科学和技术政策方面进行协调、无线电频谱管理、通信业务的收费和结算、人员培训、与通信和信息技术领域的国际组织开展合作等。

RCC 的最高机构是通信主管部门首长委员会（Board of the Heads of the Communications Administrations），其决定须由全体成员一致通过产生。RCC 的常设执行机构是行政委员会（Executive Committee），设立于俄罗斯莫斯科。

RCC 的政府间文件主要是《关于在邮政和电信领域开展国家间协调的协

议》。此外，RCC 的通信主管部门首长委员会还通过了一系列文件，如《关于成立区域通信联合体的协议》《区域通信联合体宪章》《RCC 观察员地位和权力》《向通信和信息领域的国际论坛准备和提交 RCC 共同提案的规则》《通信领域 RCC 与区域组织合作的程序》等。

## 五、非洲电信联盟

非洲电信联盟（African Telecommunications Union，ATU）是非洲大陆负责信息和通信技术基础设施和服务发展的组织，成立于 1977 年，是非洲联盟（African Union，AU）在电信领域的专门机构，目前有 48 个会员国和 54 个部门成员。

### （一）组织目标和职能

非洲电信联盟为电信管理部门和信息通信技术领域的私营实体提供一个制定有效政策和策略的平台，以促进信息基础设施和服务的获取。此外，非洲电信联盟还在全球决策大会（包括条约、标准、政策制定大会）上代表其成员的利益，以实现统一区域市场、吸引信息通信技术基础设施建设投资、加强制度和人力资源建设、确保非洲在全球资源分配中获得公平份额的目标。

### （二）组织结构

非洲电信联盟的主要机构包括全权代表大会（Conference of Plenipotentiaries）、行政理事会（Administrative Council）、技术和发展会议（Technical and Development Conference）和总秘书处（General Secretariat）[146]。

全权代表大会是非洲电信联盟的最高权力机构，每 4 年召开一次会议，由会员国授权的、负责信息通信技术管理的部长率团参加。全权代表大会负

146 《非洲电信联盟组织法》，第 7 条。

责在必要时修订《非洲电信联盟组织法》和《非洲电信联盟公约》，决定该组织的一般政策和目标，审查该组织的战略规划和活动计划，选举行政理事会成员和秘书长，制定和监督该组织的财务规划等[147]。

行政理事会由全权代表大会选举出的会员国组成，任期 4 年，每年召开一次会议，负责非洲电信联盟的行政管理，指示或协调该组织的财政、技术、行政和其他活动，采取一切必要步骤促成《非洲电信联盟组织法》和《非洲电信联盟公约》中规定的该组织目标的实现[148]。

技术和发展会议是会员国讨论政策、组织、运行、管理、技术和财务事项的平台，可以审查无线电通信、电信标准化和电信 / 信息通信技术发展的特定事项[149]。

秘书长是非洲电信联盟的行政长官，也是该组织的法定代表人，其采取必要措施确保该组织充分利用其经济资源[150]。

非洲电信联盟负责筹备世界无线电通信大会的会议称为“非洲筹备会议”，在形成非洲共同体国家参加 WRC 的共同立场方面发挥作用。

### （三）法律文件

非洲电信联盟的主要法律文件包括《非洲电信联盟组织法》和《非洲电信联盟公约》等。

## 六、阿拉伯电信和信息部长理事会

1945 年 3 月 22 日，埃及、伊拉克、约旦、黎巴嫩、沙特阿拉伯、叙利亚和也门 7 个阿拉伯国家的代表在埃及开罗举行会议，通过了《阿拉伯国家联盟条约》，成立了阿拉伯国家联盟（League of Arab States，LAS），该组

147 《非洲电信联盟组织法》，第 8 条。

148 《非洲电信联盟组织法》，第 9 条。

149 《非洲电信联盟组织法》，第 10 条。

150 《非洲电信联盟组织法》，第 11 条。

织的宗旨是密切会员国间的合作关系，协调彼此间的政治活动，捍卫阿拉伯国家的独立和主权，促进阿拉伯国家的整体利益，推动各会员国在经济、财政、交通、文化、卫生、社会福利、国籍、护照、签证、司法等方面进行密切合作。该组织现有 21 个会员国，以首脑级理事会为最高权力机构，另设有13 个专项部长理事会，由会员国相关部长组成，定期召开会议，负责制定相关领域的阿拉伯共同政策和加强会员国间的有关协调与合作，其中通信领域的事务由阿拉伯电信和信息部长理事会承担。

阿拉伯国家联盟在频谱管理方面设有阿拉伯频谱管理小组（Arab Spectrum Management Group，ASMG），由阿拉伯国家主管部门组成，用于管理和协调所有与无线电频谱管理、世界无线电通信大会和其他阿拉伯国家之间无线电频谱协调的有关事项，其主要活动包括：在无线电频谱管理领域，通过交换观点，就无线电通信方面的新动态开展合作；为国际电信联盟世界无线电通信大会的议题准备阿拉伯共同提案；评估世界无线电通信大会议题的研究进展；为 ITU-R 部门的其他会议准备共同输入文稿；在会员国之间就无线电频谱管理的一切事项进行协调。

## 第三节　其他相关国际组织和机构

《国际电信联盟公约》规定，秘书长和各局主任应鼓励区域性及其他国际性电信、标准化、金融或发展组织积极参加国际电信联盟的活动[151]。其中，联合国、区域性电信组织、运营卫星系统的政府间组织、联合国各专门机构和国际原子能机构的观察员可以顾问身份参加国际电信联盟的全权代表大会、世界无线电通信大会、无线电通信全会、世界电信标准化全会和世界电信发展大会[152]。本节所列国际组织，因其业务领域涉及无线电频谱的规划和分配以及无线电通信业务的管理而参与了国际电信联盟无线电通信部门的会议和活动。

151 《国际电信联盟公约》，第 228、231 款。

152 《国际电信联盟公约》，第 269 至 269D 款、第 278 款、第 297 款。

## 一、联合国及其和平利用外层空间委员会

联合国（United Nations，UN）是在第二次世界大战后成立的一个由主权国家组成的政府间国际组织，其前身是第一次世界大战后根据《凡尔赛和约》于1919年成立的国际联盟。1945年4月25日至6月26日，50个国家的代表齐聚美国旧金山，举行了联合国国际组织会议，起草并签署了《联合国宪章》，同时还通过了附于《联合国宪章》并与《联合国宪章》具有同等效力的《国际法院规约》。联合国于1945年10月24日正式建立。

《联合国宪章》序言和第一条详细规定了联合国的宗旨，包括采取有效集体办法，以防止且消除对于和平之威胁，制止侵略行为或其他和平之破坏；并以和平方法且依正义及国际法之原则，调整或解决足以破坏和平之国际争端或情势；发展国际间以尊重人民平等权利及自决原则为依据之友好关系，并采取其他适当办法，以增强普遍和平；促成国际合作，以解决国际间属于经济、社会、文化及人类福利性质之国际问题，且不分种族、性别、语言或宗教，增进并激励对于全体人类之人权及基本自由之尊重；构成一协调各国行动之中心，以达成上述共同目的[153]。

联合国的基本原则包括各会员国主权平等、善意履行《联合国宪章》下的义务、和平解决国际争端、在国际关系上不得使用威胁或武力、对于联合国依据《联合国宪章》而采取的行动尽力予以协助、不干涉各国内政等[154]。

联合国有六大机构，分别是联合国大会、安全理事会、经济和社会理事会、托管理事会、国际法院、秘书处。联合国现有会员国193个，包括所有得到国际承认的主权国家，此外还邀请国际组织、非政府组织、实体参与联合国事务。国际电信联盟于1947年成为联合国在信息通信技术领域的专门机构。

联合国和平利用外层空间委员会（United Nations Committee on the

---

153 劳特派特. 奥本海国际法 上卷 平时法 第一分册[M]. 王铁崖，陈体强，译. 北京：商务印书馆，1971：296-297.

154 《联合国宪章》，第2条。

Peaceful Use of Outer Space，UNCOPUOS）是 1958 年 12 月 13 日联合国大会第 1348（XIII）号决议设立的专门委员会，处理和平利用外空的国际合作事项，也作为一个论坛研讨随着技术发展和空间开发、地缘政治变化以及可持续的空间科学和技术应用所带来的空间开发和利用问题，向联合国大会第四委员会（特别政治和非殖民化委员会）报告工作。委员会于 1961 年成立了两个小组委员会，分别是法律小组委员会和科技小组委员会，其总体任务是加强各级空间活动国际合作的一致性和协同性，包括完善外层空间相关的国际法律制度，改善和平利用外层空间的国际合作条件，支持国家、区域和全球各级的努力、包括联合国系统各实体和与空间有关的国际实体的努力，以便最大限度地发挥空间科学、技术及其应用的益处。联合国和平利用外层空间委员会每年在奥地利维也纳开会，讨论的主题涉及为和平目的维护和利用外层空间、轨道上的安全操作、空间碎片、空间天气、小行星的威胁、外层空间核能的安全使用、气候变化、水资源管理、全球卫星导航系统以及外层空间法和国家航天立法的问题。该委员会的秘书服务由联合国外空事务办公室提供。

联合国外空事务办公室（United Nations Office for Outer Space Affairs，UNOOSA）最初是作为联合国秘书处的一个小型专家组而设立的，目前为联合国和平利用外层空间委员会提供秘书服务，其致力于促进和平利用和探索外层空间以及利用空间科学和技术促进可持续的经济、社会发展方面的国际合作，协助联合国会员国建立管理航天活动的法律和管理框架，采取措施将航天能力纳入国家发展方案，加强发展中国家利用空间科学技术和应用以促进发展的能力。

联合国和平利用外层空间委员会关注人类外空活动的广泛议题，而空间无线电通信事务占据了国际电信联盟无线电通信管理的半壁江山，两个机构因为管理内容的交叉而有了交集。在国际电信联盟世界无线电通信大会上，联合国外空事务办公室派出顾问以观察员身份参会。国际电信联盟全权代表大会通过的一些决议也涉及联合国和平利用外层空间委员会的重要议题，比如 2014 年釜山全权代表大会考虑到联合国大会在 2013 年 12 月 5 日通过的有关外层空间活动中的透明度和建立信任措施的第 68/50 号决议和第 A/68/189 号报告，通过了题为《加强国际电信联盟在有关外层空间活动透明度和树立信心措施方面的作用》的第 186 号决议，将国际电信联盟职权范围内的弥合数字鸿沟、增强卫星网络 / 系统的可靠性与可用性、增强卫星监测设施信息的获取以及消除空间无线电通信中的有害干扰等行动计划，作为响应联合国增加外层空间活动透明度和建立信任措施的举措。而联合国和平利用外层空间委员会多年来一直关注外层空间活动的长期可持续性问题（Long-term Sustainability of Outer Space Activities，LTS）的不同方面，其科学技术小组委员会从 2010 年起将外层空间活动长期可持续性作为重要议题并设立了工作组，开始起草自愿指导方针。2019 年 6 月，和平利用外层空间委员会通过了《外层空间活动长期可持续性准则》[（Guidelines for the Long-term Sustainability of Outer Space Activities of the Committee on the Peaceful Uses of Outer Space），简称《LTS 准则》]，为外层空间活动的政策和监管框架、空间操作安全、国际合作、能力建设以及科学和技术研究与发展提供了指导，《LTS 准则》的第 A.4 项准则题为“确保公平、合理、有效利用卫星所用无线电频率频谱及各个轨道区域”，共有 6 项内容，要求各国在履行其在《国际电信联盟组织法》和《无线电规则》之下的义务时，应特别注意外层空间活动的长期可持续性和全球可持续发展，考虑天基地球观测系统及其他天基系统和服务在支持全球可持续发展方面的要求，避免和消除有害干扰，并采取卫星轨道处置措施，保持轨道环境和减少碰撞的可能性。

## 二、国际民用航空组织

### （一）概况

国际民用航空组织，简称国际民航组织（International Civil Aviation

Organization，ICAO），成立于1947年，总部设在加拿大蒙特利尔，是联合国负责处理国际民航事务的专门机构，是政府间国际组织，截至2020年6月共有193个成员国。国际民航组织的主要活动是研究国际民用航空问题，制定民用航空的国际标准和规章，鼓励使用安全措施、统一业务规章和简化国际边界手续等，以确保全世界国际民用航空安全有秩序地发展，满足世界人民对安全、正常、有效和经济的航空运输的需要。

### （二）组织机构

国际民航组织由大会、理事会、空中航行委员会和秘书处组成。

大会是国际民航组织的最高权力机构，由全体成员国组成，一般情况下每3年召开一次。大会的权力和职责是详细审查国际民航组织在技术、管理、经济、法律和合作领域的各项工作，包括从国际民航组织成员国中选举理事会成员国；审查、处理理事会报告并裁决理事会报告的事项；批准国际民航组织的财政预算；在其自由裁量权范围内处理理事会及其下属委员会或该组织内其他机构的所有事务；还有权批准各成员国认可的《国际民用航空公约》（《芝加哥公约》）的修订版本。

理事会是向大会负责的常设机构，由大会选出的36个缔约国组成，每年召开3次会议。理事国分为3类：第一类是在航空运输领域居于特别重要地位的成员国，包括中国在内共有11个国家；第二类是对提供国际民用空中航行设施做出最大贡献的国家，共有12个国家；第三类是保证地域代表性的国家，共有13个国家。理事会的主要职责包括：执行大会授权的工作并向大会报告该组织及各国执行公约的情况；管理该组织财务；领导下属各机构工作；批准标准和建议措施以及把相关内容纳入《芝加哥公约》附件中，并在必要时修订现有的附件；向各缔约国通报有关情况，研究、参与国际航空运输发展和经营有关的问题并通报成员国，对争端和违反《芝加哥公约》的行为进行裁决；任命秘书长等。理事会下设财务、技术合作、非法干扰、航行、新航行系统、运输、联营导航、爱德华奖8个委员会。

空中航行委员会（Air Navigation Commission，ANC）由对航空科学知识和实践具有适当资格和经验的 19 名成员组成，通常每年召开 3 届会议，每届会议一般持续 9 个星期，以处理其工作方案内的各种事项。尽管空中航行委员会的委员由国际民航组织成员国提名并由理事会任命，但他们不代表任何特定国家或地区的利益，而是为国际民用航空界的整体利益独立工作并发挥他们的专长。空中航行委员会审议并提出关于标准和建议措施以及空中航行服务程序的建议，供国际民航组织理事会通过或批准。自其成立以来，空中航行委员会审议并提出了组成《芝加哥公约》19 个附件当中 17 个附件的标准和建议措施方面的建议。

秘书处是秘书长领导下的国际民航组织的常设行政机构，下设航行局、航空运输局、法律局、技术合作局、行政局 5 个局以及财务处、外事处。我国柳芳曾于 2015 年 8 月至 2021 年 2 月担任国际民航组织秘书长。

### （三）法律文件

国际民航组织的基本法律文件是《芝加哥公约》及其附件。该公约规定了航空飞行的一般规则、缔约国权利义务、国际民航组织的机构及其职能等内容。国际民航组织还通过了一系列决议、标准和建议措施。根据《芝加哥公约》第 37 条、第 38 条规定，各缔约国承允在关于航空器、人员、航路及各种辅助服务的规章、标准、程序及组织方面进行合作，凡采用统一办法而能便利、改进空中航行的事项，应尽力求得可行的最高程度的一致。为此，国际民航组织针对通信系统和助航设备、空中规则和空中交通管制办法、气象资料的收集和交换、航空器遇险和失事调查等有关空中航行安全、正常及效率的事项制定和修改了多项国际标准、建议措施和程序，一般为各缔约国所遵守。

### （四）航空电信

国际民用航空活动中的 3 个最复杂和最根本的要素是航空通信、导航和监视，均高度依赖充足和受到适当保护的无线电频谱。国际电信联盟《无线电规则》定义的 42 种无线电业务中，航空移动业务、卫星航空移动业务、航空无线电导航业务、卫星航空无线电导航业务等均在频率划分表中取得了一定频段的划分。《无线电规则》第一卷第八章《航空业务》第 35 至 45 条规定了航空业务的无线电管理规则，包括移动电台负责人的职权、操作人员证书和人员管理、电台的检验和工作时间、与水上业务电台的通信、电台必须遵守的条件、关于频率使用的特别规则、通信的优先等级和一般通信程序等内容。

更为具体的航空电信的国际规则规定在《芝加哥公约》附件十当中。《芝加哥公约》附件十名为《航空电信》，共 5 卷，分别是：第Ⅰ卷：无线电导航设施；第Ⅱ卷：通信程序；第Ⅲ卷：通信系统，包括两部分，分别是数字数据通信系统和话音通信系统；第Ⅳ卷：监视雷达和避撞系统；第Ⅴ卷：航空无线电频谱的使用。该附件处于不断修订当中，2020 年 2 月 13 日，第 219 届国际民航组织理事会第 4 次会议审议通过了附件十《航空电信》第Ⅰ、Ⅱ卷的第 92 次修订，并于 2020 年 7 月 1 日生效，其中一些修订体现了国际电信联盟会议的成果和规则修订要求。

国际民航组织以观察员身份参加国际电信联盟世界无线电通信大会，以传达包括其成员国、航空公司、机场、空中导航服务提供商和其他利益攸关方在内的整个国际民航业的协调立场。

国际民航组织与国际电信联盟紧密合作确保国际民航安全和有效运行的新近范例是 2014 年 3 月马来西亚航空 370 次航班失踪后，2014 年国际电信联盟全权代表大会通过了第 185 号决议，责成 2015 年世界无线电通信大会将全球航班追踪作为紧急事项予以审议。而国际民航组织和国际航空运输协会（International Air Transport Association，IATA）制定和实施了全球航空遇险和安全系统（Global Aeronautical Distress and Safety System，GADSS）相关规则，以改进飞行跟踪和向搜救部门报警，其频谱需求在《无线电规则》现行频率划分中可以得到保障[155]。2019 年世界无线电通信大会还有

155 柳芳. 全球航空业的安全与效率[J]. 国际电信联盟新闻杂志——为变化中的世界划分频谱，2015(5)：32.

一项重要议题是实现全球海上遇险和安全系统的现代化，在 GMDSS 中增设卫星系统，该卫星系统可以用于空管人员和飞行员之间的飞机位置报告和通信，特别是在偏远、海洋和极地地区，以提供确保飞机安全间距所必需的服务[156]。

## 三、国际海事组织

### （一）概况

国际海事组织（International Maritime Organization，IMO）是联合国负责海上航行安全和防止船舶造成海洋和大气污染的专门机构，总部设在英国伦敦。该组织的前身是 1948 年在瑞士日内瓦召开会议、签署《政府间海事协商组织公约》而设立的政府间海事协商组织（Inter-governmental Maritime Consultative Organization，IMCO）。1958 年，《政府间海事协商组织公约》生效，1959 年 1 月 17 日在英国伦敦正式成立了政府间海事协商组织，并召开了第一届大会。1982 年 5 月 22 日，政府间海事协商组织改名为国际海事组织，现有 175 个成员国和 3 个联系会员。

国际海事组织的总体目标是“清洁海洋上的安全和高效航运”，该组织的主要活动是召开全体成员国大会，制定和修改有关海上安全、防止海洋污染、便利海上运输、提高航行效率及与此有关的海事责任方面的公约、规则、议定书和建议案，交流在上述事项方面的实际经验，研究相关海事报告，利用联合国开发计划署等国际组织提供的经费和捐助国的捐款，向发展中国家提供技术援助；召开各委员会会议，研究与各专业委员会业务有关的事务并提出建议。

### （二）组织机构

国际海事组织由大会、理事会和 4 个主要委员会组成，委员会包括海上

156 LOFTUR JONASSON. 航空运输和安全使用的频谱[J]. 国际电信联盟新闻杂志——不断演进的新技术的频谱管理，2019（5）：63-67.

安全委员会、海上环境保护委员会、法律委员会和技术合作委员会。此外还有一个便利委员会和主要技术委员会的一些分委会。

1. 大会

大会（Assembly）是国际海事组织的最高决策机构，由所有成员国组成，每两年举行一次会议，负责批准工作计划、审议财务预算和决定该组织的财务安排，还选举国际海事组织的理事会。

2. 理事会

理事会（Council）由大会选举的 40 个成员国组成，每两年改选一次，是国际海事组织的执行机构，在大会的领导下负责该组织的工作，在两届大会之间履行大会的所有职能。

国际海事组织理事会成员分为 A、B、C 三类，其中 A 类理事国为 10 个航运大国，B 类理事国为 10 个海上贸易大国，C 类理事国为 20 个代表世界主要地理区域的重要海运国家。

理事会的职能包括：协调该组织内部机构的活动；审议该组织的工作计划草案和财务预算并提交大会；受理委员会和其他机构提交的报告和建议，提出意见和建议后一并提交大会和各成员国；任命秘书长并报大会批准；就国际海事组织与其他组织的关系达成协议或作出安排，报大会批准。

3. 海上安全委员会

海上安全委员会（Maritime Safety Committee，MSC）是该组织的最高技术机构，由国际海事组织所有成员国组成，处理所有与航运安全有关的事宜，包括海上安保事宜、海盗及武装抢劫船舶的问题，还负责审议有关海上安全的建议和指南，并提交大会通过。

4. 海洋环境保护委员会

海洋环境保护委员会（Marine Environment Protection Committee，MEPC）于 1973 年 11 月成立，由所有成员国组成，负责审议国际海事组织职权范围内与防止和控制船舶造成污染有关的任何事宜。

5. 分委会

国际海事组织还设立了7个对所有成员国开放的分委会（Sub-committee），主要协助海上安全委员会和海上环境保护委员会工作。这些分委会是：人为因素、培训和值班分委会，履行海事组织文书分委会，航行、通信和搜救分委会，防污染和反应分委会，船舶设计和建造分委会，船舶系统和设备分委会，货物和集装箱运输分委会。

6. 法律委员会

法律委员会（Legal Committee）成立于1967年，最初是为了处理"Torrey Canyon"号事故引起的法律问题，目前是常设委员会，负责处理国际海事组织职权范围内的任何法律事宜。

7. 技术合作委员会

技术合作委员会（Technical Cooperation Committee）成立于1969年，最初作为理事会的一个附属机构，1984年生效的《国际海事组织公约》修订本使其常规化。技术合作委员会负责协调该组织提供、特别是向发展中国家提供海事技术援助。

8. 便利委员会

便利委员会（Facilitation Committee）成立于1972年5月，负责减少船舶进入/离开港口或其他码头时所需的手续，简化此种情况下所需的单证。

9. 秘书处

秘书处（Secretariat）设在英国伦敦，由秘书长和近300名工作人员组成，秘书长由理事会任命并经大会批准。

### （三）主要文件

国际海事组织通过了50项公约和议定书，还通过了1000多个有关海上安全和安保、防止污染和相关事宜的规则和建议书。

### （四）国际海事组织与无线电通信

无线电通信对航运业有效、安全、可持续运行和海洋环境保护而言至关重要。船舶依靠分配的无线电频谱进行导航、遇险和安全通信、船载通信以及水上船员与岸上亲友之间的社会通信。早在1906年，第一次国际无线电报大会就采用了“SOS”的莫尔斯电码作为船舶遇险时的求救信号，但并没有避免1912年“泰坦尼克号”沉没的事故。随后，1912年召开的国际无线电报大会专为船舶遇险求救划分了500kHz的信道，并规定了船舶间断性静默的义务，以便求救信号可被收听。1914年《国际海上人命安全公约》（International Convention for the Safety of Life at Sea 1914，SOLAS 1914）更是要求载有50人以上的船舶必须携带船载电台。可以说，无线电通信在水上业务的最早应用与人命安全息息相关。

随着技术进步和社会发展，水上业务对无线电通信的需求不断扩展。目前，国际电信联盟《无线电规则》定义的42种无线电业务中，水上移动业务、卫星水上移动业务、港口操作业务、船舶运转业务、水上无线电导航业务、卫星水上无线电导航业务、安全业务等均在频率划分表中取得了一定的频率划分。《无线电规则》第一卷条款第九章第46至58条规定了水上业务的操作规则，包括主管人员的职权、操作人员证书、电台的检验和工作时间、水上移动业务必须遵守的条件、频率使用的特别规则、通信的优先等级、无线电话、水上无线电通信的计费和结算等多项内容。以上内容也是国际海事组织关注的事宜，在世界无线电通信大会上，国际海事组织派出顾问以观察员身份参会。

国际海事组织《国际海上人命安全公约》第四章是关于无线电通信的内容，对于确保海上生命安全至关重要。自20世纪60年代国际海事组织发起研究专门用于海事目的的卫星系统，全球海上遇险和安全系统（GMDSS）得以发展，并促成了20世纪70年代国际海事卫星组织（International Maritime Satellite Organization，INMARSAT）的建立，作为管理和提供 GMDSS 服务的唯一机构。修订的《国际海上人命安全公约》要求自 1999 年起全面实施 GMDSS，这是一个综合性的通信系统，融入地面和卫星技术以及船上无线电通信系统的各项要求，目的是确保无论在哪里出现海上紧急情况，都能发出求救信号并向岸上救援机构发出警报。随着技术发展，国际海事组织推动引进更多的 GMDSS 卫星移动业务提供商，并于 2020 年增加铱星有限责任公司为新的水上卫星移动业务提供商[157]。

## 四、国际移动卫星组织

### （一）概况

1974 年《国际海上人命安全公约》规定要为海事通信建立全球卫星移动通信系统，包括建立遇险和安全通信能力。国际海事组织于 1976 年通过了《国际海事卫星组织公约》（Convention on the International Maritime Satellite Organization）和《国际海事卫星组织业务协定》（Operating Agreement on the International Maritime Satellite Organization），建立了国际海事卫星组织，致力于监督卫星海上遇险通信服务，特别是用于全球海上遇险和安全系统的通信服务，后又将其活动范围扩展到提供航空和陆地移动卫星通信服务，以供航空交通管理及飞机航行管制（航空安全服务）之用，还提供无线电测定服务，因此国际海事卫星组织于 1994 年更名为国际移动卫星组织（International Mobile Satellite Organization，IMSO）。国际移动卫星组织是政府间国际组织，现有 104 个成员国，而该组织的资产、商业业务和权益已不受限制地转让给新设的国际海事卫星公司（Inmarsat Ltd.），并通过国际移动卫星组织所设立的一项政府间监督机制，确保该公司

157 KITACK LIM. 水上通信——保护水上业务的频谱[J]. 国际电信联盟新闻杂志——不断演进的新技术的频谱管理，2019（5）：68-71.

继续运行全球海上遇险和安全系统，并持续考虑其他公共利益的需求[158]。

## （二）组织机构

国际移动卫星组织的机构包括大会和总干事。

大会由全体成员国组成，一般每两年召开一次会议，在会上，每个成员国有一票表决权，针对实体性事项的决定需三分之二成员国同意才能通过，针对程序性事项则采用简单多数的表决方式[159]。大会的主要职责在于确立该组织的目的、一般政策、长期目标；采取必要措施和步骤确保海事卫星移动通信服务提供者为全球海上遇险和安全系统通信提供服务，批准《公共服务协议》的缔结、修改和废除等；修订《国际移动卫星组织公约》；任命总干事；批准该组织的预算等[160]。

总干事由大会任命，任期 4 年，是该组织的法定代表人和首席执行官，在大会的指示下工作并对大会负责[161]。

## （三）主要职责

《国际移动卫星组织公约》规定，该组织的主要职责有两项：第一是确保海事卫星移动通信服务提供者根据国际海事组织所设立的法律框架，为全球海上遇险和安全系统通信提供海事卫星移动通信服务；第二是根据国际海事组织的决定，担任船舶远程识别与跟踪（Long-Range Identification and Tracking of Ships，LRIT）的协调机构。

## （四）主要文件

国际移动卫星组织的主要文件包括《国际移动卫星组织公约》及其关于

---

158 《国际移动卫星组织公约》，序言。

159 《国际移动卫星组织公约》，第 10 条。

160 《国际移动卫星组织公约》，第 11 条。

161 《国际移动卫星组织公约》，第 12 条。

争端解决程序的附件、《大会程序规则》《国际移动卫星组织总干事职责》以及与 Inmarsat 公司和铱星公司签署的《公共服务协议》等。

## 五、世界气象组织

### （一）概况

世界气象组织是根据 1947 年 9 月至 10 月在美国华盛顿召开的国际气象组织 45 国气象局局长会议通过的《世界气象组织公约》而成立的，1950 年 3 月 23 日《世界气象组织公约》正式生效。目前，世界气象组织有 193 个会员和会员地区。

根据《世界气象组织公约》第 2 条，该组织的宗旨是促进设置站网方面的国际合作，以进行气象、水文以及与气象有关的地球物理观测，促进设置和维持各种中心以提供气象和与气象有关的服务；促进建立和维护气象及有关信息快速交换系统；促进气象及有关观测的标准化，确保以统一的规格出版观测和统计资料；推进气象学应用于航空、航海、水利、农业和人类其他活动；促进水文活动，增进气象与水文部门之间的密切合作；鼓励气象及有关领域内的研究和培训，帮助协调研究和培训中的国际性问题等。

### （二）组织机构

世界气象组织的机构包括：世界气象大会、执行理事会、区域协会、技术委员会和秘书处。

#### 1. 世界气象大会

大会是该组织的最高权力机构，由各会员派代表团参会。一般每 4 年召开一次，审议过去 4 年的工作，研究批准今后 4 年的业务、科研、技术合作等计划，通过下一财务期的预算，选举产生新的主席、副主席，选举产生除该组织主席和副主席以及区域协会主席以外的执行理事会成员和任命秘书长等。

2. 执行理事会

世界气象组织执行理事会（前称执行委员会）是大会闭幕期间的执行机构。其组成人数根据该组织会员数的增多而逐渐增加。目前执行理事会由36人组成，包括该组织主席、3位副主席、6位区域协会主席和由气象大会选举产生的26名成员（均为局长）。

3. 区域协会

按地理区域，世界气象组织分为6个区域协会。即一区协会（非洲）、二区协会（亚洲）、三区协会（南美洲）、四区协会（北美洲和中美洲）、五区协会（西南太平洋）和六区协会（欧洲）。区域协会主要负责区域内各项气象、水文活动，实施大会、执行理事会的有关决议。一般每4年举行一次届会。中国属二区（亚洲）协会。中国香港、中国澳门作为地区会员也属于二区（亚洲）协会。

4. 技术委员会

世界气象组织根据气象、水文业务性质，将技术委员会分为两组8个委员会：

（1）基本委员会，包括基本系统委员会、大气科学委员会、仪器和观测方法委员会和水文学委员会；

（2）应用委员会，包括气候学委员会、农业气象学委员会、航空气象学委员会、世界气象组织/政府间海洋委员会海洋和海洋气象联合委员会。

委员会由该组织的会员提名指派专家参加，委员会工作主要是在其职责范围内贯彻大会、执行理事会及区域协会的决议并协调该委员会的工作。技术委员会通常每4年举行一次大会，届时选举主席和副主席各一名。基本系统委员会则在届会休会期间召开一次特别会议。技术委员会主席会议每年召开一次，由世界气象组织副主席轮流主持。

5. 秘书处

秘书处是世界气象组织的常设办事机构。该秘书处自1951年12月10日从瑞士洛桑迁到日内瓦。秘书处由气象大会任命的秘书长主持工作，为处理日常国际气象事务，秘书处下设若干职能司负责有关工作，包括秘书长办公室世界天气监测网司、技术合作司、区域办公室、资源管理司、支持服务司以及语言、出版与会议司。

### （三）重要文件

世界气象组织的基本文件包括《世界气象组织公约》《世界气象组织总则》《世界气象组织工作人员条例》《世界气象组织财务条例》《联合国与世界气象组织协议》《专门机构的特权及豁免权公约》以及瑞士联邦委员会与世界气象组织签订的协议、执行计划和议定书等。

《世界气象组织公约》是该组织的宪章性文件，规定了该组织的设立，会员资格，组织结构及各部门的职能、组成和工作程序，与联合国和其他国际组织的关系，该组织的法律地位、特权和豁免权，《世界气象组织公约》的修正、解释和争端解决，《世界气象组织公约》的退出，会员资格的中止，《世界气象组织公约》的批准、加入和生效等内容。

《世界气象组织总则》对《世界气象组织公约》进行补充和细化，特别是对会议程序规定得十分详尽。世界气象组织也作出一些决议或建议，其中建议是指任一组织机构或其所属机构作出的需经上级机构批准方可执行的决定，决议是指任一组织机构作出的不需要上级机构批准便可执行的决定[162]。《世界气象组织总则》附件三（技术委员会的结构和职责）将电信网络、无线电频率分配和用于业务、研究以及应用的设施，特别是世界气象组织信息系统（包括世界天气监测网的全球电信系统）的组建的职责赋予基本委员会行使。

### （四）世界气象组织与无线电通信

天气和气候关乎人类生存与发展，联合国《变革我们的世界：2030 年可持续发展议程》第 13 项提出“采取紧急行动应对气候变化及其影响”的目标，

162 《世界气象组织总则》，定义。

要求加强所有国家应对气候灾害和自然灾害的复原力和适应能力。联合国《气候变化框架公约》规定全球气候观测系统负责监测气候变化，指示联合国相关机构共同努力，持续提供可靠的观测和数据记录。世界气象组织还运行世界天气监测网（World Weather Watch，WWW），其观测系统部分——全球观测系统（Global Observing System，GOS）是具有良好规划的气象和环境卫星系统。近年来，世界气象组织将现有的全球观测系统与世界气象组织全球综合观测系统（World Meteorological Organization Integrated Global Observing System，WIGOS）相结合，新的WIGOS从2020年起投入运营[163]。

气象卫星须根据《无线电规则》使用无线电频率，包括航天器的遥测、遥令，有源微波传感和无源微波传感，向接收主站传输气象卫星观测数据，通过气象卫星向气象用户站重新传输预处理数据，从气象卫星向气象用户站直接广播传输，通过气象卫星以及其他卫星系统向用户播发备选数据，通过气象卫星从数据收集平台进行传输以及搜救信息的转接等[164]，因此，提供和保护气象系统所需要的频谱对于维护气象系统的性能至关重要。国际电信联盟和世界气象组织在这方面紧密合作，世界气象组织派出顾问以观察员身份参加世界无线电通信大会，传达气象界的立场和需求。《无线电规则》定义的42种无线电业务中，气象辅助业务、卫星气象业务等均在频率划分表中取得了一定的频率划分。国际电信联盟无线电通信部门第七研究组研究科学业务，具体包括卫星地球探测业务和卫星气象业务，包含用于获得地球和地球大气重要数据的无源空间遥感系统和有源空间遥感系统。国际电信联盟还编写了《卫星地球探测业务手册》，并与世界气象组织联合编写了《气象使用无线电频谱手册：天气、水、气候监测和预测》，帮助科学界、特别是遥感界将无线

---

163 佩特里·塔拉斯. 世界气象组织全球综合观测系统的空间设备[J]. 国际电信联盟新闻杂志——监视我们不断变化的星球，2019，1：13-14.

164 MARKUS DREIS. 从太空监测天气和气候——对于我们的全球现代社会而言不可或缺[J]. 国际电信联盟新闻杂志——监视我们不断变化的星球，2019，1：34.

电频谱用于遥感应用的保护工作。

## 六、国际通信卫星组织

### （一）概况

国际通信卫星组织（International Telecommunications Satellite Organization，ITSO）成立于1973年，早期称作INTELSAT，是政府间全球性商业通信卫星机构，简称卫星组织，现有缔约国149个，总部设在美国华盛顿。国际通信卫星组织的宗旨是根据联合国大会第1721（XVI）号决议，在全球范围内和一视同仁的基础上为世界各国提供高质量、可靠的公众卫星通信服务。2001年7月，INTELSAT重组，成立了私有化的国际通信卫星有限公司（Intelsat Ltd.），简称卫星公司，同时保留了一个小规模的政府间组织——国际通信卫星组织，简称改为ITSO，负责监督Intelsat公司履行"确保全球普遍连接""保护生命线连接"和"允许各缔约国一视同仁接入卫星公司的卫星系统"三项公共服务义务。

### （二）组织机构

国际通信卫星组织的机构如下。

缔约国大会：卫星组织的最高机构，由各缔约国政府代表组成，通常每两年召开一次会议，必要时召开特别大会。大会审议国际通信卫星组织总政策、长远规划、重大经济技术措施，与各缔约国主权利益有关的重大问题以及修改《国际通信卫星组织协定》、任免总干事等。

签字者会议：由各签字者代表组成，通常每年召开一次，必要时召开特别会议。审议卫星组织经营管理、设备运行技术状况、财务计划、董事会提交的建议、决议，修改《国际通信卫星组织业务协定》等。

董事会：由各董事国代表组成，下设技术、规划和财务审计3个顾问委员会，通常每年召开5次会议。审议批准商业通信卫星、国际操作中心和测控设备的设计、研制、建造、安装和操作维护的政策和计划等。

执行局：卫星组织总干事领导下的常设办事机构，承担全球商业通信卫星系统的运转、维护、研制和发展等日常工作。

### （三）主要法律文件

国际通信卫星组织的主要法律文件是《国际通信卫星组织协定》(ITSO Agreement)及其修订本，规定了该组织的设立、主要目的和核心原则、该组织对Intelsat公司提供公共服务的监督职能、保护成员国共同财产——确保全球各国普遍覆盖和即时互联的卫星轨道和相关频率资源、该组织的组成机构和职能、成员国的权利和义务、争端解决机制等。

## 七、空间频率协调组

空间频率协调组（Space Frequency Coordination Group，SFCG）是航天机构以及有关国家和国际组织用来协调空间业务无线电频谱资源分配的研究机构。与国际电信联盟相比，该组织成立的目的在于创造非正式且更为灵活的环境，来解决航天机构成员所遇到的无线电频谱管理问题。

空间频率协调组关注国际电信联盟通过《无线电规则》划分给空间研究、空间应用、地球探测卫星以及气象卫星业务的无线电频段的有效使用和管理，也关注与以上业务有关的馈线链路和数据中继卫星的运行，还关注射电天文业务。在《无线电规则》的正式框架下，空间频率协调组提供了让其航天机构成员就特定无线电频率的指配和有关技术问题达成非正式协议的机会。空间频率协调组召开会议，通过决议和建议，制定技术和行政的协议。这些协议能让航天机构最大限度地使用所划分的频段和避免干扰。空间频率协调组的建议由航天机构成员自愿接受和执行，无强制约束力。

空间频率协调组通过了第A6-1R2号决议，规定了该机构的《宪章》；还通过了第 A3–1R3 号决议，规定了新成员加入该机构的程序。目前有 30 个国家或地区的航天机构加入该机构，空间数据系统咨询委员会（Consultative Committee for Space Data System，CCSDS）、气象卫星协调组（Coordination Group for Meteorological Satellites，CGMS）、欧洲气象网（EUMETNET）、电气电子工程师学会（Institute of Electrical and Electronics Engineers，IEEE）、地球科学与遥感协会（Geoscience and Remote Sensing Society，GRSS）、国际电信联盟无线电通信部门第七研究组（ITU–R/SG7）、国际技术工作组（International Technology Working Groups，ITWG）、射电天文学与空间科学频率划分科学委员会（Scientific Committee on Frequency Allocations for Radio Astronomy and Space Science，IUCAF）、世界气象组织等均是其观察员。空间频率协调组公布了其活动手册，还通过了一些决议、建议和报告。

## 八、国际业余无线电联盟

### （一）概况

业余无线电业务是指供业余无线电爱好者进行自我训练、相互通信和技术研究的无线电通信业务。业余无线电爱好者是经正式批准，对无线电技术有兴趣的人，其兴趣仅为个人爱好而不涉及谋取利润[165]。随着无线电频谱资源日益紧张，各国主管部门倾向于将频谱优先用于保障国防、经济发展、公众通信等用途，用于业余无线电操作的频率越来越有限。为了帮助业余无线电爱好者获取和使用频率，1925 年，国际业余无线电联盟（International Amateur Radio Union，IARU）成立，并自 1927 年起参加国际电信联盟大会，自 1932 年起成为国际电信联盟的部门成员。国际业余无线电联盟是

165 《无线电规则》，第一卷条款，第 1.56 款。

被国际电信联盟认可、代表全世界无线电爱好者利益的组织，是各国（地区）业余无线电组织的国际联合会，性质上属于非政府组织，其应遵守国际电信联盟相关法规。

### （二）组织目标

国际业余无线电联盟的目标是在国际电信联盟的规则框架范围内保护、促进和提升业余业务和卫星业余业务的发展，向成员协会提供支持，以便在国家层面上实现这一目标，具体包括：在与电信相关的国际组织的大会和会议上代表业余无线电的利益；鼓励国家业余无线电协会在有共同利益的问题上达成协议；提升年轻人使用业余无线电进行自我训练的能力；促进无线电通信领域的科学技术研究；推动业余无线电在自然灾害中作为提供救济的手段；鼓励国际友好合作；支持成员协会、特别是在发展中国家将业余无线电作为本国一种有价值的资源等[166]。

### （三）成员

国际业余无线电联盟的成员是国家业余无线电协会（National Amateur Radio Society），其应为业余无线电爱好者的非商业性组织，以实现《国际业余无线电联盟章程》所规定的目标为己任，并且应在其国家/地区有足够的影响力和代表性[167]。每一个国家/地区只能有一个成员协会代表该国家/地区参加国际业余无线电联盟，其就国际业余无线电联盟的提案只有一票投票权[168]，成员协会不能因其国际业余无线电联盟成员资格而违反其所在国的国内法[169]。截至目前，国际业余无线电联盟共有160多个国家（地区）成员协会，代表全球300多万业余业务和卫星业余业务持证人在国际业余无线电联盟和

166 《国际业余无线电联盟章程》，第1条第2款。

167 《国际业余无线电联盟章程》，第1条第3款。

168 《国际业余无线电联盟章程》，第6条第1款。

169 《国际业余无线电联盟章程》，第2条第7款。

国际电信联盟开展活动。

### （四）组织机构

与国际电信联盟在全球划分的 3 个区域相对应，国际业余无线电联盟也将全球分为 3 个区域，分别是一区（非洲、欧洲、中东和亚洲北部）、二区（美洲）和三区（大部分亚洲地区和澳大利亚以及太平洋地区）。每个区域成立一个业余无线电区域性组织。这些区域的活动须符合国际电信联盟规定，每个区域都设立一个执行委员会，由一名主席、副主席、秘书长和司库组成。3 个区域任命业余无线电测向、应急通信、监测电磁干扰、无线电波传播的协调员[170]。

国际业余无线电联盟由主席、副主席、秘书长和每个区域组织的两名代表组成一个行政理事会，行政理事会在主席的指示下，负责国际业余无线电联盟的政策和管理工作[171]。

### （五）主要规则文件

国际业余无线电联盟的主要规则文件是《国际业余无线电联盟章程》及其规章制度。《国际业余无线电联盟章程》规定了该组织的组成、目标、定义、组织机构及其职能、成员协会的投票权等内容。规章制度规定了该组织的成员资格申请和批准程序、成员协会的义务和职责、成员协会权利的暂停及成员资格的终止、3 个区域的划分以及通信程序等内容。

国际业余无线电联盟还通过了一些政策和决议，体现了国际业余无线电联盟在与其活动和运行相关的问题上的立场。

### （六）工作成效

自成立以来，国际业余无线电联盟这个拥有近百年历史的非政府组织协调和争取了业余无线电业务操作的重要频段，包括在 1947 年世界无线电行

170 《国际业余无线电联盟章程》，第 4 条。

171 《国际业余无线电联盟章程》，第 3 条。

政会议上在全球范围内获取了 21MHz 频谱；在 1971 年推动增加了卫星业余业务的定义和频段划分；在 1979 年、2003 年、2007 年、2012 年和 2019 年世界无线电通信大会上为业余业务增加划分；在 2019 年世界无线电通信大会上推动承认业余业务在应急通信上的重要性和保护不受干扰的地位等。

## 九、高频协调大会

### （一）概况

短波广播起源于 1927 年。1932 年英国广播公司（BBC）成立，短波广播在传递信息方面发挥了重要作用。1990 年，一些国家的广播机构在保加利亚的潘波洛沃举行会谈，开展该领域的技术合作，以便有效地使用短波广播频谱提供服务，改善全球范围短波广播的接收效果，逐步减小短波发射机功率，实现节省发射机能耗和成本、限制高电磁场对世界电磁环境影响的目的，由此成立了世界上第一个短波广播频率协调组织——高频协调大会（High Frequency Coordination Conference，HFCC）。

### （二）组织目标和工作内容

高频协调大会是区域性短波广播频率协调组织，是一个非正式、公开、非营利、独立、自愿性质的团体，是国际电信联盟的部门成员。HFCC 的主要行动是根据国际电信联盟《无线电规则》，在频率管理组织、广播电台、主管部门、传输服务商和其他组织之间进行直接的频率协调，以便消除或减少相互间的短波频率干扰。

HFCC 积极参与国际电信联盟无线电通信部门关于短波广播的议题研究，努力改进短波广播的频率管理和规划方式，并在 1997 年世界无线电通信大会期间将协调原则和程序写入《无线电规则》第 12 条——“在 5950 ~ 26 100kHz 之间专门给广播业务划分频带的规划和程序”，以敦促各国广播主管部门对短波频率在地区和时间上的使用预先作出规划，通过区域性的短波频率协调，将相互间的干扰降到最低限度。为此需要建立区域性协调组织，倡导区域性协调组织之间联合办会，扩大协调规模，积极促进全球短波需求数据共享。参加高频协调大会的区域性协调组织包括亚太广播联盟、阿拉伯国家广播联盟、非洲区域性协调组织等。

根据《无线电规则》第 12 条，各国短波频率管理机构参加每年春、秋季举行的短波频率协调会，开展双边或多边协调。国际电信联盟每年定期颁布更新后的全球短波频率需求，向各国提供电路计算与需求兼容分析软件，HFCC 则统一了全球的需求数据库，开发了冲突计算软件，建立了业务网站和监测系统。

### （三）主要成员

高频协调大会云集了各国频率管理组织，一般在资金、技术、人力和经验等方面有明显优势，这些组织分别负责协调本国广播电台使用的短波广播频率。美国有 3 个频率管理组织：国际广播局（International Broadcasting Bureau，IBB）、美国联邦通信委员会（Federal Communications Commission，FCC）和环球电台（Trans World Radio，TWR），负责协调美国之音及互转台的广播频率。俄罗斯有两个频率管理组织：General Radio Frequency Centre（GFC）和 TV Radio Wave（TRW），负责协调俄罗斯之声及互转台的广播频率。中国有一个频率管理组织 R&T of People's Republic of China（RTC），负责协调中国国际广播电台、中央人民广播电台、互转台及我国地方台的广播频率。英国有两个频率管理组织：Merlin Communications International Ltd.（MER）和 Christian Vision（CVI），负责协调 BBC 及互转台的广播频率。德国有 3 个频率管理组织：Deutsche Welle（DWL）、Deutsche Telekom（DTK）、Adventist World Radio（AWR），负责协调 DWL、DTK、AWR 及互转台的广播频率[172]。

---

172 杨敏敏，王芳，周新伟，张琳. 从国际高频协调会议看短波广播的发展[J]. 广播电视信息，2007（12）：18—29.

# 第三章

# 无线电通信国际规制的法律渊源

**本章概要：** 无线电通信活动所应遵守的国际法原则、规则和规章制度主要体现在国际电信联盟全权代表大会通过的《国际电信联盟组织法》《国际电信联盟公约》和世界无线电通信大会通过的《无线电规则》等国际条约中。此外，无线电通信活动还应遵守条约法、国际争端解决法等一般国际法规则以及海洋法、航空法、外层空间法等领域的特别规则，且需考虑联合国相关专门机构的有关规则。

**关键术语：**《国际电信联盟组织法》《国际电信联盟公约》《无线电规则》

## 第一节　全权代表大会通过的国际条约和文件

### 一、国际电信联盟法律框架和效力等级

《国际电信联盟组织法》第 29、31 款规定，国际电信联盟法规由全权代表大会制定的《国际电信联盟组织法》《国际电信联盟公约》以及世界无线电通信大会和国际电信世界大会制定的行政规则组成，行政规则包括《无线电规则》和《国际电信规则》。这些条约是对成员国有约束力的国际法。除了根据《国际电信联盟组织法》第 48 条的规定（军用无线电设施的自由权）免除这些义务的业务之外，各成员国在其所建立或运营、从事国际业务或能够对其他国家无线电业务造成有害干扰的所有电信局和电台内，均有义务遵守以上法规的规定。各成员国

还有义务采取必要步骤，责令所有经其批准而建立和运营电信业务并从事国际业务的运营机构或运营能够对其他国家无线电业务造成有害干扰的电台的机构遵守《国际电信联盟组织法》《国际电信联盟公约》和行政规则的规定。

此外，全权代表大会通过了《国际电信联盟大会、全会和会议总规则》（以下简称《总规则》）作为会议组织和有关选举工作的规则。全权代表大会还通过了《关于强制解决与〈国际电信联盟组织法〉、〈国际电信联盟公约〉和行政规则有关的争议的任选议定书》（以下简称《任选议定书》），该《任选议定书》只对核准、接受、批准或加入此议定书的缔约国有约束力。

在无线电通信部门，最重要的条约是世界无线电通信大会通过的《无线电规则》。此外，无线电通信局主任和无线电规则委员会为履行《国际电信联盟组织法》赋予的职责，还编写和通过了《程序规则》，对《无线电规则》进行补充，并在工作中使用《程序规则》。

在国际电信联盟法规的效力等级方面，根据《国际电信联盟组织法》第32款，如《国际电信联盟组织法》与《国际电信联盟公约》或行政规则的条款有矛盾之处，须以《国际电信联盟组织法》为准。如《国际电信联盟公约》与行政规则的条款有矛盾之处，须以《国际电信联盟公约》为准。

与国际电信联盟无线电通信部门活动有关的法规文件及其效力等级如图3–1所示。

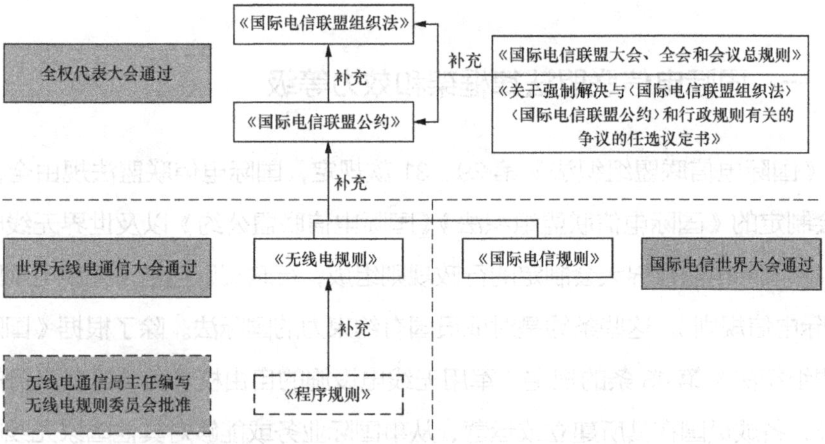


注：实线框中的法规文件是对成员国有约束力的国际条约，虚线框中的文件为国际软法。

**图3–1 国际电信联盟法规文件及其效力等级**

## 二、《国际电信联盟组织法》

《国际电信联盟组织法》是国际电信联盟效力等级最高的宪章性文件，共 9 章 58 条 242 款。《国际电信联盟组织法》源于 1932 年由 70 多个国家的代表在西班牙马德里会议上制定的《国际电信公约》。1989 年，国际电信联盟尼斯全权代表大会将《国际电信公约》分为相对固定的《国际电信联盟组织法》和便于经常修改的《国际电信联盟公约》，并于 1996 年 1 月 1 日正式生效。保持《国际电信联盟组织法》和《国际电信联盟公约》的稳定性是国际电信联盟的一项重要努力，近年来，《国际电信联盟组织法》和《国际电信联盟公约》的条款鲜有修订。

《国际电信联盟组织法》主要规定了国际电信联盟的宗旨、组成，成员国的权利和义务，组织机构和职责；关于无线电的特别条款，包括无线电频谱和卫星轨道资源的使用、有害干扰、遇险呼叫与安全通信、国际业务使用的设施等；《国际电信联盟组织法》的批准、接受、认可、加入程序；争端解决；《国际电信联盟组织法》的生效等内容。

在无线电通信方面，《国际电信联盟组织法》第七章第 44 条是关于无线电频谱和对地静止卫星轨道及其他卫星轨道的使用，共有以下两款。

• 第 195 款 各成员国须努力将所使用的频率数目和频谱限制在足以满意地提供必要业务所需的最低限度。为此，它们须努力尽早采用最新的技术发展成果。

• 第 196 款 在使用无线电业务的频段时，各成员国须铭记，无线电频率和任何相关的轨道，包括对地静止卫星轨道，均为有限的自然资源，必须依照《无线电规则》的规定合理、有效和经济地使用，以使各国或国家集团可以在照顾发展中国家的特殊需要和某些国家地理位置的特殊需要的同时，公平地使用这些轨道和频率。

## 三、《国际电信联盟公约》

《国际电信联盟公约》共 6 章 42 条 528 款，对《国际电信联盟组织法》

进行了补充[173]。《国际电信联盟公约》更具体地规定了行使国际电信联盟职能的各个机构的选举方式、组成、工作程序等内容，包括：国际电信联盟理事会的选举方法、常设机构官员的选任方法；关于召开全权代表大会、世界无线电通信大会、世界电信标准化全会、世界电信发展大会、无线电通信全会等大会的时间和地点的决定程序，各种会议的议程和议事规则；各局主任及秘书长的职责；各部门之间以及与国际组织之间的关系；财务收支的规定等。

在无线电通信管理方面，《国际电信联盟公约》规定，世界无线电通信大会用以审议无线电通信的具体问题，包括部分地或在特殊情况下全部修订《无线电规则》[174]。《国际电信联盟公约》第172款赋予了无线电通信局在频率管理方面非常重要的职责，即无线电通信局应当按照《无线电规则》的有关规定，有秩序地记录和登记无线电频率指配和（在适当时）相关的轨道特性，并不断更新国际频率登记总表；检查该表中的登记条目，以便在有关主管部门的同意下，对不能反映实际频率使用情况的登记条目视情况予以修改或删除。

## 四、《国际电信联盟大会、全会和会议总规则》

《国际电信联盟大会、全会和会议总规则》由全权代表大会通过和修订[175]。《国际电信联盟组织法》第177至178款规定，《国际电信联盟大会、全会和会议总规则》须适用于国际电信联盟大会和全会的筹备，大会、全会和会议工作的组织和讨论的进行，以及理事国、秘书长、副秘书长、各部门的局主任和无线电规则委员会委员的选举[176]。《国际电信联盟组织法》通过引用该《国际电信联盟大会、全会和会议总规则》的方式，将其纳入《国际电信联盟组织法》的范围。该《国际电信联盟大会、全会和会议总规则》共有

---

173 《国际电信联盟组织法》，第30款。

174 《国际电信联盟公约》，第114款。

175 《国际电信联盟组织法》，第58A款。

176 《国际电信联盟组织法》，第177款。

4 章 222 款，分别是“第一章 关于大会和全会的一般规定”“第二章 大会、全会和会议的议事规则”“第三章 选举程序”“第四章 本总规则修正案的提出、通过和生效”。

## 五、《关于强制解决与〈国际电信联盟组织法〉〈国际电信联盟公约〉和行政规则有关的争议的任选议定书》

《关于强制解决与〈国际电信联盟组织法〉〈国际电信联盟公约〉和行政规则有关的争议的任选议定书》由全权代表大会通过和修改[177]，规定了解决《任选议定书》成员国之间关于《国际电信联盟组织法》《国际电信联盟公约》或行政规则的解释或适用的任何争端的强制仲裁程序。该《任选议定书》仅对批准、接受或者加入该《任选议定书》的成员国具有约束力。

## 六、全权代表大会通过的决定、决议和建议

全权代表大会通过了一些决定（Decisions）、决议（Resolutions）和建议（Recommendations），这些文件不属于国际电信联盟法规的范围，无须成员国履行批准手续，因此不是国际条约。但相关决定、决议和建议也是成员国在全权代表大会上提出提案、讨论通过并列入当届大会的《最后文件》（Final Acts）中的，体现了国际电信联盟应对信息通信技术领域的发展以及成员国的关切所产生的国际软法[178]。

在国际电信联盟全权代表大会决定、决议和建议的编号和更新方面，1998 年在明尼阿波利斯全权代表大会上通过了题为《全权代表大会的决定、

177 《关于强制解决与〈国际电信联盟组织法〉〈国际电信联盟公约〉和行政规则有关的争议的任选议定书》，第 4 条。

178 国际软法是指不具有法律约束力但可能产生实际效果的国际行为规则，例如政府间国际组织根据其权限制定的国际标准、指南和建议，国际条约机构通过的无约束力的决议、宣言或对公约条款所作的解释性文字等。

决议和建议的处理》的第3号决定，采用了一种新的编号体系，规定全权代表大会的决定、决议和建议保持有效，除非由下届全权代表大会修改或废止。全权代表大会的最后文件应包括新的和经修订的决议的全文，以及一份标题和编号的清单，还应包括一份废止的决议的标题和编号的清单而无案文。对于案文未经全权代表大会修订的决定、决议和建议，保持原有编号，并在其后用括号标明通过年份和当届全权代表大会召开的城市，如“（1994年，京都）”。对于案文经过修订的决定、决议和建议，应保留其原有的编号，同时用括号注明年份、城市名和“修订版”字样，如“第XXX号决议（1998年，明尼阿波利斯，修订版）”。对于全权代表大会（1998年，明尼阿波利斯）及其后的各届全权代表大会所通过的新决议，应自上一届全权代表大会通过的最后一个决议的编号的下一个数字开始顺序编号，同时在括号中注明年份和城市名，如“第XXX号决议（1998年，明尼阿波利斯）”。

## 七、《国际电信联盟组织法》和《国际电信联盟公约》及其修正案的生效

《国际电信联盟组织法》和《国际电信联盟公约》属于电信领域的重要国际条约，根据《国际电信联盟组织法》的规定，须由成员国履行核准、接受或批准程序，才能对成员国生效[179]，生效时间是自成员国核准、接受或批准证书交存国际电信联盟秘书长之日起[180]。而采用何种方式完成这一程序，则由成员国国内法规定。截至2021年2月，共有190个国家核准、接受或批准了1992年12月22日日内瓦全权代表大会通过的《国际电信联盟组织法》和《国际电信联盟公约》。1997年5月9日，第八届全国人民代表大会常务委员会第二十五次会议决定：批准中华人民共和国政府代表于1992年12月22日在日内瓦签署的《国际电信联盟组织法》和《国际电信联盟公约》，并将全国人

179 《国际电信联盟组织法》，第208款。

180 《国际电信联盟组织法》，第211款。

大常务委员会关于批准《国际电信联盟组织法》和《国际电信联盟公约》的决定提交国际电信联盟秘书长。1997 年 7 月 15 日，《国际电信联盟组织法》和《国际电信联盟公约》正式对中国生效。

《国际电信联盟组织法》和《国际电信联盟公约》由每 3 ～ 4 年召开一次的全权代表大会修订，《国际电信联盟组织法》和《国际电信联盟公约》的修订文本也存在对成员国生效的问题。根据《国际电信联盟组织法》第 229 款，《国际电信联盟组织法》和《国际电信联盟公约》的修订文本对成员国生效的基本方式也是通过提交批准、接受、核准或者加入证书。截至 2021 年 2 月，有 99 个国家通过批准、接受、核准或事实生效的方式，使 1998 年明尼阿波利斯全权代表大会修订的《国际电信联盟组织法》和《国际电信联盟公约》对其生效；有 89 个国家通过批准、接受、核准或事实生效的方式，使 2002 年马拉喀什全权代表大会修订的《国际电信联盟组织法》和《国际电信联盟公约》对其生效；有 60 个国家通过批准、接受、核准或事实生效的方式，使 2006 年安塔利亚全权代表大会修订的《国际电信联盟组织法》和《国际电信联盟公约》对其生效；有 34 个国家通过批准、接受、核准或事实生效的方式，使 2010 年瓜达拉哈拉全权代表大会修订的《国际电信联盟组织法》和《国际电信联盟公约》对其生效；目前尚无国家对 2014 年釜山全权代表大会、2018 年迪拜全权代表大会修订的《国际电信联盟组织法》和《国际电信联盟公约》采取任何批准、接受或核准的措施，当然，这两次全权代表大会也并未对《国际电信联盟组织法》和《国际电信联盟公约》进行任何修订。

## 第二节 无线电通信部门通过的国际条约和文件

### 一、《无线电规则》

《无线电规则》由每 3 ～ 4 年召开一次的世界无线电通信大会制定和修改，

是国际电信联盟的两部行政规则之一[181]，是调整国际电信联盟成员国在无线电通信活动中的相互关系、规定成员国的权利义务、确立无线电通信操作者的操作规程的国际条约，其重点内容包括：各种无线电业务的频谱划分、取得无线电频谱和卫星轨道资源使用权的规则和程序、频率指配的登记和管理、电台操作要求、无线电干扰解决程序以及相关技术细则等。根据《国际电信联盟组织法》第29、31和215款，《无线电规则》是有约束力的国际条约。

### （一）《无线电规则》的历史演进

无线电传输实验始于19世纪末。1895年5月，俄国人亚历山大·波波夫成功实现了600米距离内的无线电信号收发。同年，意大利人古列尔莫·马可尼在意大利也进行了无线电信号收发实验。1897年，波波夫在圣彼得堡西部的科特林岛上的喀琅施塔得和俄国海军巡洋舰Africa号上建立地面电台并安装无线电通信装置，用以进行从船舶到陆地的无线电通信。随后，人们发现无线电通信在船舶遇险救援方面具有重要作用，到1900年，很多邮轮上已安装了无线电通信装置。1901年，马可尼实现了跨越大西洋的无线电信号传输，人类进入无线电通信时代[182]。无线电波传播不受边界限制，为了避免信号之间的干扰，1903年，29个沿海国家在德国柏林举行了第一届国际无线电报大会（International Radiotelegraph Conference），于1906年签署了《国际无线电报公约》（International Radiotelegraph Convention），确立了海上船舶与陆地电台之间的强制通信原则。《国际无线电报公约》附件中包含的无线电报相关规则，是最早的《无线电规则》[183]。随后，这些规则经过多次世界无线电大会增补和修订，一直沿用至今。这些大会的名称在《无线

181 国际电信联盟的另一部行政规则是国际电信世界大会制定的《国际电信规则》（International Telecommunication Regulations，ITRs）。

182 VALERY. TIMOFEEV. From radiotelegraphy to worldwide wireless [J]. ITU News Magazine, 2006(3)：5-9.

183 国际电信联盟无线电通信局第CA/163号行政通函（2006年8月28日）。

电规则》一百多年的历史中并不一致，有国际无线电报大会、国际无线电大会、国际无线电通信大会、世界无线电行政会议、世界无线电通信大会等不同名称。据统计，自 1903 年在德国柏林召开的无线电报预备会议起，至 2019 年在埃及沙姆沙伊赫召开的世界无线电通信大会为止，国际电信联盟的历史上共举办过 38 届世界无线电大会，通过了 18 个版本的无线电行政规则。

1906 年第一届无线电报会议确立了国际频率划分表，将 500 ～ 1000kHz 频段划分给水上业务作为公共使用，将 188kHz 以下的一个无线电频段划分给海岸电台作为远距离通信使用，将 188 ～ 500kHz 频段划分给非公共用途的军队或海军电台使用。这次会议还制定了促进国际合作的一些组织和程序方面的规则。

1927 年在美国华盛顿召开的无线电报会议建立了国际无线电顾问委员会，研究无线电技术问题。

1932 年在西班牙马德里召开的全权代表大会决定将国际电报联盟更名为国际电信联盟，并规定该组织的法律文件是《国际电信公约》，该公约由《电报规则》（Telegraph Regulations）、《电话规则》（Telephone Regulations）和《无线电规则》（Radio Regulations）进行补充。国际电信联盟这一名称更好地反映了该组织的活动范围，包含了所有有线和无线电通信活动。在无线电通信方面，马德里会议取得了 3 项进展：第一是为频段划分目的，将全球分为两个区域（欧洲区和其他地区）；第二是建立了无线电频率容限表和可接受的发射带宽表两个技术性表格；第三是为新电台的登记设定了标准。

1947 年在美国大西洋城召开的全权代表大会决定，国际电信联盟与联合国签订协议，使前者成为后者的专门机构。

1947 年还召开了国际无线电会议，决定将《无线电规则》中的无线电频率划分表强制适用于所有使用者，确立了无线电频谱管理的 4 项基本内容，分别是无线电频率划分、频率规划、协调 / 同意和通知。这也成为延续至今的无线电通信国际管理的重要手段。无线电频段划分是指将可用的无线电频谱分成小的频段，划分给特定无线电业务作为专有使用或者共用。规划是指对于特定业务（如广播、水上移动或航空移动业务），其信号的发射和接收并不必然限于一国领土范围内，对此，应进行无线电频率分配或者指配的规划。协调 / 同意是指对于特定业务（如短波广播或空间无线电通信业务），一国可能给其他国家造成干扰，于是在特定频段内应建立国际协调的程序规则。通知是指经过规划和协调的无线电频率使用情况应当通知国际电信联盟。

1947 年在美国大西洋城召开的国际无线电会议设立、并经随后召开的国际电信大会批准而成立了国际频率登记委员会，创设了国际电信联盟频率管理的全新模式——由国际频率登记委员会建立和维护国际频率登记总表，就符合《无线电规则》的频率指配的通知进行登记。

1957 年 10 月 4 日，苏联在拜科努尔航天中心发射升空了人类第一颗人造地球卫星——“斯普特尼克一号”，拉开了利用人造地球卫星探索外层空间的序幕。国际电信联盟随即就空间无线电通信的新发展作出了回应。1959 年日内瓦无线电行政大会修订了《无线电规则》的第一条“术语和定义”，增加了空间业务、地球—空间业务、射电天文业务这 3 种涉及空间活动的新业务的定义，并在频率划分表中以脚注形式为用于空间研究的空间无线电通信划分了频率，这部分频率占总频率的 1%。

空间活动增加，迫切需要各国在无线电通信方面开展密切的国际合作，为此，国际电信联盟在 1963 年组织召开了“分配太空无线电通信频带之非常无线电行政大会”（Extraordinary Administrative Radio Conference to Allocate Frequency Bands for Space Radiocommunication Purposes，EARC-63），修订了《无线电规则》，在排他或共享的基础上为空间业务增加了频率划分，占总频率划分的 15%。在这次会议上，会员国表达了对无线电频率公平使用的关注，为此，会议通过了第十A 号建议，指出，国际电信联盟成员国享有公平、合理地使用分配给空间无线电通信之频带的权利，须基于公平与合理原则之国际协议对此类频率加以利用，频率的分享和利用应符合所有国家的利益[184]。

1971年空间电信世界无线电行政大会（World Administrative Radio Conference for Space Telecommunications，WARC-ST）修改了《无线电规则》第7条（针对特定业务的特殊规则）以及第9A条（就空间业务和射电天文业务在国际频率登记总表进行频率指配的通知和登记），增加了附录28（地球站协调区域的确定程序）和附录29（对地静止卫星网络之间干扰程度的计算和评估方法），并在第一号决议中指出：在国际电信联盟登记的空间无线电通信业务频率及其利用不应构成任何国家或国家集团的任何永久性优先权，也不应造成其他国家或国家集团建立空间系统的障碍，因此，已在国际电信联盟登记了空间无线电通信业务频率的国家或国家集团应采取一切实际的措施确保其他具有此种愿望的国家或国家集团仍有利用新的空间系统的可能[185]。

世界无线电行政大会关于无线电频率应公平合理地分配的原则随后被纳入1973年修订的《国际电信公约》第33条，其规定："在使用空间无线电业务的频带时，各会员应注意，无线电频率和地球静止卫星轨道是有限的自然资源，必须有效而节省地予以使用，以使各国或国家集团可以依照无线电规则的规定并根据各自的需要所掌握的技术设施，公平地使用无线电频率和地球静止卫星轨道。"这条规定一直延续下来，成为目前《国际电信联盟组织法》第196款。

20世纪70年代也是发展中国家崛起并谋求建立国际政治、经济新秩序的时期，以1974年5月联合国大会第六届特别会议通过的《关于建立新的国际经济秩序宣言》和"行动纲领"以及1974年12月第29届联合国大会通过的《各国经济权利和义务宪章》为代表。这一时期确立的无线电频率和

184 《关于分配予太空无线电通信频带之利用与合用的第十A号建议书》，1963年日内瓦非常无线电行政大会通过。

185 《关于由各国以同等权利使用太空无线电通信业务之频带的第一号决议》，1971年日内瓦空间电信世界无线电行政大会通过。

对地静止卫星轨道分配规则体现为重要的两点：第一，各国均有权使用无线电频率，且该使用权并不构成任何永久性的优先权；第二，先登先占，也就是依据1971年空间无线电行政会议修订的《无线电规则》第9A条，卫星操作者或频率使用者就空间业务或射电天文业务在国际频率登记总表进行频率指配的通知和登记后，就取得了使用该频率的优先权。

与此同时，20世纪70年代，对地静止卫星轨道由于其轨道特性而引起了国际电信联盟及其成员国的特别关注。对地静止卫星轨道高度在35 786km，轨道倾角为0°，在这一轨道上，卫星对地的运动速度几乎为零[186]。在这一轨道上均匀地部署3颗卫星，其发射信号便可覆盖全球。但这一轨道上能够容纳的卫星数量有限，因而是有限的自然资源。为此，1973年在西班牙马拉加—托雷莫利诺斯召开的全权代表大会将国际频率登记委员会的管理范围扩展至卫星轨道资源，并指出对地静止卫星轨道同无线电频率一样，是有限的自然资源，必须公平、有效和经济地利用[187]。

20世纪70年代“先登先占”的规则日益引起那些不具备卫星制造和发射能力的发展中国家的担忧。在1973年全权代表大会上，中国代表的发言代表了很多不发达国家的立场，中国指出：“小国和中等国家应当团结起来，反对超级大国垄断频率资源，改变这种不合理的状况[188]。”在发展中国家的推动下，1977年，国际电信联盟召开了卫星广播世界无线电行政大会[World Administrative Radio Conference for the Planning of the Broadcasting-Satellite Service in Frequency Bands 11.7-12.2 GHz( Regions 2 and 3 )and 11.7-12.5GHz( Region 1 ), WARC SAT-77]，在特定频段和部分区域改革了无线电频率和对地静止卫星轨道资源的分配制度，从“先登

186 朱立东，吴廷勇，卓永宁. 卫星通信导论：第4版. 北京：电子工业出版社，2015：18.

187 《国际电信公约》(1973年全权代表大会通过)，第66至68款。

188 Statement of the Delegate of China. Summary Record of the Second Plenary Meeting, Doc. 99, Annex 6 Plenipotentiary Conference of the International Telecommunication Union, Malaga-Torremolinos, Spain( Sept. 14-Oct. 25, 1973 ).

先占”改为“公平使用”的事先规划机制，具体是将卫星广播业务使用的11.7～12.5GHz（1区）和11.7～12.2GHz（2区、3区）的无线电频率平等地分配给了区域内的各个国家，将位于1区和2区上空的对地静止卫星轨道以相互间隔6个经度为准分出了若干轨道位置，在考虑地缘因素的基础上将这些轨道位置公平地分配给区域内的各个国家。在规划中，我国获得了位于东经62度、80度和92度的3个轨道位置和不同频段下的55个无线电频道[189]。

1979年，世界无线电行政大会全面修订了《无线电规则》，就卫星业务进行规划，这次会议上制定的许多规则至今仍有深远影响。这次会议也是发展中国家和不发达国家第一次在数量上取得控制地位的无线电行政会议，与此同时，联合国相关机构和平台——包括联合国教科文组织、联合国和平利用外层空间委员会、联合国贸易和发展会议、联合国大会等，均对建立国际经济和信息领域的新秩序表示关切，而这与卫星业务所涉及的资源分配问题也有密切关系[190]。

1985年和1988年先后召开了两次空间世界无线电行政大会（WARC ORB-85、WARC ORB-88），讨论对地静止卫星轨道以及利用该轨道从事空间业务的相关规划，目的在于确立一种规则，既可确保各国均能在公平的基础上进入和使用对地静止卫星轨道开展空间业务，又能有效、经济地使用无线电频谱和卫星轨道资源。WARC ORB-85对卫星固定业务作了规划：一是对某些扩展的、现在尚未使用的无线电频率作了分配和规划，以使每个主管部门至少能获得一个轨道位置从事本国的空间通信业务；二是对现有的使用率最高的频带采取定期改进程序，旨在保证所有国家都能在需要时使用相应的频率。WARC ORB-88继续就卫星固定业务以及扩展的频带作出分配

189 《制定11.7～12.2千兆赫（2区、3区）和11.7～12.5千兆赫（1区）频段内卫星广播业务规划的世界无线电行政大会（1977年，日内瓦）最后文件》，第一部分 条款及相关规划，第11条“11.7～12.2千兆赫（2区）和11.7～12.5千兆赫（1区）频段内卫星广播业务规划”。

190 A.M. RUTKOWSKI. The 1979 World Administrative Radio Conference：The ITU in a changing world[J]. International Lawyer，1979，13（2）：289.

规划，保证当时国际电信联盟的165个成员国都可以得到不少于一个分配的位置，实现一次覆盖。我国取得了两个规划的位置，分别为东经101.4度和135.5度[191]。至此，针对特定空间业务在特定频段内的频率和轨道位置规划初步形成。但是，这种统一规划的方式并未扩展到非对地静止卫星轨道或卫星广播和卫星固定业务之外的其他空间无线电通信业务。

经过1985年和1988年两次空间世界无线电行政大会，初步形成了协调法和规划法两种无线电频谱和卫星轨道资源的分配规则，一定程度上平衡了经济、有效地利用和公平地使用这些资源的需求。但是，对无线电频谱和卫星轨道资源的争夺并未就此停止，通信技术进步推动空间应用模式的变革，不同业务之间就频率分配的争夺并未停止，进而推动了规则的不断演进。

1995年世界无线电通信大会（WRC-95）上，因卫星移动业务频率分配问题，发达国家和发展中国家的差异十分明显，很多发展中国家和新兴工业化国家反对其地面固定业务与卫星移动业务共享频率，最终达成的协议是对现有地面业务给予保护，直到其逐步淘汰或被更先进的技术所代替。大会还就在2GHz频段引入新的卫星移动业务的时间进行了激烈的争论，很多卫星操作者就卫星系统的部署已准备充分，在商业利益的推动下，之前所确定的2005年1月1日引入新系统被提前为在2000年、在过渡措施对现有业务提供保护的前提下即可应用。而国际电信联盟作为重要协调平台的作用得以彰显。

1997年世界无线电通信大会（WRC-97）上，成员国就大会应及时回应并促进新技术、特别是基于卫星技术的应用达成了共识，这一要求也体现在《国际电信联盟组织法》和《无线电规则》当中，即各成员国应尽力将所用的频率数和频谱限制到以令人满意的方式提供必要的业务所必需的最低值上，为此，各成员国应力求尽快采用最新技术[192]。会上决定为非对地静止卫

191 古祖雪，柳磊. 国际通信法律制度研究[M]. 北京：法律出版社，2014：164-165.

192 《国际电信联盟组织法》，第195款；《无线电规则》（1998年版），第一卷条款，第4.1款。

星轨道固定业务系统的发展创设基础，开展共用方法的研究。大会决定在WRC-95已在19GHz和29GHz两个频段为Ka频段非对地静止卫星轨道固定业务系统分配了400MHz频率的基础上，再次在18.8～19.3GHz和28.5～29.1 GHz频段为其分配100MHz频率，使一些特别重要的新的非对地静止卫星轨道系统能够通过正常的协调安排得以推进，同时放弃在这些频段上对地静止卫星轨道系统给予的正常优先级。WRC-97还考虑到了自1977年以来新成立国家的需求，研究对1977年制定的1区和3区卫星广播业务规划的附录30和附录30A进行修订。WRC-97还制定规则，要求在通知频率指配登记时提供“行政应付努力”方面的信息，以减少“纸卫星”[193]现象。

2000年世界无线电通信大会（WRC-00）通过规定对地静止卫星轨道卫星网络地球站与非对地静止卫星轨道卫星网络地球站的功率限值的方式，就两个系统之间的兼容共用达成一致。本届大会还为卫星导航业务额外分配了频段，以便俄罗斯的全球导航卫星系统（Global Navigation Satellite System，GLONASS）和美国的全球定位系统（Global Positioning System，GPS）均可发展其二代系统，欧洲的导航卫星系统伽利略（Galileo）也有机会使用频谱。

### （二）《无线电规则》的结构和主要内容

《无线电规则》共四卷：第一卷是无线电规则的条款，第二卷是附录，第

---

193 “纸卫星”是指仅存在于纸面上、未实际投入使用的卫星网络资料。根据国际规则，发射任何一颗卫星前，必须按照程序向国际电信联盟申报网络资料，完成所需的国际协调后登入国际频登记率总表中，严格地说，任何一份卫星网络资料从启动申报到投入使用，这段期间均处于“纸卫星”状态。20世纪90年代初期，卫星操作者通过各国的主管部门向国际电信联盟提交了大量卫星网络协调请求，其中不乏投机项目，导致国际电信联盟积压了大量工作，并由此推动国际电信联盟采取更为积极的管理措施，避免“纸卫星”给卫星产业带来不利影响。见“田伟. 关注‘纸卫星’[J]. 卫星与网络，2014，4：68”；又见“GIOVANNI VERLINI. ‘纸卫星’——卫星产业面临的一道难题[J]. 王琦，译. 卫星与网络，2010（6）：62-64”.

三卷是决议和建议，第四卷是引证归并的ITU-R建议书。

《无线电规则》第一卷是整套规则的中心和主题，共10章59条，包括各类名词、术语的定义，无线电频谱区域划分，无线电频率划分表，取得无线电频谱和卫星轨道资源使用权的方法和程序，频率指配登记，电台操作使用规则等具体规定；第二卷是附录，列出了第一卷有关规则程序涉及的具体技术参数，还包括卫星广播业务、卫星固定业务、航空移动业务等多项规划，也包括国际无线电频率通知单的内容与格式、需提前公布的卫星网络资料、部分业务频段的国际无线电频率分配表、部分业务电台的技术特性、报告有害干扰和违章行为时应采取的格式、卫星网络的协调计算方法等；第三卷是世界无线电通信大会通过的决议和建议；第四卷是第一卷和第二卷规则程序部分应用的、无线电通信部门各研究组制定的技术建议书，这些建议书已经由无线电通信全会和世界无线电通信大会审议通过，以引证归并的方式纳入《无线电规则》。

与1906年版的《国际无线电报公约》附录中的只有12页的无线电规则相比，2020年版的《无线电规则》适用于8.3kHz～3000GHz的无线电频率范围，以长达2000多页的篇幅阐述了全球范围内40多种业务使用和共享无线电频谱的方法。

### （三）《无线电规则》的地位和作用

根据《国际电信联盟组织法》第29、31款，《无线电规则》是对成员国具有约束力的国际条约，各成员国在其所建立或运营、从事国际业务或能够对其他国家无线电业务造成有害干扰的所有电信局和电台内，均有义务遵守以上法规的规定。

在国际电信联盟法规体系中，《无线电规则》由世界无线电通信大会制定和修改，其内容应当符合《国际电信联盟组织法》和《国际电信联盟公约》。《国际电信联盟组织法》第196款规定：在使用无线电业务的频段时，各成员国须铭记，无线电频率和任何相关的轨道，包括对地静止卫星轨道，均为有限的自然资源，必须按照《无线电规则》的规定合理、有效和经济地使用，以使各国或国家集团可以在照顾发展中国家的特殊需要和某些国家地理位置的特殊需要的同时，公平地使用这些轨道和频率。该条确立了使用无线电频率和卫星轨道资源的基本原则以及《无线电规则》的适用性。

《国际电信联盟组织法》第197款规定：所有电台，无论其用途如何，在建立和使用时均不得对其他成员国或经认可的运营机构或其他正式受权开办无线电业务并按照《无线电规则》的规定操作的运营机构的无线电业务或通信造成有害干扰。该条明确了所有电台不得造成有害干扰的义务，开展具有国际影响的无线电通信业务必须遵守《无线电规则》,《无线电规则》是判断国际无线电通信活动合法与否的基准，也是实现国际电信联盟宗旨和原则的重要手段。

《国际电信联盟组织法》第1条第11款和第12款规定了国际电信联盟为实现其宗旨而必须履行的两项重要职责：

一是实施无线电频谱的频段划分、无线电频率的分配和无线电频率指配的登记，以及空间业务中对地静止卫星轨道的相关轨道位置及其他轨道中卫星的相关特性的登记，以避免不同国家无线电台之间的有害干扰；

二是协调各种努力，消除不同国家无线电台之间的有害干扰，改进无线电通信业务中无线电频谱的利用，改进对地静止卫星轨道及其他卫星轨道的利用。

为此，《无线电规则》将下列事项作为其目标：

促进公平地获得和合理地使用无线电频谱和对地静止卫星轨道；

确保为遇险和安全目的提供的无线电频率的可用性以及保护其不受有害干扰；

帮助防止及解决不同主管部门的无线电业务之间的有害干扰的情况；

促进所有无线电通信业务的高效率和有效能的运营；

提供并在需要时管理新近应用的无线电通信技术[194]。

《无线电规则》是国际电信联盟各成员国根据《国际电信联盟组织法》和《国际电信联盟公约》共同制定的国际条约。各成员国共同遵守《无线电规则》，是国际电信联盟开展无线电通信国际管理、维护无线电波国际秩序的必要条件。

### （四）《无线电规则》及其修订文本的生效

《国际电信联盟组织法》第 216 款规定："按照本《组织法》第 52 和 53 条的规定，批准、接受或核准本《组织法》和《公约》，或加入这些法规，也就是同意受本《组织法》和《公约》签字日期前有权能的世界性大会通过的行政规则的约束。"由此可认为，批准了 1992 年的《国际电信联盟组织法》和《国际电信联盟公约》，就视为同意接受在签字日期前已生效的《无线电规则》的约束。

《无线电规则》由每 3 ～ 4 年召开一次的世界无线电通信大会修订，每次会议后均形成新版《无线电规则》，如 2015 年世界无线电通信大会形成了《无线电规则》（2016 年版），2019 年世界无线电通信大会形成了《无线电规则》（2020 年版）。《无线电规则》第 59 条规定了修订后的文本的生效日期。至于修订后的《无线电规则》对成员国的生效，根据《国际电信联盟组织法》第 216A 款，经修正的行政规则继续生效，但"有关行政规则的部分或全部修订须自其中规定的日期起仅对那些在该日期或那些日期之前已通知秘书长同意受该修订约束的成员国生效"。由此，成员国应在指定日期（该指定日期一般是指世界无线电通信大会通过的《最后文件》中所规定的该修订文本的生效日期）前通知秘书长其同意受该修订规则约束，至于这种"同意"的通知以何种形式进行，根据《国际电信联盟组织法》第 217A、217B、217C、217D、221A 款，主要有以下 5 种情况。

194 《无线电规则》（2020 年版），第一卷条款，第 0.5 至 0.10 款。

第一，第 217A 款规定，“成员国须向秘书长交存其批准、接受、核准或加入行政规则的部分或全部修订本的证书，或者通知秘书长其同意受该修订本的约束，借此通知秘书长其同意受该修订本的约束”。根据该款前半段，成员国同意受《无线电规则》修订本约束的第一种方式是批准、接受、核准或加入该修订本。

第二，根据第 217A 款后半段，成员国应“通知秘书长其同意受该修订本的约束”，因此，成员国同意受《无线电规则》修订本约束的第二种方式是将其同意的意见通知秘书长。

第三，根据第 217B 款，“任何成员国亦可以通知秘书长，它根据本《组织法》第 55 条或《公约》第 42 条批准、接受、核准或加入本《组织法》或《公约》的修订条款，也就是同意在签署本《组织法》或《公约》的上述修订条款之前受一届有权能的大会通过的有关行政规则的部分或全部修订本的约束”。此处措辞为“可以”，因此此通知义务也并非强制性义务，成员国可以通过通知秘书长其批准《国际电信联盟组织法》或《国际电信联盟公约》的修订本，即为同意受该修订之前一届世界无线电大会通过的《无线电规则》修订本的约束。

第四，暂时适用。根据《国际电信联盟组织法》第 217D 款，“如果有关成员国在签署行政规则的修订本时没有明确反对，则行政规则的任何修订本须自该修订本生效之日起，对已签署该修订本、但尚未通知秘书长其同意根据第 217A 和 217B 款受该修订本约束的任何成员国暂时适用”。这里提及的签署行政规则修订本，指的是参加世界无线电通信大会并签署大会《最后文件》,《最后文件》中含有该次大会修订后的《无线电规则》的条款。

第五，视为同意接受《无线电规则》的修订本。根据《国际电信联盟组织法》第 221A 款，如果一个成员国未能在行政规则修订本生效之日起 36 个月内将其同意受该修订本约束的意见通知秘书长，则视为该成员国已同意受该修订本的约束。

由以上 5 种方式可以看出,《无线电规则》的修订本无须经过成员国批准，即可有多种生效方式。主动的做法是由成员国批准、接受、核准或者加入，或者将其同意受修订本约束的意见通知秘书长；被动的做法是成员国一直没有表态同意接受、也未明确反对，则修订本可对成员国暂时适用，并在修订本生效之日起36个月之后正常适用于成员国。

## 二、《程序规则》

《程序规则》草案由无线电通信局主任编写，交由无线电规则委员会批准[195]。无线电通信局主任应向所有成员国分发无线电规则委员会批准的《程序规则》，收集各主管部门的意见并提交无线电规则委员会[196]。这些《程序规则》将由无线电通信局主任和无线电通信局在应用《无线电规则》登记成员国的无线电频率指配情况时使用[197]。这些规则应以透明的方式制定，并听取主管部门的意见，如果始终存在分歧，则将问题提交给下届世界无线电通信大会[198]。目前适用的是2021年版《程序规则》，该版本纳入了2019年世界无线电通信大会之前无线电规则委员会对《程序规则》进行的全面复审和修订的结果，其内容分为A、B、C三个部分：A部分是只与《无线电规则》部分条款相关的程序规则；B部分是与某个过程，比如某项技术审查相关的程序规则；C部分是无线电规则委员会的内部安排和工作方法[199]。

《程序规则》并非全权代表大会和世界无线电通信大会这类有权能的代表大会通过的规则，也不属于《国际电信联盟组织法》规定的国际电信联盟法规的范畴，因此它并不属于国际条约。究其性质，在形式上，它是《国际电信联盟组织法》授权无线电通信局主任编写、无线电规则委员会批准、以透

195 《国际电信联盟组织法》，第95款；《国际电信联盟公约》，第168款。

196 《国际电信联盟公约》，第169款。

197 《国际电信联盟组织法》，第95款。

198 《国际电信联盟组织法》，第95款。

199 《程序规则》(2021年版)，前言。

明方式制定、在无线电通信部门内部为一定目的使用的操作规则。在实质上，《程序规则》通过解释特定规则的实施或通过制定目前管理条款中没有规定的必要的应用程序，补充了《无线电规则》的内容。《程序规则》应当符合《国际电信联盟组织法》《国际电信联盟公约》《无线电规则》的规定，而不能与之相冲突。

## 三、世界无线电通信大会决议、建议和 ITU-R 建议书

《国际法院规约》第 38 条被视为是对国际法渊源的权威说法，根据该条，国际条约是对缔约国有约束力的国际法。国际电信联盟的《国际电信联盟组织法》《国际电信联盟公约》和《无线电规则》均属此类国际条约。

世界无线电通信大会通过了一系列决议和建议。列入《无线电规则》第三卷的世界无线电通信大会决议和建议是《无线电规则》的重要组成部分，属于国际条约，也是《国际电信联盟组织法》认定的国际电信联盟法规，对成员国有法律约束力。

无线电通信全会成立了 ITU–R 研究组并为之分配研究课题，目前国际电信联盟无线电通信部门的 6 个研究组分别负责无线电频谱管理、无线电波传播、卫星业务、地面业务、广播业务和科学业务的研究。研究组通过研究，拟定了无线电通信部门建议书草案，并交由国际电信联盟成员国批准。ITU–R 建议书可以分为两类：一类是已经由《无线电规则》引证归并的建议书，列入《无线电规则》第四卷，这些建议书是《无线电规则》的组成部分，是国际条约的一部分，具有法律约束力；另一类是未被引证归并的建议书，对这类建议书的遵守并无强制性要求，但是所有建议书均由世界无线电通信专家制定，体现了技术的发展和未来的需求，因此在世界范围内享有盛誉并得到实施，从而在应用领域具有国际标准的地位[200]。

200　国际电信联盟. ITU-R研究组[R]. 日内瓦：国际电信联盟，2020：15.

## 第三节 其他相关国际条约和文件

人类活动的范围在哪里，无线电波就辐射到了哪里，在陆地、海洋、空气空间、外层空间莫不如是。规范这些领域的国家间关系和人类活动的海洋法、航空法、外层空间法、外交与领事关系法、武装冲突法等多个国际法分支的规则，也包含了无线电通信国际规制的要素。

### 一、外层空间法

随着科学技术的发展，人类活动的领域不断扩展，从陆地扩展到海洋、地球上空甚至网络空间。在国际法领域，地球上空的空间分为空气空间和外层空间。空气空间（air space）是指环绕地球的大气层空间，适用航空法；外层空间（outer space）是指大气层以外的整个空间，适用外层空间法。尽管联合国和平利用外层空间委员会法律小组委员会早在 1967 年就开始正式审议外层空间的定义和定界问题，但迄今为止在国际条约中并没有关于空气空间和外层空间界限的明确规定。关于空气空间和外层空间的定界，有几种理论学说，如空气构成说[201]、航空器上升最高限度说[202]、有效控制高度说[203]和人造地球卫星轨道最低点说[204]等。若以比较有影响力的理论——“人造地球卫星轨道最低点说”为依据，则空气空间和外层空间的最低界线大约在距离

201 “空气构成说”以大气层的上界（无既定标准，最高可达 16 000km）以下或者气象学的空域（距地面 80 ～ 85km 处）为空气空间。参见“董智先. 论外层空间界限[J]. 法律科学，1994（6）：73”；又见“柯玲娟. 外层空间定义定界问题研究. 研究生法学[J]. 2001（1）：65”。

202 “航空器上升最高限度说”理论的局限性在于，随着科技的发展，航空器可以上升的高度逐步增加，航天器可以存在的最低高度也在下降，还有航空航天飞机的出现，也使得该理论失去了合理性。

203 “有效控制高度说”以各国所能有效控制的高度为其领空范围，这种理论违背了《联合国宪章》中的各国主权平等原则，对技术能力薄弱的国家不利。

204 “人造地球卫星轨道最低点说”理论是以人造地球卫星可以停留的最低高度为外层空间的最低处，大约为 90 ～ 110km。

地球表面 90 ～ 110km 处。

在空气空间，以 1944 年《国际民用航空公约》及其附件为基础、国际民航组织为平台，已经构建起完善的航空法体系，其中国际民用航空无线电通信规则主要规定在该公约的附件十《航空电信》中，本书第二章第三节已有概括介绍。此处主要介绍外层空间法中涉及国际无线电通信的相关文件和规则。

### （一）《外空条约》

《关于各国探索和利用外层空间包括月球与其他天体活动所应遵守原则的条约》，简称《外空条约》，于 1966 年 12 月 19 日联合国大会第 2222(XXI) 号决议通过，1967 年 10 月 10 日生效，目前已有 110 个国家批准或加入。中国于 1983 年 12 月 30 日加入该条约。

《外空条约》是外层空间法的基础，号称“空间宪法”，规定了从事航天活动所应遵守的 10 项基本原则，包括：（1）共同利益原则；（2）自由探索和利用原则；（3）不得据为己有原则；（4）限制军事化原则[205]；（5）援救航天员原则[206]；（6）国家责任原则[207]；（7）对空间物体的管辖权和控制权原则[208]；（8）外空物体登记原则[209]；（9）保护空间环境原则[210]；（10）国际合作原则[211]等。与国际无线电通信活动密切相关的是第（1）（2）（3）（9）（10）项。

205 《外空条约》第 4 条规定，不得在绕地球轨道及天体放置或部署核武器或任何其他大规模毁灭性武器。

206 《外空条约》第 5 条规定，在航天员发生意外事故、遇险或紧急降落时，应给予他们一切可能的援助，并将他们迅速安全地交还给他们宇宙飞行器的登记国。

207 《外空条约》第 6 至 7 条规定了各国应对其航天活动承担国际责任，不管这种活动是由政府部门还是非政府部门进行的。1971 年《空间物体所造成损害的国际责任公约》对空间物体造成损害的归责原则等问题作了进一步规定。

208 《外空条约》第 8 条规定，空间物体登记国对其射入外空的物体保持管辖权和控制权。

209 《外空条约》第 8 条规定，发射国应对其发射到外空的物体进行登记。

210 《外空条约》，第 9 条。

211 《外空条约》，第 9 至 12 条。

《外空条约》第 1 条规定，探索和利用外层空间应为所有国家谋福利，而不论其经济或科学水平如何。各国应在平等的基础上，根据国际法自由探索和利用外层空间，自由进入天体的一切区域。这与《国际电信联盟组织法》第 196 款提及的无线电频谱和卫星轨道为有限的自然资源，必须依照《无线电规则》的规定合理、有效和经济地使用这一规定的出发点是一致的。存在于外层空间的无线电通信资源是人类共同继承财产。

《外空条约》第 2 条规定了“不得据为己有原则”，即“外层空间，包括月球与其他天体在内，不得由国家通过提出主权主张，通过使用或占领，或以任何其他方法，据为己有”。尽管对于何处为空气空间和外层空间的界线、从而在距地球表面该高度以上的外层空间适用《外空条约》并没有明确规定，但以人造地球卫星可以停留的最低高度——距地球表面大约 90 ～ 110km 处为外层空间的最低界线的说法得到了很多国家的认可。也正因此，1976 年，巴西、哥伦比亚等 8 个赤道国家通过了《波哥大宣言》，宣称对地静止卫星轨道为自然资源，各赤道对应国家对对地静止卫星轨道及其下方的空间享有主权[212]的做法遭到了英国、法国、意大利、比利时、澳大利亚等国特别是美国、苏联两国的反对，这些国家认为对地静止卫星轨道位于外层空间，《波哥大宣言》违反了《外空条约》所设定的外空探索自由和不得据为己有的原则[213]。

《外空条约》第 9 条规定了各缔约国探索和利用外层空间时的合作和互助原则以及妥善照顾其他缔约国的同等利益的义务。第 9 条还规定了缔约国的磋商义务和要求磋商的权利，即缔约国若有理由相信，该国或其国民在外层空间计划进行的活动或实验，会对本条约其他缔约国和平探索和利用外层空间的活动造成潜在的有害干扰，该国应保证于实施这种活动或实验前，进行适当的国际磋商。缔约国若有理由相信，另一缔约国计划在外层空间（包括月球和其他天体）进行的活动或实验，可能对和平探索和利用外层空间（包

212 Declaration of the First Meeting of Equatorial Countries (Bogota Declaration, adopted on December 3, 1976).

213 赵理海. 外层空间法介绍(二)——外层空间的法律地位(续)[J]. 法学杂志, 1994(1): 41.

括月球和其他天体）的活动产生潜在的有害干扰，应要求就这种活动或实验进行磋商。而无线电通信国际规制的一项重要内容就是《国际电信联盟组织法》和《无线电规则》当中规定的避免有害干扰，由此产生了一个问题：《外空条约》的有害干扰和国际电信联盟相关条约中的有害干扰的含义和范围是否一致？《外空条约》并未对何谓“有害干扰”作出界定，但可根据《维也纳条约法公约》中关于条约解释的规则来探究“有害干扰”的含义[214]。

查阅《现代汉语词典》，干扰有两种含义：（1）扰乱、打扰；（2）某些电磁振荡对无线电设备正常接收信号造成妨碍。前者为广义，后者为无线电通信领域的狭义概念[215]。无线电通信活动中的干扰一般指含义（2），而外空活动中的干扰一般指含义（1）。

《无线电规则》第一卷条款第 1.166 款将干扰界定为由于某种发射、辐射、感应或其组合所产生的无用能量对无线电通信系统的接收产生的影响，导致性能下降、误解或信息遗漏。第 1.167 至 1.169 款还将干扰分为可允许干扰、可接受干扰和有害干扰 3 类，其中有害干扰是指危及无线电导航或其他安全业务的运行，或严重损害、阻碍或一再阻断按照《无线电规则》开展的无线电通信业务的干扰[216]。可见，国际电信联盟框架内的“干扰”是指对无线电波的收发和传输的干扰，具有特定性，符合上述含义（2），是狭义的。

而在外层空间法领域，有以下文件明确提及了“干扰”问题。

第一，联合国和平利用外层空间委员会于 2010 年发布了《空间碎片减缓准则》[217]。准则 7 中也提及了“干扰”问题，要求限制航天器和运载火箭轨道级在任务结束后对地球同步区域的长期干扰。要求对于已经结束轨道操作

---

214　1969 年《维也纳条约法公约》第 31 条第 1 款规定了条约解释的方法，即“条约应依其用语按其上下文并参照条约之目的及宗旨所具有之通常意义，善意解释之”，以上条约解释方法可以概括为文义解释、体系解释和目的解释的方法。

215　中国社会科学院语言研究所词典编辑室. 现代汉语词典：第 6 版 [M]. 北京：商务印书馆，2012：419.

216　《无线电规则》（2020 年版），第一卷条款，第 1.169 款。

217　文件编号 ST/SPACE/49。

阶段而穿越地球同步区域的航天器和运载火箭轨道级，应当将其留在轨道内，以避免它们对地球同步区域的长期干扰。对于地球同步区域内或附近的物体，可以通过将任务结束后的物体留在地球同步区域上空的轨道来减少未来碰撞的可能性，使之不会产生干扰或返回地球同步区域。

第二，美国民间智库史汀生中心（The Stimson Center）开展了外空安全方面的研究项目，该中心于 2008 年发布了《禁止外空物体的有害干扰：建立信任的关键》[218]，并于 2010 年在联合国裁军研究所的会议上发布了《负责任外空国家行为准则》[219]，其核心是界定外空物体的“无害干扰”（no harmful interference），并提出了几项要求：（1）外空行为体应提供预先通知，如果有理由相信外空活动可能会无意中造成有害干扰，应在涉及有害干扰时进行磋商；（2）外空行为体应共享空间监测数据；（3）外空行为体应遵守外空发射和其他外空活动的碎片减缓指导方针，避免刻意制造持久的外空碎片；（4）外空行为体应设计、实施和遵守外空交通管理系统，并提供准确及时的发射通知和登记等。

结合《外空条约》《空间碎片减缓准则》以及《负责任外空国家行为准则》等外层空间法领域的条约和文件，外层空间法领域的“干扰”可以理解为含义（1）的扰乱、打扰，是广义上的。由此，外层空间法领域的“干扰”包括在外空活动的各个阶段违反适当注意、预先通知和磋商义务的行为，蓄意增加空间碎片的行为，从条约的上下文以及立法目的来看，应该既包括无线电信号等无形要素产生的有害干扰，也包括空间碎片等有形要素产生的滋扰。外层空间法就“有害干扰”进行磋商的义务与《无线电规则》中避免有害干扰的要求有重合部分，前者范围更广，后者在处理无线电信号的有害干扰方

---

218 Samuel Black. No Harmful Interference with Space Objects：The Key to Confidence Building[R]. Washington：Henry L. Stimson Center，2008：17，转引自“李杨. 外空安全机制研究[D]. 北京：中共中央党校，2018：118”。

219 Michael Krepon. A Code of Conduct for Responsible Space-faring Nations，40 Years of the Outer Space Treaty[C]. Geneva：UNIDIR，2010（2010-04-03）：172-173，转引自“李杨. 外空安全机制研究[D]. 北京：中共中央党校，2018：118”。

面有更为详尽的实体规则和程序规则[220]。

《外空条约》第 9 至 12 条是国际合作原则的体现，要求成员国在探索和利用外层空间的活动中以合作互助原则为指导，确立了国际磋商和分享情报等方面的要求。而国际电信联盟获取无线电频谱和卫星轨道资源使用权的协调程序、处理有害干扰的国际监测机制等，均是国际合作原则在国际无线电通信领域的重要体现。

### （二）卫星直接电视广播

卫星直接电视广播是通过卫星将视像、图文和声音等节目进行点对面的广播，直接供广大用户接收。卫星直接电视广播会产生一系列法律问题，比如，是否应征得接收国的事先同意？违反国际法规则所进行的、为接收国明确禁止的广播是否构成未经许可的非法广播等。对此，在国际电信联盟之外，尚无其他有约束力的国际条约作出规定。但联合国教科文组织于 1972 年 10 月通过了《关于利用卫星广播促成信息自由流动、教育和文化交流的指导原则宣言》，联合国大会于 1982 年 12 月 10 日以第 37/92 号决议通过了《关于各国利用人造地球卫星进行国际直接电视广播所应遵守的原则》，这两部国际软法对相关问题有所涉及。

《关于利用卫星广播促成信息自由流动、教育和文化交流的指导原则宣言》认为使用卫星直播的主导原则是促进信息自由流通、改善和推动教育和文化交流。该宣言第 1 条规定，卫星广播应尊重国家主权和平等。第 6 条第 2 款规定，在与他国合作制作卫星广播教育节目时，每个国家均有权决定可向其人民传送的节目内容。第 9 条规定，各国在传送卫星广播至其他国家之前，应达成或推动事先同意。

《关于各国利用人造地球卫星进行国际直接电视广播所应遵守的原则》规定，利用卫星进行国际直接电视广播活动，不得侵犯各国主权，包括不得违

220 《无线电规则》(2020 年版)，第一卷条款，第 15 条。

反不干涉原则，且不得侵犯有关联合国文书所载明的人人有寻求、接受和传递情报和思想的权利[221]。该原则确立了卫星直播中的协商原则，即在某一国际直接电视广播卫星服务范围内的任何广播国或收视国如经同一服务范围内的其他任何广播国或收视国要求协商，应当迅速就其利用卫星进行国际直接电视广播的活动同要求国进行协商，但这种协商将不影响这些国家同其他任何国家就此问题可能进行的其他协商[222]。拟议设立或授权设立国际直接电视广播卫星服务的国家应将此意图立即通知收视国，如有任一收视国提出协商要求，应迅速与之协商[223]。该文件还规定，对于卫星信号无法避免的辐射外溢，应专门适用国际电信联盟有关文书[224]。但该文件没能就事先同意、特定传播内容的禁止以及国家有权采取行动阻挡其认为不适当的传播三项原则达成一致。

对卫星直播是否需要经过收视国事先同意的问题，存在自由与主权的争论。广大第三世界国家都主张进行卫星直播必须严格尊重国家主权和遵守不得干涉他国内政原则，由此认为利用卫星对特定的另一国进行直播时要事先经过收视国同意；但美国、英国、日本等一些国家主张可以对他国自由进行卫星直播，认为要事先经过收视国同意违反了新闻自由、传播消息和思想自由原则。

《无线电规则》针对卫星广播业务，要求在设计卫星广播业务空间电台的各项特性时，应当利用可得到的一切技术手段，在最大限度内切实可行地减少对其他国家领土的辐射，除非与这些国家事先达成协议[225]。这一规定表明了国际电信联盟相关规定对收视国主权的尊重。

### （三）卫星遥感地球问题

遥感是指为了改善自然资源管理、土地利用和环境保护的目的，利用被

221 《关于各国利用人造地球卫星进行国际直接电视广播所应遵守的原则》，A.1。

222 《关于各国利用人造地球卫星进行国际直接电视广播所应遵守的原则》，G.10。

223 《关于各国利用人造地球卫星进行国际直接电视广播所应遵守的原则》，J.13。

224 《关于各国利用人造地球卫星进行国际直接电视广播所应遵守的原则》，J.15。

225 《无线电规则》(2020年版)，第一卷条款，第23.13款。

感测物体所发射、反射或衍射的电磁波的性质从空间感测地球表面[226]。卫星遥感地球涉及的问题是：遥感国是否有权在外空对他国领土进行遥感活动，是否有权自由处理遥感所获得的信息，遥感国在未取得受感国事先同意的情况下从事遥感活动是否构成对受感国主权的侵犯等。针对这些问题，也存在两种对立观点：一种观点认为遥感应当取得受感国的事先同意，另一种观点认为可以自由利用外空进行遥感而无须受感国事先同意[227]。1986 年 12 月 3 日，联合国大会第 41/65 号决议通过了《关于从外层空间遥感地球的原则》，确立了卫星遥感地球的原则。

《关于从外层空间遥感地球的原则》规定：遥感活动应当为所有国家谋福利和利益，并特别考虑发展中国家的需要；遥感活动应当遵守国际法，不得损害受感国的合法权利和利益；进行遥感活动的国家应促进遥感活动方面的国际合作，提供技术援助；遥感应促进地球自然资源的保护和保护人类免受自然灾害侵袭；受感国在不歧视的基础上依照合理费用可取得其管辖下领土的原始数据和经处理过的数据；遥感国应对其活动承担国际责任。

### （四）增加外空活动透明度和建立信任措施

联合国大会于 2013 年 12 月 5 日通过了题为《外层空间活动中的透明度和建立信任措施》的第 68/50 号决议以及编号为 A/68/189 号的《外层空间活动中的透明度和建立信任措施问题政府专家组报告》，其出发点是，世界日益依赖天基系统和技术以及它们提供的信息，因此需要各国加强合作，以解决外层空间活动的可持续性问题和安全方面所面临的威胁，而透明度和建立信任措施可减少乃至消除就各国在外层空间的活动和意图产生的误解、不信任和错误判断，防止外层空间军备竞赛，推动和加强为和平目的探索和利用外层空间方面的国际合作。政府专家组建议各国和国际组织在自愿的基础上，并以不妨碍履行根据现有法律承诺所承担的义务为前提，考虑并执行专家组

---

226 《关于从外层空间遥感地球的原则》，原则一（a）。

227 程晓霞，余民才. 国际法：第 6 版 [M]. 北京：中国人民大学出版社，2021：181.

报告所载明的透明度和建立信任措施的相关内容。联合国大会在决议中请秘书长向联合国系统所有其他相关实体和组织分发该报告，以便它们酌情协助有效执行其中所载的结论和建议，并鼓励联合国系统相关实体和组织酌情就报告所载建议的相关事项进行协调。

在无线电通信领域，各成员国均依靠卫星地球探测、卫星无线电通信、卫星无线电导航和空间研究业务来提供可靠服务，为了取得无线电频谱和卫星轨道资源使用权，应依据《无线电规则》的行政应付努力规则提交相关资料，在取得无线电频谱和卫星轨道资源使用权后还应依规将卫星频率指配在有关时限内投入使用，并为此提交信息，这些举措都在一定程度上增加了国际层面无线电通信资源使用情况的透明度。2014 年，国际电信联盟全权代表大会通过了题为《加强国际电信联盟在增加外层空间活动透明度和树立信心措施方面的作用》的第 186 号决议，提出要提高在国际电信联盟网站上公布的、国际频率登记总表中卫星频率指配信息的获取的便利性和透明度，并推动各国在提供和使用卫星监测设施方面开展国际合作，以迅速查找有害干扰。这是对联合国大会第 68/50 号决议的回应和支持。

### （五）外空活动长期可持续性

联合国和平利用外层空间委员会科技小组委员会于 2018 年 7 月通过了《外层空间活动长期可持续性准则》(《LTS 准则》)，2019 年 6 月，联合国和平利用外层空间委员会审议通过了该文件[228]。这是联合国近年来最重要的外空规则制定成果。《LTS 准则》包括序言和 21 条准则，内容涉及加强国内监管框架、分享空间碎片监测信息、无线电频率和轨道占用、减轻空间天气不利影响、加强空间物体登记、信息分享、小型空间物体的设计和操作、交会评估、促进国际合作、空间物体失控再入大气层、激光束安全防护等问题[229]。作为外

228 见 A/AC.105/C.1/L.366，又见 A74/20。

229 崔宏宇. 从软法的作用与影响看《外空活动长期可持续性(LTS)准则》的执行问题[J]. 空间碎片研究，2021(1)：66.

空领域的国际软法，《LTS 准则》在补充现有外空领域国际条约、影响国家行为和推动国际习惯法形成方面具有重要意义。

《LTS 准则》第 A.4 项是“确保公平、合理、有效利用卫星所用无线电频率频谱及各个轨道区域”，指出各国在履行国际电信联盟相关义务时，应特别注意空间活动的长期可持续性和全球可持续发展等问题，并对此提出了 6 项要求。这 6 项要求按其内容和逻辑关系，大致涉及以下 5 个方面：无线电频谱和卫星轨道资源的定性、使用目的和使用原则（准则 A.4–2）；使用电磁频谱时应考虑天基地球观测系统和其他天基系统和服务在支持全球可持续性发展方面的要求（准则 A.4–4）；避免对无线电信号收发产生有害干扰以及解决有害干扰的义务，这既是外空活动的要求，也被视为实现外空活动长期可持续性和全球可持续发展目标的手段之一（准则 A.4–1、A.4–3、A.4–5）；各国和国际组织确保执行国际电信联盟的无线电监管程序，并通过合作提升决策和执行效率（准则 A.4–5）；轨道处置要求（准则 A.4–6）。

《LTS 准则》A.4–2 通过直接援引《国际电信联盟组织法》第 44 条的方式，表明了在无线电频谱和卫星轨道资源管理方面，《LTS 准则》尊重、认可且不影响国际电信联盟现有的原则、规则和制度的立场。这主要是出于以下几方面的现实情况和考虑。

第一，世界各国对于国际电信联盟具有很高的参与度，联合国 193 个会员国同时也是国际电信联盟的 193 个成员国。

第二，普遍性和普遍参与是国际电信联盟的一项重要原则，国际电信联盟注重吸纳私营实体和机构的广泛参与，有 900 多家主要的通信领域制造商、运营商和学术机构作为部门成员或者部门准成员参与国际电信联盟的活动，它们的地位、权利、义务得到了《国际电信联盟组织法》第 2 至 3 条的确认和保障。

第三，国际电信联盟相关机构的设置也充分考虑了区域和成员的代表性。例如，国际电信联盟专设电信发展部门（ITU–D）解决发展中国家和不发达国家的电信发展关切，实现国际电信联盟关于“促使世界上所有居民都得益于新的电信技术”的宗旨;《国际电信联盟组织法》中关于国际电信联盟理事国、国际电信联盟选任官员（秘书长、副秘书长、各局主任）以及无线电规则委员会委员的资格都提及了世界所有区域公平分配理事会席位以及按地域公平分配名额的选举原则。

第四，国际电信联盟在国际无线电通信管理方面具有无可争议的管理经验。国际电信联盟自 1906 年第一部《无线电规则》诞生以来一直致力于无线电通信领域的管理，至今已有 110 多年的历史，其间经历了成立无线电顾问委员会、国际频率登记委员会和改组为无线电规则委员会的过程，经历了制定频率划分、采取频率指配登记并赋予国际认可地位的改革，经历了各种无线电通信业务、特别是空间业务的出现和迅速发展，并为各种业务制定划分、规划和具体使用规则的实践等。

第五，国际电信联盟相关规则具有普遍性、权威性和约束力。《国际电信联盟组织法》《国际电信联盟公约》和《无线电规则》均为有约束力的国际条约，得到了国际电信联盟成员国的普遍签署和批准。相比 2012 年召开的国际电信世界大会通过修订《国际电信规则》(国际电信联盟的与《无线电规则》地位相同的另一部行政规则）的最后文件只得到了 80 多个国家的签署，从而表明在相关领域不同国家未能达成一致的情形，历次修订《无线电规则》的世界无线电通信大会的最后文件都得到了很高的签署率，表明在国际无线电通信领域，相关规则的权威性和约束力都得到了普遍认可。

因此,《LTS 准则》准则 A.4–2 是恰当的、可行的。

《LTS 准则》A.4–1、A.4–3、A.4–5 规定了避免对无线电信号收发产生有害干扰以及解决有害干扰的义务，对应《国际电信联盟组织法》第 197 款的规定，即所有电台，无论其用途如何，在建立和使用时均不得对其他成员国或经认可的运营机构或其他正式受权开办无线电业务并按照《无线电规则》的规定操作的运营机构的无线电业务或通信造成有害干扰。《无线电规则》第 15 至 16 条规定了有害干扰的申诉和处理程序，明确了各国主管部门、国际电信联盟无线电通信局和无线电规则委员会以及国际监测系统在干扰处理案件中的权利、义务和职责。

《LTS 准则》A.4–4 规定了使用电磁频谱时应考虑天基地球观测系统和其他天基系统和服务在支持全球可持续性发展方面的要求。这一规定一方面确认了无线电频谱在实现可持续发展目标方面的重要作用，另一方面也体现了在修订《无线电规则》第 5 条之《国际频率划分表》时应为开展卫星气象业务等天基地球观测和其他相关系统保留可靠、可用的频谱资源的重要性。

《LTS 准则》A.4–5 规定，各国和国际组织确保执行国际电信联盟的无线电监管程序，并通过合作提升决策和执行效率。这也是《国际电信联盟组织法》第 37 至 38 款关于成员国和运营机构应遵守《国际电信联盟组织法》《国际电信联盟公约》和行政规则的要求的体现。

《LTS 准则》A.4–6 是关于轨道处置方面的要求，规定对于已经结束穿越低地球轨道区域在轨操作阶段活动的航天器和运载火箭轨道级，应以有控方式将其从轨道中清除；如果无法做到，则应在轨道中对其进行处置，以避免它们在低地球轨道区域长期存在；对于已经结束穿越地球同步区域在轨操作阶段活动的航天器和运载火箭轨道级，应将其留在轨道内，以避免它们对地球同步区域构成长期干扰；对于地球同步区域内或附近的空间物体，可以通过将任务结束后的物体留在地球同步区域上空的轨道来减少未来碰撞的可能性，从而使之不会产生干扰或返回地球同步区域。这一规定与联合国和平利用外层空间委员会《空间碎片减缓准则》中关于空间碎片减缓的要求相似，表明轨道处置要求与空间碎片减缓的要求是密切相关的。在轨道处置或空间碎片减缓方面，国际电信联盟无线电通信部门于 2010 年通过了题为《对地静止卫星轨道的环保问题》的建议书[230]，对对地静止卫星轨道内的卫星轨道处置给出了指导意见，并就因卫星数量的增加及相关发射所导致的空间碎片增加问题发表了意见，包括：在卫星入轨期间释放的对地静止轨道区域中的碎片应尽可能少；应尽全力缩短对地静止轨道高度附近的远地点的椭圆转移轨

230 该建议书的编号为 ITU-R S.1003-2。

道中的碎片的寿命；在其推进器耗尽之前，应从对地静止轨道区中移走寿命即将结束的对地静止卫星，以便在其轨道扰动力的影响下，令其随后留在一个近地点不小于对地静止轨道高度以上 200km 的轨道中；在将卫星移至坟墓轨道时应特别谨慎，以避免对有源卫星产生频率干扰。根据《国际电信联盟组织法》《国际电信联盟公约》和《无线电规则》，国际电信联盟在卫星轨道管理方面的主要职责是：将卫星轨道作为一种资源，推动合理、有效、经济和公平地使用；在卫星操作者获取无线电频谱和卫星轨道资源使用权的过程中，根据《无线电规则》的规定适用规划法或者协调法；根据《无线电规则》就卫星网络或系统的频率和轨道的使用信息在相关数据库中登记和公示，并维护国际频率登记总表等。轨道处置和空间碎片减缓并非国际电信联盟的职权，但这一问题的确与卫星轨道资源的合理、有效、经济、公平地使用密切相关。

## 二、海洋法

海洋为人类提供了交通运输要道，储存了丰富的生物资源、矿产资源和海洋能，也是国家军事战略的重要场所。人类利用海洋的活动推动了海洋法的发展，现代海洋法是规范各种海域的法律地位以及各国从事海洋活动所应遵循的原则、规则和制度的总称，其主要渊源是 1958 年的“日内瓦海洋法公约”体系和 1982 年的《联合国海洋法公约》体系。

1982 年的《联合国海洋法公约》（UN Convention on the Law of the Sea，UNCLOS）以领海基线[231]为起算线，将与陆地相邻的海域按照距离陆地由近及远划分为法律地位不同的几大区域，主要包括内水、领海、毗连区、专属经济区和公海。《联合国海洋法公约》规定了在相应海域中沿海国和非沿

231 基线是测算领海、毗连区、专属经济区和大陆架宽度的起算线，有两种划法：第一种是正常基线，即海岸低潮线；第二种是直线基线，由连接海岸向外突出的地方和岛屿上适当的点形成。见《联合国海洋法公约》，第 5、7 条。

海国的权利和义务。在相应海域中开展无线电通信活动，须尊重该区域的法律地位以及遵守相关规定。

内水是领海基线向陆地一面的水域，是国家领土的组成部分，沿海国对内水享有完全的和排他性的主权[232]，包括电信主权。外国船舶未经沿海国允许不得进入内水航行，进行无线电通信应遵守沿海国的法律法规。

领海是沿海国领土以及内水以外邻接的一带海域，根据《联合国海洋法公约》的规定，领海宽度从基线向外不应超过 12 海里[233]。沿海国对领海享有主权，但外国船舶在沿海国的领海有无害通过权[234]。无害通过是指不损害沿海国的和平、良好秩序或安全的通过。《联合国海洋法公约》第 19 条第 2 款规定了十余种不属于无害通过的情形，国际无线电通信活动可能产生的、违反无害通过义务的情形包括:（1）以任何种类的武器进行操练或演习;（2）任何目的在于搜集情报使沿海国的防务或安全受损害的行为;（3）任何目的在于影响沿海国防务或安全的行为;（4）进行研究或测量活动;（5）任何目的在于干扰沿海国任何通信系统或任何其他设施或设备的行为;（6）与通过没有直接关系的任何其他活动等。外国船舶在沿海国领海从事以上活动，不属于无害通过。根据《联合国海洋法公约》第 17 条，在领海的无害通过规则适用于“所有船舶”。对于“所有船舶”是否包含军用船舶这一问题，不同国家有不同的立场。《中华人民共和国领海及毗连区法》第 6 条规定，外国军用船舶进入中华人民共和国领海，须经中华人民共和国政府批准，因此外国军用船舶在我国领海并不自动享有无害通过权。

毗连区是邻接领海并由沿海国对某些事项行使必要管制的一定宽度的海域，从领海基线量起不超过 24 海里[235]。沿海国的管制主要是防止和惩治在沿海国领土或领海内违反其海关、财政、移民、卫生的法律规章的行为。

232 《联合国海洋法公约》，第 8 条。

233 《联合国海洋法公约》，第 2 至 3 条。

234 《联合国海洋法公约》，第 2、17 条。

235 《联合国海洋法公约》，第 33 条。

专属经济区是领海以外、邻接领海的一个区域，其宽度从测算领海宽度的基线量起不超过200海里[236]。根据《联合国海洋法公约》，专属经济区是沿海国的一个资源管辖区域，沿海国在专属经济区主要享有主权权利和管辖权。主权权利是与自然资源和经济活动有关的权利，是以勘探、开发、养护和管理专属经济区海床和底土及其上覆水域的自然资源为目的的主权权利，以及在专属经济区内从事经济性开发和勘探，如利用海水、海流、风力等其他活动的主权权利[237]。而沿海国在专属经济区的管辖权涉及人工岛屿、设施和结构的建造和使用，海洋科学研究以及海洋环境的保护和保全[238]。而非沿海国在专属经济区有航行和飞越的自由、铺设海底电缆和管道的自由以及与这些自由有关的对海洋的其他合法使用[239]。《联合国海洋法公约》对于沿海国和非沿海国在专属经济区内的以上权利进行了明文的分配，而还有一些没有提及的权利被称为专属经济区的剩余权利，如军事活动（包括军事情报收集或军事演习）、海上加油、打击海盗、禁止贩运奴隶或非法贩运麻醉药品等[240]。对于专属经济区内的海空军事侦察、军事测量和军事演习等军事用途，沿海国和海洋大国存在着巨大分歧，争论的焦点就在于“沿海国的管辖权”与其他国家的“航行和飞越自由”之间的关系。在专属经济区内的无线电通信活动，例如通过无线电通信开展军事情报搜集，应属于此种剩余权利的范畴。根据“剩余权利规则”，在公约未将专属经济区的剩余权利或管辖权归属于沿海国或其他国家，而沿海国和其他国家的利益发生冲突的情况下，有关冲突应在公平基础上加以解决，在解决冲突时，应参照一切有关情况，并考虑所涉及的利益对有关各方和整个国际社会的重要性[241]。

公海是不包括在国家的专属经济区、领海或内水或群岛国的群岛水域内

236 《联合国海洋法公约》，第55、57条。

237 《联合国海洋法公约》，第56条。

238 《联合国海洋法公约》，第56条。

239 《联合国海洋法公约》，第58条。

240 程晓霞，余民才. 国际法：第6版[M]. 北京：中国人民大学出版社，2021：156.

241 陈威. 论专属经济区的剩余权利[D]. 北京：中国政法大学，2007：6.

的全部海域[242]。公海自由是现代海洋法中的基本原则，公海对所有国家开放，各国有航行自由、捕鱼自由、铺设海底电缆和管道的自由、各国军用和民用航空器在公海上空的飞行自由、建造国际法所容许的人工岛屿和其他设施的自由以及科学研究自由[243]。在公海上一般实行船旗国专属管辖的原则，也就是由每个国家对悬挂该国旗帜的船舶有效地行使行政、技术和社会事项上的管辖和控制[244]。尽管有六大自由，但公海上的活动并非完全没有限制，为了维护公海正常的法律秩序，在公海上禁止从事未经许可的广播，且对公海上享有完全豁免权的船舶[245]以外的外国船舶，如果军舰有合理根据认为这些外国船舶从事了未经许可的广播，则可以登临检查[246]。但《联合国海洋法公约》并未具体规定何为“未经许可的广播”，应结合《国际电信联盟组织法》和《无线电规则》，将其理解为未依据国际电信联盟有关规则开展的广播，并由此在海洋法与国际无线电通信法之间建立联系。何谓“广播”？《国际电信联盟组织法》第1010款和《无线电规则》第一卷条款第1.38款将广播业务定义为供一般公众直接接收而发送的无线电通信业务，这种业务可包括声音传输、电视传输或其他类型的传输。《无线电规则》的如下条款涉及在公海上禁止未经许可的广播：第23条关于广播业务的一般原则之第23.2款，禁止在国境以外的船舶、航空器或者任何其他漂浮的或在空中飞行的物体上设立和使用广播电台（声音广播或电视广播电台）；第42条航空业务电台必须遵守的条件之第42.4款，禁止在海面和海面上空的航空器电台从事广播业务；第51条水上移动业务必须遵守的条件之第51.5A款，水上船舶电台禁止开办广播业务；而水上业务所包含的水上移动业务、卫星水上移动业务、水上无线电

---

242 《联合国海洋法公约》，第86条。

243 1958年《公海公约》，第2条；《联合国海洋法公约》，第87条。

244 《联合国海洋法公约》，第92、94、97条。

245 在公海上享有完全豁免权的船舶指的是军舰或专门用于政府非商业性服务的船舶，它们在公海上享有不受船旗国以外任何其他国家管辖的完全豁免权，见《联合国海洋法公约》，第95、96条。

246 《联合国海洋法公约》，第110条。

导航业务、卫星水上无线电导航业务、安全业务等，均须依据《无线电规则》操作，以保障水上安全和避免有害干扰。

## 三、外交与领事关系法

外交关系是国家之间通过互访、谈判、缔结条约、互派常驻外交代表机构、参加国际会议和国际组织等方式进行交往所形成的关系，现代外交法的主要法律渊源是国际条约，其中1961年《维也纳外交关系公约》全面汇总了外交领域的主要国际规则。在外交关系中，一国向外国派驻外交代表机关（如使馆），是一种常见的方式。

领事关系是一国根据与他国达成的协议，相互在对方一定地区设立领事馆和执行领事职务所形成的国家间关系，主要法律渊源是1963年《维也纳领事关系公约》。

根据《维也纳外交关系公约》和《维也纳领事关系公约》，使馆和领事馆有一定的特权与豁免，例如，使馆和领事馆馆舍不受侵犯；接受国官员非经使馆和领事馆馆长许可，不得进入使馆和领事馆馆舍；使馆和领事馆档案文件不受侵犯；使馆和领事馆具有通信自由等。通信自由主要是指接受国应允许使馆和领事馆为一切公务目的进行自由通信，并给予保护；使馆和领事馆有权采用一切适当方法，包括外交信差以及明密码电信在内，与派遣国政府及该国其他使馆和领事馆通信。但是两公约也明确规定，使馆和领事馆非经接受国同意，不得装置并使用无线电发报机[247]。

《中华人民共和国外交特权与豁免条例》第9条和《中华人民共和国领事特权与豁免条例》第9条均规定，使、领馆设置和使用无线电收发信机，必须经中国政府同意；使、领馆运进上述设备，按照中国政府的有关规定办理。

《中华人民共和国无线电管理条例》第六章“涉外无线电管理”第53条

247 《维也纳外交关系公约》，第27条第1款；《维也纳领事关系公约》，第35条第1款。

规定了外国使馆和领事馆无线电通信活动的相关内容，要求外国领导人访华、各国驻华使领馆和享有外交特权与豁免的国际组织驻华代表机构需要设置、使用无线电台（站）的，应当通过外交途径经国家无线电管理机构批准；除使用外交邮袋装运外，外国领导人访华、各国驻华使领馆和享有外交特权与豁免的国际组织驻华代表机构携带、寄递或者以其他方式运输应当取得型号核准而未取得型号核准的无线电发射设备入境的，应当通过外交途径经国家无线电管理机构批准后办理通关手续。

## 四、武装冲突法

### （一）武装冲突法的一般框架

在涉及使用武力的问题上，国际法上有国家诉诸战争权法（*jus ad bellum*）和战时法（*jus in bello*）的区分。

*jus ad bellum* 是指国家具有诉诸战争的权利，是关于战争或武装冲突的性质，即一场战争或武装冲突应不应该被发动的问题。在传统国际法上，国家均有诉诸战争的权利，这是国家主权的重要体现，战争权也一度被看作国家的绝对主权，是国家为实现基于国际法的权利主张的一种自助手段[248]。但随着国际法的发展，1899 年第一次海牙和平会议通过了《和平解决国际争端公约》，首次对国家战争权加以限制，要求争端当事国在国际关系上尽量避免诉诸武力，以和平方式解决争端；1907 年第二次海牙会议上缔结了《限制用兵力索取债务公约》，禁止国家使用武力索取债务；1919 年《国际联盟盟约》规定会员国应将它们之间的重大争端提交仲裁、法庭解决或国际联盟行政院处理；1928 年通过了《关于废弃战争作为国家政策工具的一般条约》（简称《巴黎非战公约》），在法律上彻底禁止以战争作为推行国家政策的工具[249]。第二次

248 《国际公法学》编写组. 国际公法学：第 2 版 [M]. 北京：高等教育出版社，2018：407.

249 程晓霞，余民才. 国际法：第 6 版 [M]. 北京：中国人民大学出版社，2021：27.

世界大战后，联合国重构对战争权的法律规制，《联合国宪章》第 2 条第 4 款确立了禁止使用武力或武力威胁的原则，以“武力”替代“战争”，使之在适用上不存在主观认定的问题。但禁止使用武力或武力威胁也存在例外，即国家可依据《联合国宪章》第 51 条行使自卫权，任何联合国会员国受武力攻击时，在安全理事会采取必要办法以维持国际和平及安全以前，《宪章》不禁止行使单独或集体自卫。自卫权的行使是国家在安理会权威之外合法使用武力的唯一机会，构成诉诸战争权的一个重要部分。根据 1837 年“卡罗林案”所体现的习惯国际法和《联合国宪章》第 51 条规定，行使自卫权的前提是：（1）遭受武力攻击，即已经发生或者迫近的武力攻击，且攻击的发动者不限于国家，自卫权在特定情况下适用于军事打击国际恐怖主义组织；（2）在遭受武力攻击之时、联合国安理会采取维持国际和平与安全的必要办法之前，且应当将行使自卫权行动立即报告安理会；（3）遵守必要性和比例性原则[250]。

*jus in bello*，即战时法或狭义的武装冲突法，是指在战争或武装冲突中，以条约和惯例的形式，调整交战国或武装冲突各方、交战国与中立国（或非交战国）之间关系以及交战行为的原则、规则和制度[251]。武装冲突法的内容涉及战争或武装冲突中限制作战方法和作战手段的规则，也包括出于人道方面的考虑而保护战争和武装冲突受难者的规则，又称为国际人道法。武装冲突法在发展过程中形成了海牙法体系和日内瓦法体系，海牙法体系是以 1868 年《圣彼得堡宣言》为代表和开端的、关于规范作战手段和方法的条约和习惯[252]；日内瓦法体系是在 1864 年《关于改善战地武装部队伤者和病者境遇的

250 程晓霞，余民才. 国际法：第 6 版 [M]. 北京：中国人民大学出版社，2021：46-47.

251 盛红生，肖凤城，杨泽伟. 21 世纪前期武装冲突中的国际法问题研究 [M]. 北京：法律出版社，2014：1.

252 海牙法体系的相关条约主要包括 1868 年《圣彼得堡宣言》、1899 年和 1907 年《海牙公约》、1954 年《关于发生武装冲突时保护文化财产的公约》、1972 年《禁止细菌（生物）及毒素武器的发展、生产及储存以及销毁这类武器的公约》、1976 年《禁止为军事或任何其他敌对目的使用改变环境的技术的公约》、1980 年《联合国禁止或限制使用某些可被认为具有过分伤害力或滥杀滥伤作用的常规武器公约》等。

日内瓦公约》的基础上发展起来的，现行条约规则主要包括 1949 年制定的 4 个日内瓦公约[253]和 1977 年制定的、重申上述 4 个公约的两个附加议定书[254]以及 2005 年通过的第三附加议定书[255]。在对作战手段（所使用的武器）和作战方法（如何使用武器及其他作战方法）的限制方面，武装冲突法发展出了几项重要原则：第一，限制原则，即各交战国或冲突方对作战方法和手段的选择都受到法律的限制；第二，比例原则，即作战方法和手段的使用应与预期的、具体的、直接的军事利益成比例，禁止过分攻击以及引起过分伤害和不必要痛苦性质的作战手段和作战方法；第三，区分原则，即要求区分平民与武装部队中的战斗员与非战斗员、区分军用物体与民用物体等；第四，中立原则，已经退出战斗的人员和平民必须严守中立原则，不得参加军事行动；第五，"军事必要"不能解除交战国义务原则，即不能以军事必要为理由不遵守武装冲突法的原则、规则和制度；第六，在没有条约规定的情况下，平民和战斗员仍然受来源于既定习惯、人道原则和公众良心要求的国际法原则的保护和支配，又称"马尔顿条款"（Martens Clause）[256]。

### （二）武装冲突中使用电磁手段的国际法规则适用

现代武装冲突中，信息要素主导地位逐步凸显，冲突各方都需要在高速机动的作战过程中确保高效、稳定、连续、安全的信息获取、传输、处理以及利用，战场用频设备与日俱增、无线网络纵横交错。电磁频谱既是支撑武器使用的关键资源，也正在成为继海、陆、空、天之外新的作战域。利用武装无人机实施远距离军事打击、利用卫星图像支持识别敌方目标、利用卫星

253 1949 年 4 个日内瓦公约是指《改善战地武装部队伤者病者境遇公约》《改善海上武装部队伤者病者及遇船难者境遇公约》《关于战俘待遇的公约》《关于战时保护平民的公约》。

254 1977 年两个议定书是指《1949 年 8 月 12 日日内瓦四公约关于保护国际性武装冲突受难者的附加议定书》和《1949 年 8 月 12 日日内瓦四公约关于保护非国际性武装冲突受难者的附加议定书》。

255 第三附加议定书即《1949 年 8 月 12 日日内瓦四公约关于采纳一个新增特殊标志的附加议定书》。

256 程晓霞，余民才. 国际法：第 6 版 [M]. 北京：中国人民大学出版社，2021：306.

通信系统进行指挥和控制（也包括远程遥控作战）甚至开发和使用自主武器系统[257]等，均需使用电磁频谱。电磁战具有非接触、远距离、软杀伤等特征，目前对于这一作战手段和作战方法尚未制定专门的国际条约，《国际电信联盟组织法》还规定了各国对于军用无线电设施的自由权，但并不是说武装冲突中的电磁频谱使用甚至是电磁战无法可依。军队在平时军事活动和武装冲突中或在境内军事部署和海外军事活动中均需使用电磁频谱，且电磁频谱具有不受国界限制而传播的特性，使用电磁频谱的军事活动应遵循国际法规则框架，武装冲突法上的一些原则，包括军事必要原则、区分原则、比例原则、人道保护原则、中立原则等，对冲突各方的作战手段和作战方法有约束力。但同时，武装冲突中使用电磁频谱，也对这些原则的适用提出了挑战。

1. *军事必要原则*

军事必要原则要求武装冲突各方选择的作战手段和作战方法以“军事必要”为限，超过这种限度的作战行为应被禁止，这一原则适用于所有类型的军事行动。该原则要求冲突方应明确地显示出攻击行为与压制敌方军事实力之间的联系，并且相信攻击行为有助于取得预期的胜利，冲突方采取的行为必须是法律所允许的，能够达到合法军事目的而不至于产生不必要的痛苦、伤害和破坏，且行为的后果能够被控制在必要限度内。

武装冲突中使用电磁频谱可能对传统的军事必要性原则造成冲击，主要是电磁战中战场区域空前扩大，更注重打击敌人的信息节点，以实现由点（敌人信息系统）——面（敌人全部战场体系）——体（敌人全部经济基础和上层建筑）的全方位打击，以达到夺取胜利的目的。这样的作战方法可能打击面更广、危害范围更大、涉及的打击对象也更多，容易超出军事必要的范围。

---

257 自主武器系统是指任何在关键功能上具有自主性的武器系统，即无须人类干预可自行选择和攻击目标的武器系统，一些现有武器的关键功能已在有限程度上具有自主性，如空中防御系统、主动防护系统以及部分巡飞武器。红十字国际委员会. 国际人道法及其在当代武装冲突中面临的挑战 [R]. 日内瓦：红十字国际委员会，2015：29.

### 2. 区分原则

区分原则要求武装冲突的各方必须严格区分战斗员与平民、军事目标与民用目标，军事行动仅能以军事目标作为攻击对象，不能对非军事属性的平民或民用物体进行攻击，《1949 年 8 月 12 日日内瓦四公约关于保护国际性武装冲突受难者的附加议定书》(《第一议定书》) 第 48 条也确认了这一原则。

传统武装冲突中对于战斗员与平民的区分主要依据在冲突期间和冲突开始前公开携带武器以及正规部队战斗员穿着制服的惯例，但出于电磁战的性质以及战场空间的广泛性，对战斗员与平民亦不能通过目视加以区分，当确认某一机构为冲突一方军事目的服务而需要对其进行攻击时，这个机构内的所有人员是否都应当被认定为战斗员，是个容易引起争议的问题。

此外，信息技术既可军用，也可民用，许多国家从经济效益出发，大力推动军民两用设备发展，一些通信装备具有军民共用的属性，导致了区分原则适用的困难。冲突方应当谨慎选择攻击对象和作战手段，避免造成平民和民用物体损伤，防御方也应当将不具有军事属性的物体进行区分，使其免于战火。因此，应当明确的是民用通信设施在武装冲突中负有静默和信息保密义务，除自然灾害预警外，不向冲突方提供任何与武装冲突有关的信息。违反了此项义务就可能被视为直接参加了敌对行动，并由此成为合法的攻击对象。

### 3. 比例原则

比例原则要求衡量攻击行为的预期军事利益与附带损伤，使其成比例，其包含必要性和相称性的要求。首先，比例原则并不禁止采取军事行动，而是要论证对某一军事目标进行攻击的必要性；其次，应当衡量攻击所带来的军事优势和附带损伤，并使其成正比。以外层空间的军事对抗为例，对卫星的动能攻击看似未给地球带来直接的损害，但其可能产生大量的空间碎片，并可在数十年内在轨道上高速移动，从而可能损坏其他支持民用活动和服务的卫星。而利用天基武器对敌方多类型军事目标实施自上而下的打击时，其整体攻击的附带损伤也不易控制，出现既不符合必要性也不符合相称性要求的后果。

4. 人道保护原则

武装冲突法的人道保护原则规定了战时对平民、伤病员和战俘进行保护，尽可能使文化和历史遗迹免于战火，在不违背合理军事利益和军事需求的情况下减轻冲突造成的生命和财产损失。人道保护原则必须与区分原则、比例原则和军事必要原则相关联。限制冲突各方的作战方法和手段，禁止使用引起过分伤害和痛苦的武器以及禁止使用改变环境的作战方法和手段是 3 项基本人道主义规则。

5. 中立原则

中立原则要求中立国不得为交战的任何一方提供军事或者资源上的便利，要求中立国不得为交战国一方提供直接或间接的军事援助，不以任何形式参与或变相参与武装冲突。电磁战中，中立国的电磁主权很容易被交战国侵犯，甚至被交战国所利用以取得军事上的优势。特别是在中立国知情或者不知情的情况下，其电信设施为交战国所用，甚至被用作攻击或者破坏敌方信息系统的工具，这时如何判断中立方的主观意图，这种放任交战国使用电磁设备的行为是否违反了中立义务等，国际法上目前没有明确规定。

6. 马尔顿条款

1907 年 10 月 18 日《海牙第四公约：陆战法规和惯例公约》序言和 1977 年 6 月 8 日《1949 年 8 月 12 日日内瓦四公约关于保护国际性武装冲突受难者的附加议定书》(《第一议定书》) 第 1 条第 2 款规定，“在本议定书或其他国际协定没有包括进去的情况下，平民和战斗员仍然受来源于既定习惯、人道原则和公众良心要求的国际法原则的保护和支配。”这一条款被称为“马尔顿条款”，其目的是在没有相应国际条约的情况下，平民和交战者仍受国际法原则的保护。马尔顿条款是对武装冲突法的扩充和延伸，在有关武装冲突的实在法和自然法之间建立一个纽带，因为法律的更新滞后于军事技术和作战手段的发展，在没有武装冲突实在法规则时，仍需要对冲突的内容加以管控和约束，使其符合相应的要求。这一原则对电磁战也应适用，不论作战手段和作战方法如何发展，交战方都应当遵守人道、习惯和公众良知所要求的国际法原则。

### （三）武装冲突中使用电磁频谱对自卫权规则的挑战

《联合国宪章》第二条规定各国应以和平手段解决国际争端，不得使用威胁或武力。《联合国宪章》第 51 条承认各国有自卫权，自卫权是单独或者集体使用武力反击外来武力攻击的固有权利或者自然权利。行使自卫权的前提是遭受武力攻击时，联合国安理会采取维持国际和平与安全的必要办法之前，遵守必要性和比例性原则。

自卫权是否包括“预先性自卫”“先发制人的自卫”或“预防性自卫”，理论上有不同意见。预防性自卫指的是国家在武力攻击实际开始之前对迫近的武力攻击或威胁事先采取的武力行动，是 2002 年美国在其《国家安全战略》中首次提出，美国甚至主张允许对潜在的或者未来的威胁首先使用武力。应当注意，电磁战中先发制人的手段往往得以应用，从技术效果上，一旦在电磁战中落后，整个战事就很难把握，这可能对《联合国宪章》中自卫权的行使以遭受武力攻击为前提的传统规则构成挑战。

## 五、国际灾难救助法

人类社会的运转可能由于自然或人为的灾难而受到严重扰乱，对人的生命、健康、财产或对环境造成显著的、广泛的威胁。目前，国际法上还没有就自然或人为灾害的人道主义援助形成独立的法律部门，也没有专门调整国际灾难救助的公约体系，国际法对国际灾难救助的规定散见于各类条约、决议和一些软法性质的指南、规则当中。

《联合国宪章》是与国际灾难救助间接相关的国际条约。《联合国宪章》第一条规定了联合国的宗旨，包括“促成国际合作，以解决国际间属于经济、社会、文化及人类福利性质之国际问题，且不分种族、性别、语言或宗教，增进并激励对于全体人类之人权及基本自由之尊重。”该条为国际社会在国际灾难救助合作方面提供了指导原则。一些联合国下设机构，如联合国人道主义事务协调厅（Office for the Coordination of Humanitarian Affairs，OCHA）、世界粮食计划署（World Food Programme，WFP）、联合国儿童基金会（United Nations International Children's Emergency Fund，UNICEF）、联合国开发计划署（United Nations Development Programme，UNDP）、联合国环境规划署（United Nations Environment Programme，UNEP）、联合国难民事务高级专员公署（The Office of the United Nations High Commissioner for Refugees，UNHCR）等，均在国际灾难救助方面发挥重要作用。另外，一些联合国专门机构和其他政府间国际组织和非政府组织，如世界卫生组织（World Health Organization，WHO）、联合国粮食及农业组织（Food and Agriculture Organization of the United Nations，FAO）、国际移民组织（International Organization for Migration，IOM）、国际民防组织（International Civil Defence Organization，ICDO）和世界银行（World Bank）等，也在国际灾难救助方面开展合作。国际电信联盟在信息通信技术事务方面的专业性，使其在国际灾难救助方面也发挥着作用。

信息通信技术在备灾、早期预警、救援、减灾、赈灾和灾害响应方面发挥着十分重要的作用，人道主义救援机构必须有可靠、灵活的电信资源才能做好它们救急扶危的工作并确保救援人员的安全，电信资源的及时有效部署可以保证迅速、有效、准确和真实的信息流通，减少灾害所造成的生命财产损失。1998 年 6 月 18 日，国际社会通过了《关于向减灾和救灾行动提供电信资源的坦佩雷公约》（Tampere Convention on the Provision of Telecommunication Resources for Disaster Mitigation and Relief Operations）。该公约规定联合国紧急救济协调员担任公约的业务协调员，并应寻求其他适当的联合国机构，特别是国际电信联盟进行合作，并以符合这些机构的宗旨的方式，协助它实现公约的各项目标[258]。该公约还规定，缔约国应根据

258 《关于向减灾和救灾行动提供电信资源的坦佩雷公约》，第 2 条第 2 款。

公约互相合作以及同非国家实体和政府间组织合作，以便在减灾和救灾工作中使用电信资源，具体方式包括但不限于：（1）部署地面和卫星电信设备来预测和监测各种自然危险、健康危险和灾害，并提供有关信息；（2）在缔约国之间以及同其他国家、非国家实体和政府间组织分享关于自然危险、健康危险和灾害的信息，并将这种信息传播给公众，特别是传播给面临危险的社区；（3）及时提供电信援助以减轻灾害的影响；（4）安装和操作可靠、灵活的电信资源以供人道主义救济和援助组织使用[259]。该公约还就请求和提供电信援助的发起、条件、终止和费用，经请求国接受的人员的特权、豁免和便利以及争端解决等事项作出了规定。

国际电信联盟注重发挥在减灾和灾难救援的电信管理方面的作用，国际电信联盟《国际电信规则》（2012 年版）第 5 条规定："生命安全电信，如遇险电信，应有权获得传输，并且在技术上可行的情况下，对所有其他电信具有绝对优先权。"《无线电规则》也规定，无线电导航及其他安全业务的安全特点要求特别措施，以保证其免受有害干扰[260]；认识到遇险和安全频率以及飞行安全和管制使用的频率上的发射需要绝对的国际保护，且必须消除对这类发射的有害干扰，因此当各主管部门被提请注意此类有害干扰时，承诺立即采取行动[261]。而安全业务是指为保障人类生命和财产安全而常设或临时使用的任何无线电通信业务[262]。国际电信联盟还通过了一系列与灾难救援的电信管理相关的决议，如题为《使用电信手段保障现场人道主义人员的安全》的全权代表大会第 98 号决议（1998 年，明尼阿波利斯）、题为《将电信 / 信息通信技术用于人道主义援助以及监测和管理紧急和灾害情况，包括与卫生相关的紧急情况的早期预警、预防、减灾和赈灾工作》的全权代表大会第 136 号决议（2018 年，迪拜）、题为《关于电信 /ICT 在备灾、早期预警、救援、减

259 《关于向减灾和救灾行动提供电信资源的坦佩雷公约》，第 3 条第 1 至 2 款。

260 《无线电规则》（2020 年版），第一卷条款，第 4.10 款。

261 《无线电规则》（2020 年版），第一卷条款，第 15.28 款。

262 《无线电规则》（2020 年版），第一卷条款，第 1.59 款。

灾、赈灾和灾害响应方面的作用》的世界电信发展大会第 34 号决议（2017 年，布宜诺斯艾利斯）、题为《ICT 与气候变化》的世界电信发展大会第 66 号决议（2017 年，布宜诺斯艾利斯）、题为《加强电信监管机构间合作》的世界电信发展大会第 48 号决议（2017 年，布宜诺斯艾利斯）、题为《公众保护和赈灾》的世界无线电通信大会第 646 号决议（2015 年，日内瓦）、题为《应急和灾害早期预警以及灾害预测、发现、减灾和救灾工作的无线电通信问题（包括频谱管理导则）》的世界无线电通信大会第 647 号决议（2015 年，日内瓦）、题为《地球观测无线电通信应用的重要性》的世界无线电通信大会第 673 号决议（2012 年，日内瓦）等。

## 六、国际融资租赁法

《移动设备国际利益公约》（Convention on International Interests in Mobile Equipment，又称《开普敦公约》）是国际统一私法协会（International Institute for the Unification of Private Law，UNIDROIT）推动起草、在 2001 年南非开普敦外交会议上通过、并于 2004 年 4 月 1 日生效的一份国际公约，其目的是建立调整航空器设备、铁路车辆、空间资产和农业机械设备等移动设备的融资租赁的国际法律制度。公约采取的模式是先制定一个统一适用于各类资产的公约——《移动设备国际利益公约》，然后再分别针对航空器、铁路机车、空间资产、农业机械等几类高价值、跨国移动的资产制定特别议定书，将每类资产特有的问题规定在议定书中[263]。就公约和议定书的关系，要成为某一议定书的缔约国，必须同时加入《移动设备国际利益公约》[264]。如

263 “Introductory Notes prepared by the UNIDROIT Secretariat to the Preliminary Draft Protocol on Matters Specific to Space Property”, in UNIDROIT 2001 Study LXIIJ-Doc.6.

264 《移动设备国际利益公约关于航空器设备特定问题的议定书》，第 26 条第 5 款；《移动设备国际利益公约关于铁路机车车辆特定问题的卢森堡议定书》，第 21 条第 5 款；《移动设备国际利益公约关于空间资产特定问题的议定书》，第 36 条第 5 款。

果公约与议定书有冲突，议定书的规定优先[265]。2001 年，《移动设备国际利益公约》以及《移动设备国际利益公约关于航空器设备特定问题的议定书》（以下简称《航空器议定书》）通过。随后，《移动设备国际利益公约》于 2004 年生效，《航空器议定书》于 2006 年生效[266]。中国已于 2008 年 10 月 28 日批准了《移动设备国际利益公约》和《航空器议定书》。而国际统一私法协会起草的《关于铁路机车车辆特定问题的议定书》和《关于空间资产特定问题的议定书》（以下简称《空间资产议定书》）分别于 2007 年和 2012 年通过并向各国开放签署，但这两项议定书均未生效。

《空间资产议定书》是国际统一私法协会针对国际商事活动中以空间资产（space assets）做担保进行融资和租赁的需求，创建的一套国际上统一的、调整在空间资产上设定担保、所有权保留和租赁利益的法律制度，该法律制度通过设立登记处，登记和公示在空间资产上设定的担保、所有权保留等相关权益，增加透明度，保护债权人。

《空间资产议定书》中的“空间资产”是指太空中或旨在发射至太空的任何唯一可辨别的人造资产，主要包括航天器（如卫星、空间站、空间模块、航天舱、空间飞行器或可重复使用的发射装置）、可单独登记的载荷（电信、导航、观测、科学或其他）、可单独登记的转发器等[267]。尽管卫星等航天器在外层空间从事通信活动所占用的无线电频谱和卫星轨道资源常常被视为有限的、稀缺的资源，但其不属于《空间资产议定书》中的“空间资产”范畴。这是因为，空间资产是人造资产，是基于设计、研发、生产而具有了经济价值，由此可作为《空间资产议定书》下设定担保权益的标的物；而无线电频谱和卫星轨道资源是全人类共有的资源，是天然存在且能够被人类加以利用的自然资源，不属于人造资产的范畴。

---

265 《移动设备国际利益公约》，第 6 条。

266 关于《移动设备国际利益公约》和《航空器议定书》的介绍，见杨国华，成进.《移动设备国际利益公约》及其《关于航空器特定问题的议定书》简介 [J]. 法学评论，2002（4）：127-133.

267 《空间资产议定书》，第 1 条第 2 款 k 项。

国际统一私法协会制定《空间资产议定书》的出发点是认为《空间资产议定书》或可改进国际融资规则，促进外空实践活动的开展和推动外空商业化发展。然而，有国家在《空间资产议定书》制定过程中指出，《空间资产议定书》与国际电信联盟规则衔接不畅，比如，根据国际电信联盟的规定，一国对特定轨道位置的使用权不能转让给其他国家，国家可以获得轨道位置的使用权，但是必须遵守国际电信联盟规则；在《空间资产议定书》下，债务人将空间资产的占有和控制权交给了外国的债权人而导致一国事实上不再使用该空间资产所使用的频率和轨道位置，但根据国际电信联盟规则，该频率和轨道位置却未必由债权人所在国获得[268]。在《空间资产议定书》起草过程中，国际电信联盟一直作为观察员参加相关会议，并表达了“频率和轨道位置只能用作识别空间资产，而不得被视为空间资产的组成部分而加以转让”的观点。国际电信联盟针对《空间资产议定书》下存在的、对无线电频率和卫星轨道位置的使用由债务人转移给债权人的可能性也指出，根据《国际电信联盟组织法》第 44 条，各成员国均认为无线电频谱和卫星轨道是有限的自然资源，必须依照《无线电规则》的规定合理、有效和经济地使用，禁止在未通知国际电信联盟的情况下转让卫星档案、轨道位置以及频谱资源[269]。此外，《空间资产议定书》第 35 条规定了该《议定书》与国际电信联盟法规的关系，即《空间资产议定书》的规定不得影响现有外层空间条约和国际电信联盟有关规则下的权利、义务。

《空间资产议定书》要设立登记空间资产国际利益的登记处。纵观国际法，涉及卫星操作的国际登记方面共有 3 种登记机制，登记的内容显著不同：（1）国际电信联盟无线电通信部门在卫星网络管理方面，通过在国际频率登记总表的电子数据库中登记使用该卫星网络的主管部门对无线电频率和卫星轨道位置的指配情况，以确定卫星操作者对主管部门指配并在国际电信联盟

---

268 “Comments on the Alternative Text Submitted by the Government of Canada”, in UNIDROIT 2009 C.G.E./Space Pr./3/W.P. 13.

269 “Statement Made by the International Telecommunication Union”, in UNIDROIT 2009 C.G.E./Space Pr./3/W.P. 16.

进行登记的频率和轨道的优先使用权；（2）《空间资产议定书》登记的是空间资产上设定的国际利益及其他权益，目的是公示债权人权益；（3）根据《关于登记射入外层空间物体的公约》（简称《登记公约》），联合国秘书长还保存和维护了一份空间物体登记册，由发射国登记射入外空的物体的一般信息，以确定空间物体的管辖权和控制权。目前在联合国外空物体登记册与国际电信联盟的频率和轨道位置指配登记之间，并未建立联系。国际统一私法协会考虑到国际电信联盟在卫星网络资料登记方面的成熟经验，认为国际电信联盟最适合担任空间资产国际利益登记处的监管机构并请该组织考虑此项提议，建立空间资产国际利益登记处以及监管登记处的监管机构也是《空间资产议定书》生效的前提之一。然而，国际电信联盟经过 2014 年和 2018 年两届全权代表大会的讨论，决定暂不担任空间资产国际利益登记处的监管机构，但如果未来国际统一私法协会再次通过国际电信联盟秘书长请国际电信联盟接受此项职责，则未来的全权代表大会将重新审议这一事项[270]。

《空间资产议定书》对卫星产业和对国际电信联盟规则适用的实际影响，有待该议定书正式生效并积累一定案例后方可评估。

## 七、世界贸易法

### （一）《服务贸易总协定》概述

1946 年 2 月，联合国经济和社会理事会举行会议，呼吁起草国际贸易组织宪章，进行世界性削减关税的谈判。1947 年 10 月，美国等 23 个国家在日内瓦签订了《关税及贸易总协定》（General Agreement on Tariffs and Trade，GATT），作为国际贸易组织成立前的一个过渡性步骤，并就国际贸易组织的成立展开多轮磋商。在 1986 年开始的 GATT 乌拉圭回合谈判

270 《国际电信联盟依据〈空间议定书〉行使国际空间资产登记系统监督机构的职能》，2018 年全权代表大会第 210 号决议。

中，包括电信服务在内的服务贸易被纳入多边谈判范围，各谈判方于1994年4月在马拉喀什签署了世界范围内规范国际服务贸易的第一套多边原则和规则——《服务贸易总协定》（General Agreement on Trade in Services，GATS）及其附件和承诺表，作为乌拉圭回合一揽子协议的组成部分，GATS于1995年1月1日随《世界贸易组织协定》一同生效。

《服务贸易总协定》的宗旨是在透明度和逐步自由化的条件下扩大服务贸易，其所指的“服务”包括任何部门的任何服务，但在行使政府权限时提供的服务除外[271]。所谓“在行使政府权限时提供的服务”指既不是在商业基础上提供、又不与任何一个或多个服务提供者相竞争的任何服务[272]。按照这一定义，首先排除了利用频谱从事的国防、政府事务以及公共事务的通信活动，而可适用的领域应为商用电信服务。

《服务贸易总协定》的重要特点是基于各国服务业发展程度不同的现实，将各缔约方承担的义务分为一般义务与具体承诺两部分。一般义务是所有成员国普遍承担的义务，适用于服务业的各个部门，规定在GATS第二部分第2至15条，包括最惠国待遇、透明度、发展中国家的更多参与、经济一体化、紧急保障措施和一般例外等。具体承诺规定在GATS第三部分，主要体现在服务业的市场准入、国民待遇和额外承诺，这是只有成员在其具体承诺表中作出承诺后才承担的义务。GATS所采取的这种将一般义务和具体承诺分开规范的做法，既使各成员在服务贸易领域遵守一些共同原则和普遍义务，又使它们根据本国服务业的实际发展情况，逐步分阶段地安排服务市场开放的步骤，避免本国服务业受到过于严重的冲击[273]。

### （二）电信服务贸易的法律渊源

世界贸易组织（World Trade Organization，WTO）机制下与电信相关联

271 《服务贸易总协定》，第1条第3款（b）项。

272 《服务贸易总协定》，第1条第3款（c）项。

273 余劲松. 国际经济法学：第2版[M]. 北京：高等教育出版社，2019：171.

的是1997年4月15日在瑞士日内瓦谈判达成的、作为《服务贸易总协定》第四议定书的《基础电信协议》（Agreement on Basic Telecommunications）以及各缔约方提交的具体承诺表，与此相关的还包括《服务贸易总协定》的两个附件，分别是《关于电信服务的附件》（Annex on Telecommunications）和《关于基础电信谈判的附件》（Annex on Negotiations on Basic Telecommunications）。此外，《服务贸易总协定》框架内的《参考文件》（Reference Paper）将无线电频谱归类为稀缺资源，呼吁WTO各缔约方合理分配和使用无线电频谱资源。

### （三）电信服务贸易中的一般义务和具体承诺

在电信服务贸易领域，GATS各缔约国均应遵守GATS的一般义务，特别是最惠国待遇原则。最惠国待遇是指一国（施惠国）给予另一国（受惠国）国民或法人的待遇，不低于现时或将来给予任何第三国国民或法人的待遇[274]。在GATS下，根据最惠国待遇原则，GATS涵盖的任何措施，每一成员对于任何其他成员的服务和服务提供者，应立即和无条件地给予不低于其给予任何其他国家同类服务和服务提供者的待遇，但给予邻国的利益和特惠除外，简而言之，不得在外国国民或法人之间有区别对待。而国民待遇则作为一项具体承诺，由成员国视情况而定。国民待遇是指国家在一定范围内给予外国人与本国公民同等的待遇[275]。在电信服务贸易领域，对于由其他缔约方提供的服务及来自该缔约方的服务提供者，各缔约方能够给予的待遇以其电信服务贸易具体承诺减让表为准。

国际电信联盟开展的一项针对卫星通信行业履行WTO承诺的研究表明，《服务贸易总协定》中涉及卫星通信行业的主要问题包括：（1）非歧视性的市场准入；（2）开放边界以利于竞争性的准入；（3）执行“开放天空”（Open

274 《服务贸易总协定》，第2条第1款。

275 程晓霞，余民才. 国际法：第6版[M]. 北京：中国人民大学出版社，2021：79.

Skies）政策；（4）在电信监管方面的透明度[276]，以上内容大多属于具体承诺范畴。总体来讲，发展中国家和发达国家在卫星电信自由化方面均取得了一定程度的进展，特别是在卫星广播业务（BSS）、卫星固定业务（FSS）、卫星移动业务（MSS）、全球卫星移动个人通信（Global Mobile Personal Communications by Satellite，GMPCS）、甚小口径天线终端（Very Small Aperture Terminal，VSAT）私人网络、与VSAT相连接的公众电话交换网（Public Switched Telephone Network，PSTN）、国际和国内VSAT、卫星新闻采集（Satellite News Gathering，SNG）、卫星航空移动业务（Aeronautical Mobile-Satellite Service，AMSS）等特定卫星业务方面，取得进展的主要表现形式是由单一垄断（monopoly）市场进展为建成两强垄断（duopoly）市场，而这往往被视为走向充分竞争的前兆。同时也应该看到，不同业务在不同地区的自由化程度有显著差异。总体来讲，在电信服务自由化方面，欧洲是自由化程度最高的区域，阿拉伯国家是自由化程度最低的区域[277]。

GATS的《参考文件》是由部分WTO缔约方签署的规定基础电信管制原则的单独协议，其内容借鉴了美国《1996年电信法》（Telecommunications Act of 1996）以及有关反垄断的法律规定，其目的是营造一个有利于电信业健康发展的市场环境。绝大多数GATS缔约方将履行《参考文件》规定的各项义务作为其额外承诺。《参考文件》的初衷仅是为本国电信业管制进行指引，但也可能成为各缔约方制定国内电信服务贸易规则的重要基础。其中，《参考文件》第4条规定，如果在提供服务之前必须先获得相关许可证，那么以下内容应予以公开：（1）许可标准以及从申请至获得许可证通常所需的时间；（2）单个许可证的期限与条款；同时，拒发许可证的理由经申请人请求也应予以公开。第6条则明确将无线电频谱列为稀缺电信资源，强调按照客观、及时、透明、无差别的方式分配与使用频率资源。

---

276 ITU. Moving beyond monopolies[J]. ITU News，2005(2)：8.

277 ITU. Moving beyond monopolies[J]. ITU News，2005(2)：8-9.

## 第四节　区域和双边协议

无线电波传播不受国境控制，使用无线电频率若可能给其他国家的无线电业务造成有害干扰，则需要开展区域或双边协调，签署区域或双边协议，主管部门签署的区域协议或双边协议的性质为多边或双边条约，对签约国有法律约束力。

在一些情况下，这种区域或双边协调和签署协议是出于国际条约义务，协调和达成协议是向国际电信联盟申报和登记频率指配从而取得频率使用优先权的前提，这体现在《无线电规则》对各种无线电业务所用的频率进行了划分的基础上，亦通过脚注形式规定了协调义务。比如，《无线电规则》频率划分表脚注 5.441A 规定："在巴西、巴拉圭和乌拉圭，4800 ～ 4900MHz 频段或其部分被确定用以实施国际移动通信（IMT）。这种确定不妨碍已经获得该频段划分的业务应用使用该频段，亦未在《无线电规则》中确定优先权，利用该频段实施 IMT 需与邻国达成协议，且 IMT 台站不得要求移动业务其他应用台站的保护。这种使用须符合第 233 号决议（WRC–19，修订版）的要求。"再如，《无线电规则》频率划分表脚注 5.457 规定："在澳大利亚、布基纳法索、科特迪瓦、马里和尼日利亚，固定业务在 6440 ～ 6520MHz（HAPS 到地面方向）和 6560 ～ 6640MHz（地面到 HAPS 方向）的划分也可在这些国家的领土内用于高空平台电信系统（HAPS）的关口站链路……需要与领土位于打算使用 HAPS 关口站链路的主管部门边界 1000km 以内的其他主管部门达成明确协议"。

在其他情况下，边境协调是出于有效使用无线电频率和避免有害干扰的实际需求，是善意合作的体现。据报道，2021 年年初，美国联邦通信委员会和加拿大创新、科学与经济发展部（Innovation，Science and Economic Development Canada，ISED）签署协议，建立一个边境无线电频谱协调的现代化框架，涵盖地面和地球站的频率使用，以消除美加边境的干扰，支持新通信业务的快速部署。而在我国，为了实现无线电频率的高效利用，减少和避免边境地区无线电台（站）与境外无线电台（站）之间的有害干扰，2016 年底，工业和信息化部出台了《边境地区地面无线电业务频率国际协调规定》（工业和信息化部令第 38 号），就我国与相邻国家在边境地区地面无线电业务的频段划分、频率规划、分配和使用等事宜进行双边会谈，对签订和履行相关双边协议、会议纪要的规则和程序作出了规定。在实践中，我国无线电通信主管部门依据国际电信联盟《无线电规则》中规定的国际协调程序要求，分别与俄罗斯、越南等一些周边国家和地区在广播电视业务、公众移动通信业务等方面开展系统间电磁兼容分析和无线电频率协调工作，并签署了相应的双边协议、会谈纪要等具有国际法约束力的文件[278]。2021 年 12 月，为支持中老铁路顺利开通，我国工业和信息化部与老挝邮电通信部签署了中老铁路无线电频率使用协议，这是落实《中华人民共和国政府和老挝人民民主共和国政府国境铁路协定》的重要举措之一，内容涉及中老铁路专用移动通信系统、列尾防护系统、司乘人员对讲通信系统使用频率等。这一双边协定的签订为有效实现中老铁路无线电专用频率及其无线电设备正常使用、确保中老铁路运行指挥调度通信安全畅通提供了重要机制保障。

而在空间业务与地面业务以及空间业务之间的协调方面，我国则先后出台了《地球站国际协调与登记管理暂行办法》（工信部无〔2015〕33 号）和《卫星网络申报协调与登记维护管理办法（试行）》（工信部无〔2017〕3 号）等文件，其相关协调活动的主要依据是《无线电规则》，协调协议由卫星操作者或者地球站设置、使用单位与外方达成，并不属于主管部门缔结的双边条约范畴。

278 李芃芃，方箭，芒戈．边境（界）地区地面无线电业务频率协调方法：2014 年度全国无线及移动通信学术大会论文集（C）.（2014-09-26）：297-299.

# 第四章
# 无线电通信活动主体的权利和义务

**本章概要：** 国际电信联盟法规设定了无线电通信活动主体的权利和义务，在尊重各国电信主权的前提下，确保各国和人民有使用无线电频谱和卫星轨道资源等电信资源的权利，也设定了遵守国际电信联盟法规、避免有害干扰、保护电信设施等一般性义务，国际电信联盟还承认各国对军用无线电设施的自由权。

**关键术语：** 国际电信联盟宗旨和目标、成员国阻断电信的权利、军用无线电设施的自由权、有害干扰、国际合作

## 第一节　无线电通信活动主体

无线电通信活动的主体大致可分为3类：国家、建立和运营无线电通信业务的运营机构、公众。《国际电信联盟组织法》《国际电信联盟公约》和《无线电规则》对以上主体的权利和义务作出了具体而明确的规定。

### 一、国家

国家是国际法的主体，是国际法上特定权利的享有者和义务的承担者。《国际电信联盟组织法》《国际电信联盟公约》《无线电规则》中很多条款规定了

国家的权利和义务。无线电通信活动中，国家最根本的权利在于“监管电信的主权权利”和“通过电信维护和平和促进社会及经济发展的权利”[279]；最根本的义务在于遵守和确保管辖范围内的运营机构遵守《国际电信联盟组织法》《国际电信联盟公约》《无线电规则》的规定[280]。

国际电信联盟作为政府间国际组织，其条约规定的一些权利只能由国家享有，比如在全权代表大会、所有世界性大会和所有部门的全会和研究组会议上，以通信方式征询意见时的一票表决权[281]；只有国家有资格被选入理事会[282]；国家还有权提名候选人参加国际电信联盟官员和无线电规则委员会委员的选举[283]；国家有权参加全权代表大会和世界无线电通信大会，修订《国际电信联盟组织法》《国际电信联盟公约》和《无线电规则》，或对以上条约提出保留甚至退出[284]；私营实体或组织要成为国际电信联盟的部门成员，须经过其所属成员国的批准[285]；针对《无线电规则》中的频率划分，成员国可以订立细分或者特别协议，只要不违反《无线电规则》的规定即可[286]；为取得无线电频率和卫星轨道资源使用权的协调程序，须以成员国主管部门的名义进行[287]，频率指配由成员国主管部门通知国际电信联盟无线电通信局[288]；即便是在处理国际有害干扰过程中，对受到干扰和产生干扰的收发电台之间的处理也是通过相关主管部门进行[289]。这充分表明，尽管运营机构等利益攸关方积极参与了国际电信联盟的活动，但目前无线电通信领域的国际治理模式还是以国家和政

279 《国际电信联盟组织法》，序言。

280 《国际电信联盟组织法》，第37、38款。

281 《国际电信联盟组织法》，第27、28款。

282 《国际电信联盟组织法》，第26、54、65款。

283 《国际电信联盟组织法》，第55、56款、第62、63款。

284 《国际电信联盟组织法》，第236款。

285 《国际电信联盟公约》，第19条。

286 《无线电规则》(2020年版)，第一卷条款，第6.1、6.4款。

287 《无线电规则》(2020年版)，第一卷条款，第9条。

288 《无线电规则》(2020年版)，第一卷条款，第11条。

289 《无线电规则》(2020年版)，第一卷条款，第15条第Ⅴ、Ⅵ节。

府间国际组织为主导的主权模式。

无线电通信国际规制中，国家的义务主要是根据“条约必须信守”原则善意履行条约义务，执行国际电信联盟的法规，在遵守程序和处理有害干扰时善意合作[290]。

一国参加国际电信联盟的活动一般以主管部门为代表，主管部门是指负责履行《国际电信联盟组织法》《国际电信联盟公约》和行政规则中所规定的义务的任何政府部门或机关[291]。一国指定哪个主管部门负责国际电信联盟事务，是国内法上的事项。一国国内负责或参与无线电通信管理的相关政府部门或实体可能不唯一，但在对国际电信联盟的代表权方面，一般应指定唯一机构与国际电信联盟对接。比如在中国，根据《中华人民共和国无线电管理条例》，在国内承担无线电通信管理职责的机构包括军地无线电管理机构，其中承担非军事系统无线电管理职责的包括国家无线电管理机构、国务院部门无线电管理机构、省级无线电管理机构等，而作为主管部门参加国际电信联盟活动的则是国家无线电管理机构，其职责由工业和信息化部承担。

## 二、运营机构

运营机构是指任何为了开展国际电信业务而运行电信设施或运营能够对国际电信业务造成有害干扰的电信设备的个人、公司、企业或政府机构[292]。运营机构根据一国国内法设立，受所属国管辖，若其开展业务只产生国内影响而不涉及他国，则遵守其所属国国内法即可。国际电信联盟规则只约束那些开展国际电信业务或运营会对国际电信业务造成有害干扰的电信设备的运营机构。

---

290 如《无线电规则》(2020年版)第一卷第15.22款规定，各成员国在处理有害干扰时应以最大善意相互帮助。

291 《国际电信联盟组织法》，第1002款。

292 《国际电信联盟组织法》，第1007款。

运营机构是公众建立通信联系、实现通信自由的必要基础，其主要权利是根据国际电信联盟的相关条约和标准开展无线电通信业务，具有国际电信联盟部门成员/部门准成员身份的运营机构还有权参加国际电信联盟相关部门、研究组的活动，贡献其专业观点和经验。

运营机构承担的主要义务是遵守《国际电信联盟组织法》《国际电信联盟公约》《无线电规则》的规定，避免操作中的违章行为和造成有害干扰[293]。

运营机构也包括个人。无线电通信活动中有一个特别群体——业余无线电爱好者。业余无线电爱好者系指经正式批准、对无线电技术有兴趣的人，其兴趣纯系个人爱好而不涉及谋取利润[294]。业余无线电爱好者须在业余业务或卫星业余业务频段内使用频率和操作电台，这是专门供业余无线电爱好者进行自我训练、相互通信和技术研究的频段[295]。如果其所属的主管部门不反对，各国业余无线电台之间可进行相互无线电通信[296]，但必须遵守《无线电规则》。业余无线电爱好者可以通过其所属国的国际业余无线电联盟成员协会，在国际层面通过国际业余无线电联盟发声，该组织是被国际电信联盟认可的、代表全世界业余无线电爱好者利益的组织，其在帮助业余无线电爱好者获取和使用频率、促进业余业务和卫星业余业务发展方面发挥了重要作用。

## 三、公众

国际电信联盟的宗旨之一是促使世界上所有居民得益于新的电信技术[297]，促进各国人民之间的和平联系[298]。在无线电通信国际规制中，公众是更普遍意义上的通信自由的享有者，这与《世界人权宣言》第19条和《公民权利和政

293 《国际电信联盟组织法》，第37至38款；《无线电规则》（2020年版），第一卷条款，第15条。

294 《无线电规则》（2020年版），第一卷条款，第1.56款。

295 《无线电规则》（2020年版），第一卷条款，第1.56款。

296 《无线电规则》（2020年版），第一卷条款，第25.1款。

297 《国际电信联盟组织法》，第6款。

298 《国际电信联盟组织法》，序言。

治权利国际公约》第 19 条规定的言论表达自由，不论国界，也不论形式地寻求、接受和传递各种消息和思想的自由密切相关。《国际电信联盟组织法》第 179 款规定，各成员国承认公众使用国际公众通信业务进行通信的权利。各类通信的服务、收费和保障对所有用户应一视同仁，不得有任何优先或偏袒。

在国际人权公约体系中，从人权保障的限度来看，公众的通信自由并非一项绝对权利[299]，而是一项可由国家加以限制的权利，但限制公众的通信自由应有法律依据、出于合法目的并且符合比例原则。在国际电信联盟的法规中，《国际电信联盟组织法》第 34 条第 180、181 款规定了各成员国根据其国家法律，对于可能危及其国家安全或违反其国家法律、妨碍公共秩序或有伤风化的私务电报或私务电信，有停止传送或予以截断的权利。

## 第二节　与无线电通信有关的国际电信联盟宗旨和目标

### 一、国际电信联盟的宗旨

国际电信联盟是负责信息通信技术事务的联合国专门机构，是政府间国际组织。《国际电信联盟组织法》第 2 至 9 款规定了该组织的 8 项宗旨，可以概括为 3 类内容。

第一，促进国际合作以改进和合理使用各种电信，合作既包括成员国之间的合作，也包括运营电信业务的实体和组织与国际电信联盟及其成员国之间的合作。《国际电信联盟组织法》第 3、3A、8、9 款均为国际合作原则的体现。

---

299　绝对权利（Absolute right）是指有些人权在国际人权法上被视为“不可克减的权利”，即无论在何种情况下，人权公约的缔约国都必须严格保障的权利，如《公民权利和政治权利国际公约》中规定的禁止歧视、生命权、免受酷刑、免为奴隶或被强迫役使的权利等。白桂梅. 人权法学 [M]. 北京：北京大学出版社，2011：28.

第二，促进电信技术设施的发展及其最有效的运营，使世界上所有居民都得益于新的电信技术。《国际电信联盟组织法》第5、6、7款均体现了这一宗旨。

第三，在电信领域促进对发展中国家的技术援助。《国际电信联盟组织法》第4款指出："为落实这一宗旨而促进物质、人力和财务资源的筹措，促进信息的获取。"

为实现以上宗旨，《国际电信联盟组织法》第10至19A款规定了国际电信联盟应特别注重的工作，其中与无线电通信国际规制密切相关的是第11至12款，这两款规定国际电信联盟特别注重：

（1）实施无线电频谱的频段划分、无线电频率的分配和无线电频率指配的登记，以及空间业务中对地静止卫星轨道的相关轨道位置及其他轨道中卫星的相关特性的登记，以避免不同国家无线电台之间的有害干扰；

（2）协调各种努力，消除不同国家无线电台之间的有害干扰，改进无线电通信业务中无线电频谱的利用，改进对地静止卫星轨道及其他卫星轨道的利用。

可见，国际电信联盟作为主权国家通过《国际电信联盟组织法》形成的政府间国际组织，其重要职能之一是改进对无线电频谱和卫星轨道资源的利用，通过协调避免各国无线电台之间可能产生的有害干扰。为此，它要对各种电信问题进行研究，通过有权能的大会制定规则，设立相关机构以执行规则，确保无线电频谱的频段划分、无线电频率的分配、无线电频率指配以及空间业务中对地静止卫星轨道和其他轨道中卫星轨道位置及其特性的登记，并处理有害干扰问题。在国际无线电通信管理中，国际电信联盟成了各成员国制定规则、实施规则和处理争端的平台。

## 二、无线电通信部门的工作目标

在无线电通信部门，《无线电规则》根据《国际电信联盟组织法》规定的国际电信联盟宗旨，在前言中规定了该部门的几项工作目标，包括：促进公平地获得和合理地使用无线电频谱和对地静止卫星轨道，确保出于安全目的提供的频率的可用性以及保护其不受有害干扰，帮助防止和解决不同主管部门的无线电业务之间的有害干扰，促进所有无线电通信业务的高效率和有效能的运营，提供并在需要时管理新近应用的无线电通信技术[300]。

《无线电规则》的具体规定，以及世界无线电通信大会、无线电通信全会、无线电通信局、无线电规则委员会等无线电通信部门相关机构的工作内容均围绕以上宗旨和目标展开。

## 第三节 国家的电信主权及其派生权利

主权是国际法上的一个重要概念，国家主权原则是《联合国宪章》所列各项原则中的第一项，也是国际法的基本原则。主权是指国家在国际法上所固有的独立自主地处理内外事务的权利，包含对内的最高权（内部主权）和对外的独立权（外部主权）两个方面。内部主权意味着国家有权自主地、不受外部干预地处理对内事务，外部主权意味着国家有权独立地开展国际关系[301]。主权是国家固有的根本权利，独立权、管辖权、平等权和自卫权等国家的基本权利都是从国家主权派生出来的，也是主权内容的具体体现。

作为政府间国际组织，国际电信联盟的职能和权限主要来自成员国通过《国际电信联盟组织法》的授权。《国际电信联盟组织法》序言中指出，该组织充分承认每个国家均有主权权利监管其电信。在这一权利下，国家在电信领域的主权权利体现在成员国对无线电频谱和卫星轨道资源的使用权、成员国阻断电信业务的权利、成员国对军用无线电设施的自由权等方面。

### 一、成员国对无线电频谱和卫星轨道资源的使用权

《国际电信联盟组织法》第 195 至 196 款规定：

300 《无线电规则》(2020 年版)，第一卷条款，第 0.5 至 0.10 款。

301 程晓霞，余民才. 国际法：第 6 版 [M]. 北京：中国人民大学出版社，2021：25.

“各成员国须努力将所使用的频率数目和频谱限制在足以满意地提供必要业务所需的最低限度。为此，它们须努力尽早采用最新的技术发展成果。

在使用无线电业务的频段时，各成员国须铭记，无线电频率和任何相关的轨道，包括对地静止卫星轨道，均为有限的自然资源，必须依照《无线电规则》的规定合理、有效和经济地使用，以使各国或国家集团可以在照顾发展中国家的特殊需要和某些国家地理位置的特殊需要的同时，公平地使用这些轨道和频率。”

上述规定确立了成员国使用无线电频谱和卫星轨道资源的基本原则，即使用时应遵守国际电信联盟的法规、特别是《无线电规则》，资源的使用应遵循合理、有效、经济以及公平原则。该条起源于 1947 年大西洋城全权代表大会通过的《国际电信公约》第 42 条。

尽管操作电台和使用无线电频率和卫星轨道资源的主体可以是国家机关、运营商、大学和科研机构、业余无线电爱好者等多元化主体，但国际电信联盟作为政府间国际组织、《无线电规则》作为主权国家之间缔结的国际条约，其均将各成员国及其主管部门作为管理的联系点和核心，体现在为取得国际承认的频率使用权而登入国际频率登记总表的频率指配，应由主管部门向国际电信联盟无线电通信局发出通知，《无线电规则》还规定，私人或任何企业非经电台所属国政府颁发执照，不得设立或操作发射电台[302]。

## 二、公众的通信自由和成员国阻断电信业务的权利

### （一）表达自由和获取信息的自由

《国际电信联盟组织法》第 179 款确认了公众使用国际公众通信业务进行通信的权利，且各成员国应承认此种权利。这与国际人权法上的表达自由和

302 《无线电规则》(2020 年版)，第一卷条款，第 18.1 款。

获取信息的自由有一定的关联。

表达自由和获取信息自由规定在《世界人权宣言》(Universal Declaration of Human Rights, UDHR)、《公民权利和政治权利国际公约》(International Covenant on Civil and Political Rights, ICCPR)、《欧洲保障人权和基本自由公约》(European Convention for the Protection of Human Rights and Fundamental Freedoms, ECHR)、《非洲人权和民族权宪章》(African Charter on Human and People's Rights)、《美洲人权公约》(American Convention on Human Rights)等一系列国际人权条约和文件中[303]。国际公众通信是表达和获取信息的重要渠道。

《世界人权宣言》第19条规定:"人人有权享有主张和发表意见的自由;此项权利包括持有主张而不受干涉的自由,和通过任何媒介和不论国界寻求、接受和传递消息和思想的自由。"

《公民权利和政治权利国际公约》第19条包括如下规定。

1. 人人有权持有主张,不受干涉。

2. 人人有发表自由之权利;此种权利包括以语言、文字或出版物、艺术或自己选择之其他方式,不分国界,寻求、接受及传播各种消息和思想之自由。

3. 本条第二款所规定的权利的行使带有特殊的义务和责任,因此得受某些限制,但这些限制只应由法律规定并为下列条件所必需:

(1)尊重他人的权利或名誉;

(2)保障国家安全或公共秩序,或公共卫生或道德。

《公民权利和政治权利国际公约》第17条还保护公民的通信权利,规定"任何人的私生活、家庭、住宅或通信不得加以任意或非法干涉,他的荣誉和名誉不得加以非法攻击。"

《欧洲保障人权和基本自由公约》第10条也对表达自由和获取信息自由作出了规定。

---

303 IAN BROWNLIE, GUY S. GOODWIN-GILL. Basic documents on human rights[M]. 4th ed. Oxford: Oxford University Press, 2002: 21, 188, 402, 676, 730.

（1）人人享有表达自由的权利。此项权利应当包括持有主张的自由，以及在不受公共机构干预和不分国界的情况下，接受和传播信息和思想的自由。本条不得阻止各国对广播、电视、电影等企业规定许可证制度。

（2）行使上述各项自由，因为负有义务和责任，必须接受法律所规定的和民主社会所必需的程式、条件、限制或者是惩罚的约束。这些约束是基于对国家安全、领土完整或者公共安全的利益，为了防止混乱或者犯罪，保护健康或者道德，为了保护他人的名誉或者权利，为了防止秘密收到的情报的泄露，或者为了维护司法官员的权威与公正的因素的考虑。

从《公民权利和政治权利国际公约》和《欧洲保障人权和基本自由公约》可以看出，不论国界、不论形式地自由发表意见，包括寻求、接受和传递信息和思想的自由是有限度的、可以克减的权利[304]。从公约本身以及欧洲人权法院的案例中发展出来的、政府限制公民表达和获取信息的自由的条件有 3 点：第一，有法律的明确规定，即有法可依、依法而为；第二，该项限制是出于合法目的，例如为了保障国家安全或公共秩序，或公共卫生或道德，或他人的名誉和权利，或司法公正等；第三，符合比例原则，即所采取的手段应当是为了实现合法目的的必要手段，不能超过合理限度[305]。《欧洲人权公约》还专门指出表达自由的权利并不妨碍政府对广播、电视、电影等企业规定许可证制度。

应当指出，国际电信联盟是联合国负责信息通信技术事务的专门机构，其主要工作内容与人权事务相去甚远。尽管如此，1993 年 6 月 25 日，世界人权大会通过了《维也纳宣言和行动纲领》（Vienna Declaration and Programme of Action），建议增强联合国系统内支持人权和基本自由工作的协

---

304 可以克减的权利（Derogable right）是指依据国际人权条约对某些人权的行使进行限制，其目的在于避免人权的不适当行使或滥用损害其他个人或群体的权利或公共利益。徐显明. 国际人权法 [M]. 北京：法律出版社，2004：187-188.

305 《公民权利和政治权利国际公约》，第 19 条第 3 款；《欧洲保护人权和基本自由公约》，第 10 条第 2 款；徐显明. 国际人权法 [M]. 北京：法律出版社，2004：188-191.

调，并建议联合国秘书长请联合国有关机构和专门机构的高级官员在其年度会议上，除了协调其活动外，也评估其战略和政策对所有人权的影响[306]。而国际电信联盟的一些出版物总结归纳了信息通信技术在促进学校连通性的政策与监管、在学校推广普及低成本计算机、开发社区使用信息通信技术中心以促进社会和经济发展、利用信息通信技术促进残疾人教育和就业培训等方面的推动作用和建议做法，并将性别平等观点纳入国际电信联盟的主要工作、促进性别平等并通过电信 / 信息通信技术增强女性权能[307]，这些都是对世界人权大会倡议的回应。

目前看来，国际电信联盟的目的、宗旨和职能并不关涉人权，《国际电信联盟组织法》所提及的公众使用国际公众通信业务进行通信的权利，狭义理解，其范围小于表达和获取信息的自由；但从广义角度理解，则是关切人权问题。

### （二）成员国阻断电信业务的权利

尽管通信自由是一项人权，但利用国际通信手段传递信息若危及国家安全或损害公共秩序，则成员国有权对通信加以截断或限制，这在国际电信联盟的前身——国际电报联盟于 1865 年成立时通过的《国际电报公约》第 19 条中就已有规定，并延续至今列为《国际电信联盟组织法》第 34 条。

成员国阻断电信业务的权利是《国际电信联盟组织法》序言当中提及的、充分承认每个国家均有主权权利监管其电信的体现，也符合人权领域国际公约的规定。

成员国停止、截断或中止电信传送方面的权利具体包括以下几方面。

各成员国根据其国家法律，对于可能危及其国家安全或违反其国家法律、妨碍公共秩序或有伤风化的私务电报，保留停止传递的权利，条件是它们立即将停止传递这类电报或其一部分的情况通知发报局。如此类通知可能危及

306 《维也纳宣言和行动纲领》，第II-A-1段。

307 《将性别平等观点纳入国际电信联盟的主要工作、促进性别平等并通过电信/信息通信技术增强女性权能》，2018 年全权代表大会第 70 号决议。

国家安全，则不在此限[308]。

各成员国根据其国家法律，对于可能危及其国家安全或违反其国家法律、妨碍公共秩序或有伤风化的任何其他私务电信，亦保留予以截断的权利[309]。

每一个成员国均保留中止国际电信业务的权利，或中止全部业务，或仅中止某些通信联络和/或某几类通信、去向、来向或经转，条件是它立即将此类行动通过秘书长通知所有其他成员国[310]。

《国际电信联盟组织法》还规定成员国对于国际电信业务的用户不承担任何责任，尤其在损失索赔方面[311]。

成员国行使停止或截断私务电报或电信的权利时，涉及对相关传输内容的识别或判断，相关内容应作为成员国行使此项权利的证据。典型案例是2021年2月12日零时，中国国家广播电视总局通报，经调查，英国广播公司（BBC）世界新闻台涉华报道有关内容严重违反《中华人民共和国广播电视管理条例》《境外卫星电视频道落地管理办法》有关规定，违反新闻应当真实、公正的要求，损害中国国家利益，破坏中华民族团结，不符合境外频道在中国境内落地条件，国家广播电视总局不允许BBC世界新闻台继续在中国境内落地，对其新一年度落地申请不予受理。

## 三、成员国对军用无线电设施的自由权

### （一）一般规定

《国际电信联盟组织法》第七章“关于无线电的特别条款”之第48条第202至204款规定了国防业务使用无线电设施的特殊规则，即各成员国对

308 《国际电信联盟组织法》，第180款。
309 《国际电信联盟组织法》，第181款。
310 《国际电信联盟组织法》，第182款。
311 《国际电信联盟组织法》，第183款。

于军用无线电设施保留其完全的自由权。该条由 1927 年《华盛顿国际无线电报公约》(International Radiotelegraph Convention of Washington, 1927)第 22 条“海军和军事设施”确立,随后列入 1932 年马德里国际电报会议通过的《国际电信公约》(International Telecommunication Convention, 1932)第 39 条“国防设施”,成为该次会议新增第四章“关于无线电的一般条款”的最后一条。

若严格适用文义解释和体系解释的条约解释规则[312],鉴于第 48 条是在《国际电信联盟组织法》第七章“关于无线电的特别条款”之下,其适用范围应仅限于军用无线电设施,而不应扩展到其他军用电信设施,也不应适用于非无线电频谱的其他频段,如 3000GHz 以上频段,也就是说使用其他军用电信设施或对 3000GHz 以上频段进行军事化利用,应探寻国际法上的其他规定。还应注意到,《国际电信联盟组织法》第六章“关于电信的一般条款”之第 41 条第 192 款,规定了政务电信的优先权,即应始发方的具体要求,政务电信在可行范围内须享有先于其他电信的优先权,政务电信包括由下列任何一方所发的电信:国家元首、政府首脑或政府成员,陆军、海军或空军武装部队总司令,外交使节或领事官员等,以及对上述政务电信的回复[313]。《国际电信联盟组织法》第 202 至 204 款侧重于无线电设施的使用,而第 192 款侧重于信息内容的传输。

国际电信联盟确立无线电频谱管理和使用规则的出发点是《无线电规则》中界定的 42 种无线电业务,而非从军民用途的角度进行区分,国际电信联盟规则不涉及武装冲突时或平时军用无线电通信的规则。《国际电信联盟组织法》第 48 条暗含的意思是,国际电信联盟设定的是和平时期非军事用途的无线电通信规则,和平时期军事用途的无线电通信有自由权,只限定无线电业务的

312 1969 年《维也纳条约法公约》第 31 条第 1 款规定了条约解释的一般规则,即条约应依其用语、按其上下文并参照条约的目的和宗旨所具有的通常意义,善意解释,该条确立了条约解释的基本规则:文义解释、体系解释和目的解释。

313 《国际电信联盟组织法》,第 1014 款。

类型，不区分军民用途。

### （二）对军用无线电设施自由权的限制

根据《国际电信联盟组织法》第202款，各成员国对于军用无线电设施保留其完全的自由权。但是，这种自由权的行使并非没有限制，根据《国际电信联盟组织法》，相关限制如下。

第一，这些设施必须尽可能遵守有关遇险时给予援助的法定条款[314]。

第二，这些设施必须尽可能地遵守采取防止有害干扰措施的法定条款[315]。特别是根据《无线电规则》第一卷条款之第4.22款，为遇险、警报、紧急或安全通信所确定的国际遇险和应急无线电频率上的通信可能引起有害干扰的任何发射，均予禁止，军用无线电设施也应遵守该项规定。

第三，这些设施必须尽可能遵守行政规则中关于按其所提供业务的性质使用发射类型和无线电频率的条款[316]。

第四，如果军用设施参与提供公众通信业务或行政规则所规定的其他业务（如军民共用），则通常必须遵守适用于此类业务的运营的监管条款[317]。

第五，根据《无线电规则》第一卷条款之第8.3款，军用无线电设施所用的频率指配若想取得国际承认之地位，应按照《无线电规则》第9条的程序开展申报或协调，并按照《无线电规则》第11条的规定将相关频率指配登入国际频率登记总表，在卫星业务方面，还应按照第11条规定将频率指配投入使用。

## 第四节　遵守国际电信联盟法规和避免有害干扰等义务

国际电信联盟关于国际无线电通信的法规是《国际电信联盟组织法》《国

314 《国际电信联盟组织法》，第203款。
315 《国际电信联盟组织法》，第203款。
316 《国际电信联盟组织法》，第203款。
317 《国际电信联盟组织法》，第204款。

际电信联盟公约》和《无线电规则》，这3个文件均为国际电信联盟成员国在有权能的大会上通过的国际条约，遵守国际电信联盟法规的一般性义务，既是《国际电信联盟组织法》有关条款的规定，也是“条约必须信守”这一国际习惯法和条约法规则的要求。

## 一、信守条约的义务

《国际法院规约》第38条规定了国际法院在解决各项国际争端时可以适用的国际法，该条也被视为对国际法渊源的权威性说法。第38条第一项即为国际条约，是国际法最重要的来源。1969年《维也纳条约法公约》是条约法领域重要国际习惯法成文化的结果，该条约第26条规定：“条约必须遵守。凡有效之条约对其各当事国有拘束力，必须由各该国善意履行。”第27条进一步规定：“一当事国不得援引其国内法规定为理由而不履行条约。”

## 二、遵守国际电信联盟法规的一般性义务

成员国的一般性义务主要是遵守国际电信联盟的法规，具体体现在《国际电信联盟组织法》第37至38款：

“各成员国在其所建立或运营的、从事国际业务的或能够对其他国家无线电业务造成有害干扰的所有电信局和电台内，均有义务遵守《组织法》《公约》和行政规则的规定，但是，根据《组织法》第48条规定免除这些义务的业务除外。

“各成员国还有义务采取必要的步骤，责令所有经其批准而建立和运营电信并从事国际业务的运营机构或运营能够对其他国家无线电业务造成有害干扰的电台的运营机构遵守《组织法》《公约》和行政规则的规定。”

在充分承认每个国家均有监管其电信的主权权利的基础上，国际电信联盟法规主要着眼于避免国际层面的有害干扰。不对其他国家造成干扰的国内

电信活动，原则上无须考虑国际电信联盟法规的适用，尽管实际上各国国内无线电频段划分、无线电频率的分配和指配都直接或间接地受《无线电规则》的影响。造成国际层面干扰的情况既可能是故意干扰，也可能是无线电通信活动操作不当引起干扰，甚至可能是由于保护标准的变化使得原来可接受的干扰现在变得不可接受。

## 三、避免有害干扰的义务

### （一）一般性规定

在使用无线电频率和卫星轨道时，最主要的义务是避免有害干扰。《国际电信联盟组织法》第 197 款规定了禁止有害干扰的一般性义务，即所有电台，无论其用途如何，在建立和使用时均不得对其他成员国或经认可的运营机构或其他正式受权开办无线电业务并按照《无线电规则》的规定操作的运营机构的无线电业务或通信造成有害干扰。第 198 款还规定每一成员国均须要求经其认可的运营机构[318]和其他正式受权开办无线电业务的运营机构遵守上述第 197 款的规定。第 199 款要求成员国采取所有实际可行的步骤，以避免各种电气装置和设施的运行对依法运行的无线电业务或通信造成有害干扰。《无线电规则》还特别强调，发射电台须特别考虑避免对与遇险和安全有关的遇险和安全频率以及与飞行安全和管制有关的频率产生干扰；各种电气器械或装置，包括电力及电信分配网络，以及辐射无线电波的工业、科学和医疗所用设备等，不对按照《无线电规则》运用的无线电通信业务，特别是无线电

318 所谓经认可的运营机构，根据《国际电信联盟组织法》第 1008 款，是指任何《国际电信联盟组织法》中定义的运营机构，这种机构运营公众通信或广播业务，并履行其总部所在领土的成员国或授权该机构在其领土上建立并运营电信业务的成员国责令其遵守的《国际电信联盟组织法》第 6 条所规定的义务。即对经认可的运营机构的界定采取属地管辖和属人管辖相结合的原则。

导航或任何其他安全业务产生有害干扰[319]。

## （二）有害干扰的定义及相关规则

《无线电规则》第 1.166 至 1.169 款规定了干扰的类型和定义。

干扰：由于某种发射、辐射、感应或其组合所产生的无用能量对无线电通信系统的接收产生的影响，这种影响的后果表现为性能下降、误解或信息遗漏，如不存在这种无用能量，则此后果可以避免。

可允许干扰：观测到的或预测的干扰，该干扰符合《无线电规则》或 ITU–R 建议书或《无线电规则》规定的特别协议载明的干扰允许值和共用的定量标准。

可接受干扰：其电平高于规定的可允许干扰电平，但经两个或两个以上主管部门协商同意，并且不损害其他主管部门的利益的干扰。

有害干扰：危及无线电导航或其他安全业务的运行，或严重损害、阻碍、一再阻断按照《无线电规则》开展的无线电通信业务的干扰。

《无线电规则》第一卷第四章第 15 条对干扰问题作出了规定。首先，作为一项一般性义务，《无线电规则》禁止所有电台进行非必要的传输，或多余信号的传输，或虚假或引起误解的信号的传输，或无标识的信号的传输[320]。其次，为了避免干扰，《无线电规则》对发射功率、电台位置、天线特性、发射机和接收机的选择和使用、发射类别选择、处理带外发射和杂散发射的要求等作了规定，并要求特别考虑避免对遇险和安全无线电频率以及与飞行安全和管制有关的无线电频率产生干扰[321]。再次，《无线电规则》规定工业、科学和医疗设备以及其他电力和电信分配网络应避免产生有害干扰[322]。

而主管部门承担的义务是：采取一切切实可行与必要的步骤，以保证其

319 《无线电规则》(2020 年版)，第一卷条款，第 15.8、15.12、15.13 款。

320 《无线电规则》(2020 年版)，第一卷条款，第 15.1 款。

321 《无线电规则》(2020 年版)，第一卷条款，第 15.2、15.4、15.6、15.8、15.9、15.10、15.11 款。

322 《无线电规则》(2020 年版)，第一卷条款，第 15.12、15.13 款。

管辖权范围内的各种电气器械和装置，包括电力及电信分配网络，不对按照《无线电规则》规定运用的无线电通信业务，特别是无线电导航或任何其他安全业务产生有害干扰。这一义务的履行受制于主管部门履行义务的能力和意愿。《无线电规则》第一卷第四章还规定了为避免有害干扰，主管部门有义务在批准电台的测试和实验之前应对可能的干扰和辐射采取一切可能的预防方法。

## 四、电信保密、设施维护义务及特定业务的优先权

### （一）电信保密的义务

《国际电信联盟组织法》第 184 至 185 款规定：

“（1）各成员国同意采取与其所使用的电信系统相适应的所有可能措施，以确保国际通信的保密性。

（2）但是，为确保其国家法律的实施或其所缔结的国际公约的履行，各成员国保留将此类通信告知有权能的主管当局的权利。”

### （二）电信信道和设施的建立、运行和保护

《国际电信联盟组织法》第 186 至 189A 款规定：

“（1）各成员国须采取必要步骤，确保在最佳的技术条件下建立迅速和不间断地交换国际电信所必需的信道和设施。

（2）必须尽可能使用经实际经验证明为最佳的方法和程序进行这些信道和设施的运行。这些信道和设施必须保持在正常工作状态，并随着科学技术进步而得到改进。

（3）各成员国须在其管辖权限内保护这些信道和设施。

（4）除另有特别安排规定的其他条件外，每一成员国均须采取必要步骤，保证维护其所控制的各段国际电信电路。

（5）各成员国认识到，必须采取一切实际可行的措施，使各种电气装置和设施的运行不妨碍其他成员国管辖权限内电信设施的运行。”

### （三）成员国保证有关生命安全的电信的优先权的义务

《国际电信联盟组织法》第191款规定：“对于有关海上、陆地、空中或外层空间生命安全的所有电信以及世界卫生组织非常紧急的疫情电信，国际电信业务必须给予绝对优先权。”

### （四）成员国保证政务电信的优先权的义务

《国际电信联盟组织法》第192款规定：“应始发方的具体要求，在不违反本《组织法》第40和46条规定的情况下，政务电信[323]在可行范围内须享有先于其他电信的优先权。”

## 五、成员国订立特别协定或安排的权利和义务

《国际电信联盟组织法》第193款规定：“各成员国为其本身、为经其认可的运营机构以及为其他正式受权的机构保留就一般不涉及成员国的电信事务订立特别安排的权利。但是，一旦其运营可能对其他成员国的无线电业务造成有害干扰，以及一般而言，一旦其运营可能对其他成员国的其他电信业务的运营造成技术危害时，此类安排不得与本《组织法》《公约》或行政规则的条款相左。”也就是说，成员国在不违背国际电信联盟法规、不给其他成员国合法运营的电信业务造成有害干扰或者技术危害时，可以针对其本身或经其认可的运营机构/受权机构的业务作出特别安排。这一规定在《无线电规则》中得到了具体化。

---

323 根据《国际电信联盟组织法》附件第1014款，政务电信是指国家元首，政府首脑或政府成员，陆军、海军或空军武装部队总司令，外交使节或领事官员，联合国秘书长、联合国各主要机构的最高负责人，以及国际法院等任何一方所发的电信，以及对上述政务电信的回复。

《无线电规则》规定了无线电频率划分表，设定了各种无线电业务运行的频率使用和台站操作等要求。但《无线电规则》第一卷条款第 4.4 款规定："各成员国的主管部门不应给电台指配任何违背本章中无线电频率划分表或本规则中其他规定的无线电频率，除非明确条件是这种电台在使用这种无线电频率指配时不对按照《组织法》《公约》和本规则规定工作的电台造成有害干扰并不得对该电台的干扰提出保护要求。"该款前半句为成员国设定了依据频率划分表和《无线电规则》进行频率指配的义务，后半句作为例外性的规定，允许成员国在不造成有害干扰和不提出保护要求的前提下进行不符合频率划分表和《无线电规则》的指配。《无线电规则》第 11.36 款还允许此种指配也可登入国际频率登记总表以供参考，但此种登记应不具有优先权，不适用《无线电规则》第 8.3 款。

## 六、国际合作义务

国际合作是联合国宗旨之一[324]，也是国际法上的一项重要原则，1970 年《关于各国依联合国宪章建立友好关系及合作之国际法原则之宣言》亦规定各国依照《联合国宪章》有彼此合作的义务。

国际电信联盟无线电通信部门是各成员国协调无线电频谱和卫星轨道资源的平台，国际电信联盟各成员国通过召开世界无线电通信大会，讨论无线电频谱和卫星轨道资源的分配规则，并以具有约束力的《无线电规则》将规则固定下来，同时在会上依据这些规则划分频段、分配各种业务所需无线电频率——这些程序和做法体现了国际合作与协调的管理机制。

在《无线电规则》实施过程中，还为成员国设定了在特定问题上合作的义务。例如，针对违章行为，《国际电信联盟组织法》第 190 款规定："为促进实施《组织法》第 6 条的规定，各成员国应确保相互通知，并酌情相互帮

324 《联合国宪章》，第 1 条第 3 款。

助处理违反本《组织法》《公约》和行政规则的规定的事例。”针对有害干扰的调查，《无线电规则》第一卷第四章规定的干扰处理程序便是《国际电信联盟组织法》第 190 款要求的具体体现。此外，《无线电规则》第 16 条还设定了国际监测机制，为保证经济、有效地使用无线电频谱并帮助迅速消除有害干扰，各国主管部门同意继续发展监测设施，根据 ITU-R 第 23 号决议和 ITU-R SM.1139 号建议书将本国运营的一些监测站纳入国际监测系统。

# 第五章
# 无线电通信资源国际规制

**本章概要：** 本章主要介绍国际电信联盟无线电频谱管理的主要环节——频段的划分、频率的分配和频率指配的登记，归纳取得无线电频谱和卫星轨道资源使用权的两种方法——规划法和协调法，分析将频率指配投入使用和维护的具体要求，并通过案例分析研究无线电通信局和无线电规则委员会注销未实际使用的频率指配的规则适用和相关程序。

**关键术语：** 划分、分配、指配、登记、投入使用、注销

## 第一节　无线电频谱资源国际管理的主要环节

为了进行国际无线电通信管理，《无线电规则》第一卷条款第 5.2 款按地理位置将世界分为 3 个区域，我国位于三区。

国际电信联盟在无线电频谱管理方面，有 3 个核心概念，分别是划分、分配和指配，体现了国际电信联盟频谱管理的重要环节和相应职责。

### 一、频段的划分

（频段的）划分（Allocation）是指频率划分表中关于某一具体频段可供

一种或多种地面或空间无线电通信业务或射电天文业务在规定条件下使用的记载[325]。

为了将无线电频段划分给相应的无线电业务，首先需要对各种无线电业务进行定义。《无线电规则》第一卷条款第 1.19 至 1.60 款共界定了 42 种无线电业务，这 42 种业务大致可分为地面业务和空间业务两类。这 42 种业务除非另有说明，否则无线电通信业务均指地面无线电通信业务，如固定业务、移动业务、港口操作业务等。所谓无线电通信业务，涉及供各种特定电信用途的无线电波的传输、发射和 / 或接收[326]。在这 42 种无线电业务中，空间业务均可单独识别，如卫星移动业务、卫星陆地移动业务、卫星广播业务、卫星无线电导航业务等。射电天文业务是一类特殊的无线电业务，这种业务不进行无线电波的发射，只接收来自宇宙的辐射，因此属于无线电业务，但被认为不是无线电通信业务[327]，只是在解决有害干扰时，应将射电天文业务作为无线电通信业务来处理[328]。

《无线电规则》第一卷的重要内容之一是第 5 条第Ⅳ节的频率划分表，其将 8.3kHz ～ 3000GHz 的无线电频谱资源在世界 3 个区域内划分给了 42 种无线电业务，如表 5-1 所示。

---

325 《无线电规则》(2020 年版)，第一卷条款，第 1.16 款。

326 《无线电规则》(2020 年版)，第一卷条款，第 1.19 款。

327 HARVEY LISZT. 射电天文、频谱管理和 2019 年世界无线电通信大会 [J]. 国际电信联盟新闻杂志——不断演进的新技术的频谱管理，2019(5)：83.

328 《无线电规则》(2020 年版)，第一卷条款，第 4.6 款。

表 5-1 频率划分表（节选）

110–255 kHz

| 划分给以下业务 | | |
|---|---|---|
| 1 区 | 2 区 | 3 区 |
| **110-112**<br>固定<br>水上移动<br>无线电导航<br>5.64 | **110-130**<br>固定<br>水上移动<br>水上无线电导航 5.60<br>无线电定位 | **110-112**<br>固定<br>水上移动<br>无线电导航 5.60<br>5.64 |
| **112-115**<br>无线电导航 5.60 | | **112-117.6**<br>无线电导航 5.60 |
| 115-117.6<br>无线电导航 5.60<br>固定<br>水上移动<br>5.64 5.66 | | 固定<br>水上移动<br><br>5.64 5.65 |

注：

5.65 不同业务种类：在孟加拉国，112-117.6kHz 频段和 126-129kHz 频段划分给作为主要业务的固定和水上移动业务（见第 5.33 款）。（WRC-2000）

5.66 不同业务种类：在德国，115-117.6kHz 频段，划分给作为主要业务的固定和水上移动业务（见第 5.33 款），并划分给作为次要业务的无线电导航业务（见第 5.32 款）。

在《无线电规则》的频率划分表中，每栏各与一个区域相对应，如果一项划分占了表中的全部宽度，则称为世界划分；如果只占三栏中的一栏或两栏，则称为区域性划分[329]。

在频率划分表中，在每一栏内，同一频段可能同时划分给了两种以上的无线电通信业务，为了表明各种业务使用相关频段的地位，《无线电规则》将业务分为主要业务和次要业务，其使用条件由频率划分表的脚注中标明的附加划分和替代划分来补充。

主要业务和次要业务在《无线电规则》中的表示方法：在中文版本中，

329 《无线电规则》（2020 年版），第一卷条款，第 5.46 款。

业务名称用黑体加粗体字排印（例如：**固定**）的是“主要”业务[330]；业务名称用标准宋体字排印（例如：移动）的是“次要”业务[331]；附加说明则用标准宋体字加括号排印[例如：移动业务（航空移动除外）][332]。

对于主要业务和次要业务的地位及其相互关系，《无线电规则》规定：“次要业务的电台不应对业经指配或将来可能指配频率的主要业务电台产生有害干扰；对来自业经指配或将来可能指配频率的主要业务电台的有害干扰不能要求保护；但是，可要求保护不受来自将来可能指配频率的同一业务或其他次要业务电台的有害干扰[333]。”此外，某一频段如经频率划分表中的脚注标明“以次要使用条件”划分给某个比区域小的地区或某个国家内的某种业务，此即为次要业务，其使用条件应当符合次要业务的有关规定[334]。某一频段如经频率划分表中的脚注标明“以主要使用条件”划分给某个比区域小的地区或某个国家内的某种业务，此即为限于该地区或该国家内的主要业务[335]。

“附加划分”是指某一频段经频率划分表的脚注标明“亦划分”给比区域小的地区或某个国家内的某种业务，亦即为频率划分表所标明的该地区或该国家内的一种或多种业务以外所增加的划分[336]。附加划分的地位是：如脚注对有关业务只限定其在特定地区或国家内运用而不包含任何限制，则此种业务或这些业务的电台应同频率划分表中所标明的其他主要业务或各种业务的电台享有同等运用权[337]。如果除限于在某一地区或国家内运用外，对附加划分还施以其他限制，则这些限制应在频率划分表的脚注中加以标明[338]。

330《无线电规则》(2020年版)，第一卷条款，第5.25款。

331《无线电规则》(2020年版)，第一卷条款，第5.26款。

332《无线电规则》(2020年版)，第一卷条款，第5.27款。

333《无线电规则》(2020年版)，第一卷条款，第5.29至5.31款。

334《无线电规则》(2020年版)，第一卷条款，第5.32款。

335《无线电规则》(2020年版)，第一卷条款，第5.33款。

336《无线电规则》(2020年版)，第一卷条款，第5.35款。

337《无线电规则》(2020年版)，第一卷条款，第5.36款。

338《无线电规则》(2020年版)，第一卷条款，第5.37款。

“替代划分”是指某一频段如经频率划分表的脚注标明“划分”给比区域小的地区或某个国家内的一种或多种业务，即为“替代”划分，亦即在该地区或该国家内，此项划分替代频率划分表中所标明的划分[339]。替代划分的地位是：如脚注对有关业务的电台只限定其在某一特定地区或国家内运用而无其他任何限制，则此种业务的电台应同频率划分表所标明的为其他地区或国家的一种或几种业务划分了频段的主要业务的电台享有同等运用权[340]。如果除限于在某一国家或地区内使用外，对做了替代划分业务的电台还施以其他限制，则该限制应在脚注中加以标明[341]。

某一无线电通信业务或者某一业务中的电台，当其操作具有国际影响时，应当按照频率划分表的规定来进行频率指配和使用。如果不按照频率划分表来指配和使用频率，其前提条件是不得对依照《国际电信联盟组织法》《国际电信联盟公约》和《无线电规则》规定工作的国际无线电通信业务的电台产生有害干扰，也不得对这种电台的干扰提出保护要求[342]。

## 二、频道的分配

（射频或无线电频道的）分配（Allotment）是指经有权能的大会批准，在一份议定的频率分配规划中，关于一个指定的频道可供一个或数个主管部门在规定条件下，在一个或数个经指明的国家或地理区域内用于地面或空间无线电通信业务的记载[343]。

《无线电规则》第二卷附录 25、附录 26、附录 27、附录 30、附录 30A 和附录 30B 分别规定了在特定频段内水上移动专用频段海岸无线电话电台、航空移动（OR）业务、航空移动（R）业务以及卫星业务相关的频率分配规划。

339 《无线电规则》(2020 年版)，第一卷条款，第 5.39 款。

340 《无线电规则》(2020 年版)，第一卷条款，第 5.40 款。

341 《无线电规则》(2020 年版)，第一卷条款，第 5.41 款。

342 《无线电规则》(2020 年版)，第一卷条款，第 4.4 款。

343 《无线电规则》(2020 年版)，第一卷条款，第 1.17 款。

以卫星业务的相关规划为例，附录 30、附录 30A 和附录 30B 是涉及卫星业务的分配规划。

卫星广播业务：附录30，关于 11.7 ～ 12.2GHz（3 区）、11.7 ～ 12.5GHz（1 区）和 12.2 ～ 12.7GHz（2 区）频段内所有业务的条款以及卫星广播业务的相关规划和指配表；附录 30A，关于 1 区和 3 区 14.5 ～ 14.8GHz 和 17.3 ～ 18.1GHz 及 2 区 17.3 ～ 17.8GHz 频段内卫星广播业务（1 区 11.7 ～ 12.5GHz、2 区 12.2 ～ 12.7GHz 和 3 区 11.7 ～ 12.2GHz）馈线链路的条款和相关规划和列表。

卫星固定业务：附录 30B 4500 ～ 4800MHz、6725 ～ 7025MHz、10.70 ～ 10.95GHz、11.20 ～ 11.45GHz 和 12.75 ～ 13.25GHz 频段内卫星固定业务的条款和相关规划。

## 三、频率的指配及登记

（射频或无线电频道的）指配（Assignment）是由某一主管部门对给某一无线电台在规定条件下使用某一射频或无线电频道的许可[344]。

一般来说，频率指配是一国国内法上的事情，是一国无线电通信主管部门为特定电台确定可用频率的过程，一般通过行政许可实现。在我国，频率指配是由无线电管理机构依据《中华人民共和国无线电管理条例》实施无线电频率使用许可的方式来实现的。

然而，由于无线电波具有不受国境控制而传播的特性，《无线电规则》第一卷条款第 4.2 款规定，各成员国承诺，在为电台指配频率时，如果这些频率有可能对其他国家的电台所经营业务造成有害干扰，则必须按照频率划分表及《无线电规则》的其他规定进行指配。

确定一项频率指配在国际层面是否具有合法和优先地位，主要依据国际电信联盟无线电通信局维护的国际频率登记总表[345]。国际频率登记总表是起源

344 《无线电规则》（2020 年版），第一卷条款，第 1.18 款。

345 《无线电规则》（2020 年版），第一卷条款，第 8.1 款。

于 1947 年在美国大西洋城召开的世界无线电大会上创立，并经随后召开的国际电信会议批准的一项国际频率管理的新模式。在该模式下，成立了国际频率登记委员会，由其建立和维护国际频率登记总表，使频率使用的通知和登记能够被跟踪。国际频率登记委员会向成员国通报新登记的情况，成员国有机会提出关切和反对意见，如果新频率符合《无线电规则》的所有规定，则新频率的登记将完成。在国际电信联盟于 1992 年进行结构重组后，国际频率登记委员会已被取消，其频率指配登记的职能由无线电通信局承担。

《无线电规则》第一卷第三章第 8 条规定了登记在国际频率登记总表内的频率指配的地位：经审查合格而登记在登记总表内的任何频率指配，应享有国际承认的权利。对于这种指配，权利意味着其他主管部门在安排其自己的指配时应考虑该指配以避免有害干扰[346]。如果使用某个不符合《无线电规则》的频率指配对符合《无线电规则》的频率指配的任何电台的接收产生实际上的有害干扰，使用的频率指配不符合《无线电规则》的电台在收到通知时必须立即消除这种有害干扰[347]。

## 第二节 取得无线电频谱和卫星轨道资源使用权的方法

### 一、无线电频谱和卫星轨道资源的使用原则

在无线电频谱和卫星轨道资源管理方面，《国际电信联盟组织法》第 196 款规定："在使用无线电业务的频段时，各成员国须铭记，无线电频率和任何相关的轨道，包括对地静止卫星轨道，均为有限的自然资源，必须依照《无线电规则》的规定合理、有效和经济地使用，以使各国或国家集团可以在照顾发展中国家的特殊需要和某些国家地理位置的特殊需要的同时，公平地使用这些

346 《无线电规则》(2020 年版)，第一卷条款，第 8.3 款。

347 《无线电规则》(2020 年版)，第一卷条款，第 8.5 款。

轨道和频率。”该款确立了无线电频谱和卫星轨道资源分配和使用的重要原则，这一原则起源于 1973 年西班牙马拉加—托雷莫利诺斯召开的全权代表大会制定的《国际电信公约》第 33 条和第 2 号决议，其规定所有国家有同等机会、有效和经济地使用无线电频谱和卫星轨道资源。1979 年世界无线电行政会议（WARC–79）通过了两项相关的决议：题为《关于各国以平等权利公平地使用空间无线电通信业务的对地静止卫星轨道和频带》的 WARC–79 第 2 号决议，该决议指出无线电频谱和对地静止卫星轨道都是有限的自然资源，应当有效、经济地加以利用，并决定在国际频率登记委员会登记的、指配给空间无线电通信业务的频率及其使用，不应对任何国家或国家集团提供任何永久性的优先权，也不应对其他国家建立空间系统造成障碍；题为《关于对地静止卫星轨道的使用以及利用其规划空间业务》的 WARC–79 第 3 号决议，通过该决议决定召开世界空间无线电行政大会，规划空间业务和频带，以实际保证所有国家以同等机会使用对地静止卫星轨道和划分给空间业务的频段。随后 10 年内逐步形成了规划法和协调法两种取得无线电频谱和卫星轨道资源使用权的方法。

《国际电信联盟组织法》第 196 款提及的无线电频谱和卫星轨道资源的“有限性”，一方面需结合科学技术能力来看，因为科学技术能力有助于扩大或提升资源的开发和利用能力；另一方面还需结合《国际电信联盟组织法》第 195 款来看，该款规定：“各成员国须努力将所使用的频率数目和频谱限制在足以满意地提供必要业务所需的最低限度。为此，它们须努力尽早采用最新的技术发展成果。”然而，当一些新技术、新发展、新应用对频谱数量的巨大需求超出了其对频谱资源容量的扩展水平时，则会更进一步加剧资源的“有限”特征。近年来，在非对地静止卫星轨道部署大规模卫星星座就体现了这样的矛盾：作为卫星应用、特别是微小卫星应用的一种新发展、新技术，或许应当尽早采用；但这种新应用却可能甚至必然导致无线电频谱和卫星轨道资源的紧张冲突，从而未必能满足“将所使用的频率数目和频谱限制在足以满意地提供必要业务所需的最低限度”这一规定。

《国际电信联盟组织法》第 196 款中的“equitable”是衡平、公平的意思。纵观历史，衡平的理念以及衡平法来源于英国法律传统，是 14 世纪末以来英国为了纠正普通法的僵化、严苛等方面的不足，以“正义、良心和公正”为基本原则，形成的以实现自然正义为主要任务的司法实践，在衡平法下，大法官在个案中被赋予了一定的自由裁量权。衡平和公平的概念也与《国际法院规约》第 38 条第二款的规定有一定联系，该条规定国际法院经当事国同意可以本着“公允及善良”原则来裁判案件。在国际无线电通信活动中，由于各国在资源、人口、发展程度、通信需求等方面有所不同，公平显得比平等更为重要。随着经济发展、科技进步和国际关系的演进，国际电信联盟能动地适应成员国的需求，推动建立公平地使用无线电通信资源的规则和程序。在国际电信联盟的历史上，典型的适用公平原则的例子就是通过 1985—1988 年空间无线电行政大会确立了对地静止卫星轨道资源使用的规划法，从而改变了之前根据“先登先占”取得资源使用权的规则，为发展中国家和不发达国家保留了一定的无线电频谱和卫星轨道资源。目前，在国际电信联盟的实践中，公平或衡平的典型例子是《无线电规则》第 11.44 款和第 11.49 款的应用。第 11.44 款要求经过协调取得无线电频谱和卫星轨道资源使用权并将相关频率指配登入国际频率登记总表后，相关主管部门还应将该卫星网络或系统空间电台任何频率指配投入使用[348]的情况通知给无线电通信局，通知的日期不得迟于无线电通信局收到该主管部门按照《无线电规则》第 9.1、9.2 款或第 9.1A 款提交相关完整资料之日起的 7 年，在要求的期限内未投入使用的任何频率指配须予以注销。第 11.49 款规定，一个卫星网络的空间电台或一个非对地静止卫星系统的所有空间电台的已登记频率指配暂停使用超过 6 个月时，应就此暂停使用通知无线电通信局，但暂停使用时间不得超过 3 年，即必须在 3 年内将该频率指配重新投入使用，否则，已在国际频率登记总表登记的频率指配也会被注销。若坚持规则适用上的绝对平等，则第 11.44 款和第 11.49 款只要统一适用于各个国家的卫星系统即可实现“平等”的效果。

348　“投入使用”一般是通过发射卫星并使其保留在所登记的轨道位置和开展正常通信的方式来实现，见《无线电规则》(2020 年版)，第一卷条款，第 11.44B 至 11.44E 款。

然而，实践中，国际电信联盟无线电规则委员会和世界无线电通信大会可因为某颗卫星是某个国家的唯一卫星、由于经济困难正在研制的替代星可能延期交付等原因，对相关案例给予酌情考虑和特殊照顾，这虽然有违“法律适用上的平等”或形式平等，但是符合“衡平”的原则。

## 二、取得无线电频谱和卫星轨道资源使用权的具体方法

各国拥有电信主权来管理国内无线电通信事务，一般是成立国内无线电通信主管部门，对不具有国际影响的无线电频谱依据国内法来分配和使用。我国《民法典》第252条和《中华人民共和国无线电管理条例》第3条都规定了无线电频谱资源属于国家所有，并对不具有国际影响的无线电频谱资源确立了国家统一规划、合理开发、有偿使用的管理原则，建立了频段划分、频率规划和许可使用的相关管理制度。

一些无线电通信活动（例如卫星相关的活动）具有国际影响，一国单方面无法主宰这类业务所用频率和卫星轨道资源的获取，而必须按照《无线电规则》的规定去获得和使用，以实现国际层面无线电通信资源的合理、有效、经济、公平使用和避免有害干扰。《无线电规则》关于取得无线电频谱和卫星轨道资源使用权的方法，有规划法和协调法两种。

**1. 规划法**

规划法是指针对特定业务，应当依照《无线电规则》中的规划来使用频率和轨道。目前已有的规划规定在《无线电规则》第二卷附录25、附录26、附录27、附录30、附录30A和附录30B中，包括：附录25——（WRC–03，修订版）4000kHz和27 500kHz频率间的水上移动业务专用频段内工作的海岸无线电话电台的条款及其频率分配规划；附录26（WRC–15，修订版）——关于3025kHz和18 030kHz频率间划分给航空移动（OR）业务专用频段的条款和相关频率分配规划；附录27（WRC–19，修订版）——航空移动（R）业务的频率分配规划及相关的资料；附录30——（WRC–19，修订版）关于11.7～12.2GHz

（3 区）、11.7 ～ 12.5GHz（1 区）和 12.2 ～ 12.7GHz（2 区）频段内所有业务的条款以及卫星广播业务的相关规划和指配表（WRC–03）；附录 30A——（WRC–19，修订版）关于 1 区和 3 区 14.5 ～ 14.8GHz 和 17.3 ～ 18.1GHz 及 2 区 17.3 ～ 17.8GHz 频段内卫星广播业务（1 区 11.7 ～ 12.5GHz、2 区 12.2 ～ 12.7GHz 和 3 区 11.7 ～ 12.2GHz）馈线链路的条款和相关规划和列表（WRC–03）；附录 30B——（WRC–19，修订版）4500 ～ 4800MHz、6725 ～ 7025MHz、10.70 ～ 10.95GHz、11.20 ～ 11.45GHz 和 12.75 ～ 13.25GHz 频段内卫星固定业务的条款和相关规划。

卫星业务是典型的具有国际影响的业务，因此取得卫星频率和轨道使用权的规划内容十分详尽，主要是针对特定区域、在特定频段内的卫星广播和卫星固定业务的相应规划，即附录 30、附录 30A、附录 30B。规划法事实上为尚无能力启用相关无线电频谱和卫星轨道资源的发展中国家和不发达国家保留了可用的资源和发展的机会。

使用规划中的无线电频谱和卫星轨道资源，或者是部署其他不太可能造成干扰的卫星系统或者网络，其国际程序由卫星网络资料的提前公布和通知两个步骤组成。

第一，由主管部门向国际电信联盟无线电通信局送交将在《国际频率信息通报》（BR IFIC）内提前公布的该卫星网络或系统的一般说明，送交时间不早于该卫星网络或系统的规划启用日期 7 年之前，并且最好不迟于该日期两年之前，应当提供的特性要求列于《无线电规则》附录 4 中[349]；

第二，主管部门将频率指配的通知资料送交无线电通信局，并由无线电通信局将有关频率指配登记在国际频率登记总表内[350]。

在第一个步骤中，主管部门在提交卫星网络或系统的一般说明时，需要提供的信息包括 4 个方面，分别是：卫星网络、地球站或射电天文电台的一般特性，应为每个卫星天线波束或每个地球站或每副射电天文天线提供的特

349 《无线电规则》（2020 年版），第一卷条款，第 9 条第 1 节。

350 《无线电规则》（2020 年版），第一卷条款，第 11 条。

性，应为每个卫星天线波束或每个地球站或每副射电天文天线每组频率指配提供的特性，以及整个链路特性。需要提供的信息可分为强制性信息和备选信息两类，具体可依据《无线电规则》第二卷附录4附件2的表格进行查询[351]。

2002年马拉喀什全权代表大会通过了第88号决议，决定对卫星网络申报实行成本回收，随后由国际电信联盟理事会通过了第482号决定，确立了对卫星网络申报实施成本回收的具体方法，并适时更新了一份由无线电通信局处理卫星网络申报资料的处理收费表，也就是说，主管部门或卫星操作者在提交卫星网络申报资料时，应同时根据理事会的文件，缴纳成本回收费用。这一制度的设立，一方面是为了降低国际电信联盟的工作成本和加强国际电信联盟的财务基础，另一方面也具有提高资源使用效率、避免卫星操作者盲目使用和浪费无线电频谱和卫星轨道资源的效果[352]。2003年和2007年两届世界无线电通信大会通过的、与理事会第482号决定相关的条款，均规定如果未能收到付款，卫星网络的申报将被取消[353]。若因为未缴纳成本回收费用而被取消申报资料，主管部门可及时补缴，随后，无线电通信局是否恢复申报资料，是逐案处理的，曾经出现过在补缴费用比较及时且未对其他主管部门造成负面影响的情况下，由无线电规则委员会责成无线电通信局恢复申报资料的情况。例如，2008年，美国USABSS-27卫星网络申报资料由于未在最后期限之前缴纳成本回收费用而被无线电通信局从《国际频率信息通报》内取消，美国主管部门补缴费用后，无线电规则委员会第47次会议经过研究，指示无线电通信局在《国际频率信息通报》中恢复了该资料，前提是未对其他主管部门造成负面影响[354]。

在第一个步骤中，无线电通信局在收到主管部门提交的提前公布的完整资料后，应在2个月内，在《国际频率信息通报》的特节内予以公布[355]。而其

351 《无线电规则》(2020年版)，第二卷附录，附录4附件2。

352 《一些国际电信联盟产品和服务的成本回收》，2010年全权代表大会第91号决议。

353 《对卫星网络申报实行成本回收》，理事会第482号决定。

354 见无线电规则委员会第47次会议的会议记录，文件编号：Document RRB08-2/8-E。

355 《无线电规则》(2020年版)，第一卷条款，第9.2B款。

他主管部门在收到载有相关资料的《国际频率信息通报》后，如果认为可能对其现有的或规划的卫星网络或系统产生不可接受的干扰，应在收到日期的4个月内向公布资料的主管部门告知对其现有或规划的系统预计产生干扰的详细情况的意见，并将这些意见同时寄送无线电通信局，然后主管部门双方应共同努力合作解决任何困难[356]。如果困难难以解决，对规划的卫星网络负责的主管部门应探索一切可能的方法解决困难而不考虑对其他主管部门的网络进行调整的可能性；如果找不到这种方法，则该主管部门可以要求其他主管部门探索一切可能满足其需求的方法，相关主管部门应尽一切努力，通过相互可以接受的对他们的网络进行调整的方法来解决困难[357]。可见，即便是适用名义上不需要进行协调的规划法来获取无线电频谱和卫星轨道资源的使用权，有时也不可避免地需要相关主管部门的善意合作，这体现了国际合作原则这一国际法基本原则在国际无线电通信管理中的重要性[358]。而如果在上述期限内没有收到主管部门的这种意见，则可以认为相关主管部门对详细公布的规划的卫星网络或系统没有异议[359]。

在第二个步骤中，频率指配的通知和登记，在规划法和协调法下，规则基本相同，将在本章第三节中介绍。

**2. 协调法**

目前多数卫星操作者需根据协调法在国际层面获取相应的无线电频谱和卫星轨道资源的使用权，然后获得国内主管部门对其进行频率指配，并由主管部门向国际电信联盟无线电通信局就该频率指配发出通知，并由无线电通信局将该频率指配登入国际频率登记总表。

---

356 《无线电规则》(2020年版)，第一卷条款，第9.3款。

357 《无线电规则》(2020年版)，第一卷条款，第9.4款。

358 《联合国宪章》第1条第3款规定了联合国的宗旨包括“促成国际合作，以解决国家间属于经济、社会、文化及人类福利性质之国际问题”，联合国大会在1970年以全体一致方式通过的《关于各国依联合国宪章建立友好关系及合作之国际法原则之宣言》亦规定：“各国依照宪章有彼此合作之义务。”

359 《无线电规则》(2020年版)，第一卷条款，第9.3款。

需要进行卫星网络协调的情形规定在《无线电规则》第一卷第 9 条第 9.7 至 9.14 款和第 9.21 款。

在协调程序方面，2015 年世界无线电通信大会将之前协调程序的“网络或系统资料的提前公布—协调—频率指配通知的登记”这个三段式程序修改为“协调—频率指配通知的登记”这个两段式程序，其中作为协调过程的第一阶段，大致包括以下 4 个步骤。

第一步是确定协调请求和需要进行协调的主管部门。提出协调请求的主管部门应适当确定协调请求，连同《无线电规则》附录 4 中所列的合适资料，寄送给无线电通信局，或寄送给被请求协调的主管部门。其中按照《无线电规则》第 9.15 至 9.19 款提出的协调请求是由提出协调请求的主管部门寄送给被请求协调的主管部门，按照第 9.7 至 9.14 款和第 9.21 款提出的协调请求是由提出协调请求的主管部门寄送给无线电通信局[360]。为了确定实施协调时所要考虑的频率指配，须应用《无线电规则》第二卷附录 5——《按照第 9 条的规定确定应与其进行协调或达成协议的主管部门》[361]，附录 5 具体规定了为开展协调以及确定需要进行协调的主管部门所需考虑的频率指配，包括与计划的指配在同一频段内、属同一业务或划分为同等权利或更高一类的其他业务、可能影响或受到影响的合适的频率指配。附录 5 规定了相应的条件，并通过列表提供了不同情形下有待寻求协调的业务的频段和区域、门限 / 条件和计算方法等细则。

第二步是协调请求的收妥确认和处理，分为两种情况。

对于按照《无线电规则》第 9.15 至 9.19 款提出的协调请求，被请求协调的主管部门收到该协调请求后，应在要求的日期 30 天内以电报形式向提出协调请求的主管部门确认收妥；若无收妥确认，提出请求的主管部门可发送第二次协调请求以及随后寻求无线电通信局帮助，若在无线电通信局发出电报要求被请求协调的主管部门确认收到了协调请求后的规定期限内仍未收到

360 《无线电规则》(2020 年版)，第一卷条款，第 9.29 款和第 9.30 款。

361 《无线电规则》(2020 年版)，第一卷条款，第 9.27 款。

被请求协调的主管部门的确认，则视为被请求的主管部门已同意以下事项：（1）对请求协调的指配可能对其自己的指配产生的任何有害干扰将不提出申诉；（2）使用其自己的指配时将不对请求协调的指配产生有害干扰[362]。

对于按照第9.7至9.14款和第9.21款提出并提交给无线电通信局的协调请求，无线电通信局应审查资料是否符合频率划分表和《无线电规则》相关条款，确定需要与之进行协调的主管部门并在4个月内在《国际频率信息通报》中公布完整的资料以及需要进行协调的主管部门名称，并就其已进行的活动通知相关主管部门，提请他们注意《国际频率信息通报》[363]。

第三步，被列入协调程序的主管部门须迅速审查按照《无线电规则》附录5所确定的自己的指配可能受到干扰的情况，并在《国际频率信息通报》公布日期或相关协调资料寄送日期的4个月期限内就协调请求做出同意或者不同意的意见，并通知请求协调的主管部门，在不同意的情况下，还应提供作为不同意基础的、与自己的指配有关的信息[364]。与此同时，相关各方应尽一切的相互努力，寻找能够满意地解决问题的方法。

第四步，达成协调结果或者未能达成协调结果，又分为3种情况。

第一，被请求协调的主管部门与请求协调的主管部门就协调事项达成一致后，如果国际电信联盟认为有关主管部门提交的卫星网络技术信息和"行政应付努力"信息均符合要求，则由主管部门向无线电通信局通知其对相关频率的指配，并由无线电通信局将该频率指配登记在国际频率登记总表内，实质是"先登先占"，经过协调且在国际频率登记总表登记的频率指配受到国际保护[365]。

第二，被请求协调的主管部门若在规定的4个月时限内未作答复或未作决定，或虽然表示不同意，但未提供其作为不同意基础的该主管部门自己的指配资料，则无线电通信局可在请求协调的主管部门的要求下，立刻要求被

362 《无线电规则》(2020年版)，第一卷条款，第9.45至9.49款。

363 《无线电规则》(2020年版)，第一卷条款，第9.34至9.38款。

364 《无线电规则》(2020年版)，第一卷条款，第9.50至9.52款。

365 《无线电规则》(2020年版)，第一卷条款，第11条。

请求协调的主管部门早日作出决定或提供有关资料，经过一定时限并在发送提醒函而仍未答复的情况下，则视为被请求协调的主管部门同意以下事项：（1）对要求协调的指配可能对其自己的指配产生的任何有害干扰将不提出申诉；（2）使用其自己的指配时将不对要求协调的指配产生有害干扰[366]。

第三，若未完成协调，主管部门仍可坚持向国际电信联盟进行频率指配的登记，但此时无线电通信局会对此登记作出标注，其不能对符合分配规划的，或者按照《无线电规则》审查合格且登记在国际频率登记总表中的任何频率指配产生有害干扰，也不得对来自后者的干扰要求保护[367]。

3. 评述

在无线电频谱和卫星轨道资源的利用方面，有西方学者提出，在 193 个国际电信联盟的成员国中，很多国家既无财力也无技术能力来发射卫星入轨，也无法以符合《外空条约》第 6 条的方式妥善地监管其通过合同授权他人进行的空间活动，由此，规划法所代表的无线电频谱和卫星轨道资源分配模式是非理性的，“先登先占”才是处理无线电频谱和卫星轨道资源需求的最佳方式[368]。

然而，规划法与协调法的巧妙结合，为发展中国家保留了利用无线电频谱和卫星轨道资源进入外空的机会，巧妙地平衡了发达国家和发展中国家、空间大国和空间能力弱的国家、频率轨道位置的先占国家和后进国家的利益，是国际合作共同管理稀缺国际资源的机制的典范，也体现了《国际电信联盟组织法》第 196 款规定的“合理、有效和经济地使用资源，以使各国或国家集团可以在照顾发展中国家的特殊需要和某些国家地理位置的特殊需要的同时，公平地使用这些轨道和频率”的原则。在规则保障之外，发展中国家对资源切实可行的利用，还依赖于通过提供、组织和协调技术合作和援助活动

366 《无线电规则》(2020 年版)，第一卷条款，第 9.60 至 9.62 款。

367 《无线电规则》(2020 年版)，第一卷条款，第 4.4、8.4、8.5、11.36、11.41 款。

368 FRANCIS LYALL. Legal issues of expanding global satellite communications services and global navigation satellite services, with special emphasis on the development of telecommunications and E-commerce in Asia[J]. Singapore journal of international & comparative law, 2001, 5(1): 242-243.

来提高发展中国家的空间应用能力，这是国际电信联盟电信发展部门的重要工作内容，也是联合国《2030 年可持续发展议程》的应有之义。

## 第三节　频率指配的通知和登记

### 一、国际频率登记总表

国际频率管理的一个重要手段是由国际电信联盟无线电通信局维护一份国际频率登记总表，这是一个数据库，包含了在世界范围内运行的无线电台站的频率指配。登入国际频率登记总表的无线电频率得到国际认可并保护其免受干扰影响。根据 2018 年全权代表大会时的统计，该数据库目前包含 260 万个地面业务频率指配，且每年增加 20 万个指配；该数据库还包含了 110 多万个已指配的空间业务频率，未来还计划使用约 35 万个已指配卫星广播业务频率和 2.5 万个已分配的卫星固定业务频率。无线电通信局定期检查国际频率登记总表的内容，以确保其与实际使用相一致。无线电通信局还公布水上和海岸无线电台站清单，以确保水上生命安全。

《无线电规则》规定的、在国际频率登记总表中记录新频率指配的程序能够确保特定地理地点的每一个新的频率使用都与此前收到的使用相兼容。在许多情况下，有必要在所涉主管部门和运营商之间进行协调，以确保实现这一兼容性。采用这些程序可确保地面和卫星系统在干扰受到监控的环境中运行，并保障各方公平使用无线电频谱和对地静止卫星轨道资源。如果主管部门之间或主管部门与无线电通信局之间意见相左，则由无线电规则委员会对相关问题作出审议。在这种情况下，还可针对无线电规则委员会作出的任何决定向下一届世界无线电通信大会提出申诉。

### 二、频率指配登记的类型

在频率指配的登记方面，《无线电规则》第 11 条规定了必须登入、可以登入、不应登入 3 种类型。

有关主管部门必须将其频率指配登记在国际频率登记总表中的 7 种情形包括[369]：

（1）如果该指配的使用能对另一个主管部门的任何业务产生有害干扰；

（2）如果该指配是用于国际无线电通信；

（3）如果该指配须服从没有其自己通知程序的某一世界性的或区域性的频率分配或指配规划；

（4）如果该指配须服从《无线电规则》第 9 条的协调程序；

（5）如果希望取得对该指配的国际认可；

（6）如果该指配不符合频率划分表或者《无线电规则》的其他规定从而构成一个不相符的指配，但主管部门仍希望能予以登记以供参考。

（7）应符合特定要求的接收地球站或空间电台、使用特定频段的固定业务高空平台接收电台，或从移动电台接收的陆地电台的频率指配。

此外，某一特定的射电天文电台接收使用的任何频率，如果希望这种资料列入登记总表时可以进行通知[370]。

不应向国际频率登记总表进行通知和登记的情况包括：船舶电台和其他业务的移动电台、业余业务电台、卫星业余业务地球站的频率指配，以及使用 5900 ～ 26 100kHz 内划分给广播业务的高频频段并且符合《无线电规则》第 12 条的广播电台的频率指配[371]。

《无线电规则》还规定了各类频率指配通知的时间，一般是不早于频率指配启用前的特定年限，以保持国际频率登记总表尽量体现最新的频率使用状况。其中，关于地面业务电台指配的通知单，应不早于指配启用 3 个月前送达无线电通信局；关于空间电台的指配和涉及卫星网络协调的地面电台的指

369 《无线电规则》(2020 年版)，第一卷条款，第 11.2 至 11.9 款。

370 《无线电规则》(2020 年版)，第一卷条款，第 11.12 款。

371 《无线电规则》(2020 年版)，第一卷条款，第 11.14 款。

配通知单应不早于该指配启用前3年送达无线电通信局；特定频段固定业务高空平台电台指配有关的通知，应不早于这些指配投入使用的5年之前送达无线电通信局；特定频段内作为基地电台提供国际移动通信业务的高空平流层电台的指配通知单应不早于指配启用3年前送达无线电通信局[372]。

## 三、频率指配登记的地位和作用

不论是通过规划法还是通过协调法取得频率和卫星轨道资源的使用权，主管部门均希望按规则将相关频率指配登入国际频率登记总表。《无线电规则》第一卷第三章第8条规定了登记在国际频率登记总表内的频率指配[373]的地位：经审查合格而登记在登记总表内的任何频率指配，应享有国际承认的权利。对于这种指配，权利意味着其他主管部门在安排其自己的指配时应考虑该指配以避免有害干扰。此外，须经协调或规划的频段内的频率指配将具有从应用与协调或相关规划有关的程序所导出的地位[374]。

当一个频率指配与频率划分表或《无线电规则》的其他条款不一致时，应被认为是一个不相符的指配。这种指配只有在提出通知的主管部门承认其给电台指配的频率违反频率划分表或《无线电规则》中的其他规定，并明确表示这种电台在使用这种频率指配时不对按照《国际电信联盟组织法》《国际电信联盟公约》和《无线电规则》规定工作的电台造成有害干扰并不得对该电台的干扰提出保护要求时才予以登记以供参考[375]。

如果使用某个不符合《无线电规则》的频率指配对符合《无线电规则》

372 《无线电规则》(2020年版)，第一卷条款，第11.24至11.26A款。

373 这里的“频率指配”指的是一个新的频率指配或已登记在国际频率登记总表内的某一指配的更改，《无线电规则》(2020年版)第一卷条款，第8.1款及注释。如果当这个术语涉及对地静止或非对地静止空间电台，应与相关的附录4附件2A的§A.4关联起来，如果这个术语涉及和对地静止或非对地静止空间电台有关的地球电台，应与相关的附录4附件2A的§A.4c关联起来。

374 《无线电规则》(2020年版)，第一卷条款，第8.3款。

375 《无线电规则》(2020年版)，第一卷条款，第8.4款。

的指配的任何电台的接收产生实际上的有害干扰，使用的频率指配不符合《无线电规则》的电台在收到通知时必须立即消除这种有害干扰[376]。此处的推论是，若协调地位优先于不符合《无线电规则》的频率指配的那个频率指配尚未实际投入使用，则不符合《无线电规则》的频率指配的使用并无障碍，原因是尚未产生实际的有害干扰。因此，即便按照《无线电规则》第 8.4 款是一个不相符的指配，其登记也有一定的必要性。

各主管部门可查阅国际频率登记总表来确定本国和其他主管部门的频率指配的状况及其所示的国际权利和义务[377]。

如果需要协调的某个频率指配在根据第九条的协调程序开始之前就已启用，或如果不需要协调时在通知之前就已启用，那么在应用程序之前进行的操作不能给予任何优先[378]。

## 第四节　频率指配的投入使用

### 一、频率指配投入使用的具体规则

对于卫星业务，主管部门将卫星频率指配通知无线电通信局并登入国际频率登记总表后，相关频率指配还应当通过发射和运行卫星而在规定时限内投入使用，此种投入使用也应由主管部门通知无线电通信局。

根据《无线电规则》第 11.44 款，通知投入使用卫星网络空间电台任何频率指配的日期不得迟于无线电通信局收到依照第 9.1 或 9.2 款（无须遵守第 9 条第 II 节的卫星网络或系统）或第 9.1A 款（须遵守第 9 条第 II 节的卫星网络或系统）提交的相关完整资料之日起的 7 年。在要求的期限内未投入使

376 《无线电规则》(2020 年版)，第一卷条款，第 8.5 款。

377 《无线电规则》(2020 年版)，第一卷条款，第 8.1 款。

378 《无线电规则》(2020 年版)，第一卷条款，第 7.5A 款。

用的任何频率指配将被无线电通信局予以注销。

至于何谓“投入使用”，在 2019 年世界无线电通信大会上，修订后的《无线电规则》第 11.44B、11.44C、11.44D、11.44E 款规定了以下 4 种情况。

对于对地静止卫星轨道空间电台：如果一个具有发射或接收频率指配能力的对地静止卫星轨道空间电台被部署在所通知的轨道位置并连续保持 90 天，则该频率指配须视为已启用。通知主管部门须在自 90 天期限结束之日起的 30 天内，将此情况通报无线电通信局[379]。

对于卫星固定业务、卫星移动业务或卫星广播业务的某一非对地静止卫星网络或系统内的空间电台：当一个具有发射或接收频率指配能力的非对地静止卫星轨道空间电台被部署并保留在非对地静止卫星网络或系统中的一个已通知轨道平面并连续保持 90 天时，卫星固定业务、卫星移动业务或卫星广播业务的这一非对地静止卫星网络或系统内空间电台的频率指配均须视为已投入使用，而无论网络或系统中已通知轨道平面数量和卫星数量是多少。通知主管部门须在自 90 天期限结束之日起的 30 天内，将此情况通报无线电通信局[380]。

对于非第 11.44C 款的、以地球为“参照物”的其他非对地静止卫星网络或系统内的空间电台：在一个具有发射或接收该频率指配能力的非对地静止卫星轨道空间电台被部署在非对地静止卫星网络或系统其中一个通知轨道平面的情况下，则须视为已投入使用。通知主管部门须在第 11.44 款所述期限结束之日起的 30 天内，将此情况尽快通报无线电通信局[381]。

对于并非以地球为参照物的空间电台：当通知主管部门告知无线电通信局，一个并非以“地球”作为参照物且具有发射或接收频率指配能力的空间电台已按照通知资料部署时，该空间电台的频率指配须视为已投入使用。通知主管部门须在第 11.44 款所述期限结束之日起的 30 天内，将此情况尽快通

379 《无线电规则》(2020 年版)，第一卷条款，第 11.44B 款。

380 《无线电规则》(2020 年版)，第一卷条款，第 11.44C 款。

381 《无线电规则》(2020 年版)，第一卷条款，第 11.44D 款。

报无线电通信局[382]。

## 二、非对地静止卫星系统基于里程碑的部署方法

### （一）规则背景

根据《无线电规则》第 11.44 款，非对地静止卫星系统的频率指配，不论业务或频段，需在 7 年规则期限内投入使用。但是，如果一个卫星系统由成百上千甚至上万颗卫星组成，要求在 7 年规则期限内部署完成这个系统的所有卫星可能是不现实的，这可能与支持多个卫星发射的运载火箭的可用性以及卫星制造能力等因素密切相关。为此，国际电信联盟在 2015 年世界无线电通信大会以后启动相关研究，并着手对《无线电规则》的相关条款进行修改。2019 年世界无线电通信大会通过了题为《在特定频段和业务中用于实施非对地静止卫星系统中空间电台频率指配的分阶段方法》的第 35 号决议，列入《无线电规则》第三卷，确立了对特定频段和业务内非对地静止卫星系统中空间电台基于里程碑部署的方法，该方法力求平衡现有规则对大规模卫星星座的适用性、防止频谱囤积的必要性以及协调法的运用等多方面因素。

根据该决议，非对地静止卫星系统频率指配的投入使用是保证整个非对地静止卫星系统频率指配的权利和保护的先决条件。就投入使用而言，在 7 年内将一颗卫星部署到通知轨道面上即可实现投入使用，目前对此规则没有修改。然而，非对地静止卫星系统频率指配的投入使用不能被视为对这些系统完全部署的确认，在某些情况下，可能仅表明能够使用频率指配的卫星部署的开始。针对卫星系统中卫星数量较多的情况，在特定频段和业务的非对地静止卫星系统中实施基于里程碑部署的方法是要在通知和 / 或登记的 7 年规定期限之后为部署一定数量的卫星提供额外的期限，目的是确保国际频率登记

382 《无线电规则》(2020 年版)，第一卷条款，第 11.44E 款。

总表合理地反映此类系统的实际部署情况。针对里程碑周期、为满足每个里程碑而部署的卫星所需百分比、未满足里程碑要求的后果等，第 35 号决议均作出了规定。

### （二）里程碑的设定

《在特定频段和业务中用于实施非对地静止卫星系统中空间电台频率指配的分阶段方法》规定，在根据第 11.44 款所述的 7 年规则期限结束后的两年期限届满时，须部署卫星总数的 10%；在根据第 11.44 款所述的 7 年规则期限结束后的 5 年期限届满时，须部署卫星总数的 50%；在根据第 11.44 款所述的 7 年规则期限结束后的 7 年期限届满时，须部署卫星总数的 100%（可以减少一颗卫星）。

里程碑规则的生效日期是 2021 年 1 月 1 日，在该日期前 7 年期限已到期的卫星网络需满足上述里程碑要求。

### （三）适用里程碑规则的频段和业务

里程碑规则主要适用于 Ku、Ka 和 Q/V 频段的空间无线电通信业务，第 35 号决议通过列表规定了适用里程碑的具体频段，包括 10.70 ～ 14.50GHz、17.30 ～ 20.20GHz、27.00 ～ 30.00GHz、37.50 ～ 42.50GHz、47.20 ～ 50.20GHz 和 50.40 ～ 51.40GHz 频段，具体业务类型限于卫星固定业务、卫星广播业务和卫星移动业务。

### （四）主管部门报送信息的义务及其后果

满足里程碑要求后，主管部门须向无线电通信局报送已部署空间电台的资料，具体包括 3 类：第一类是卫星系统资料，如卫星系统名称、通知主管部门、国家符号、对提前公布资料或协调资料或通知资料的参引、在卫星系统每个通知轨道面部署的具有发射或接收频率指配能力的空间电台的总数、《国际频率信息通报》相关部分公布的每个空间电台部署的轨道面编号；第二类是每个部署的空间电台的发射信息，如运载火箭供应商名称、运载火箭名称、发射设施名称和地点、发射日期；第三类是每个已部署空间电台的特性，如通知资料中空间电台能够发射或接收的频段、空间电台的轨道特性、空间电台名称。

如果主管部门未按里程碑要求报送信息，则无线电通信局予以两次提醒，提醒后仍未报送，则在无线电规则委员会作出删除部分条目的结论后，无线电通信局将删除相关条目，仅保留之前主管部门已报送部署信息的频率指配登记，同时在进行第 9.36，11.32 或 11.32A 款审查时，不再考虑已删除的指配信息。

## 第五节　频率指配的暂停使用和注销

### 一、频率指配的暂停使用和重新投入使用

《无线电规则》第 11.49 款规定，只要一个卫星网络的空间电台或一个非静止卫星系统的所有空间电台的已登记频率指配暂停使用超过 6 个月，通知主管部门须通知无线电通信局关于该指配暂停使用的日期。当已登记的指配重新投入使用时，通知主管部门须依据相关条款将此情况尽快通知无线电通信局。已登记指配的重新投入使用日期不得晚于频率指配暂停使用日期的 3 年后，前提是通知主管部门在自频率指配暂停使用之日起的 6 个月内将暂停情况通知无线电通信局。如果通知主管部门在自频率指配使用暂停之日起的 6 个月后才将暂停情况通知无线电通信局，那么上述 3 年时间须缩短。在此情况下，从 3 年时间中扣减的时间等于从 6 个月期限结束之日起到将暂停情况通知无线电通信局之日止的时间。如果通知主管部门在频率指配暂停使用之日起超过 21 个月后才将暂停使用情况通报无线电通信局，那么须注销所涉及的频率指配登记。在暂停期结束前 90 日，无线电通信局须向通知主管部门寄送提醒函。如果在暂停期期限 30 日内无线电通信局未

收到重新投入使用的声明，则无线电通信局须在国际频率登记总表中注销该项频率指配登记。

## 二、无线电频谱和卫星轨道资源的使用期限

对于卫星业务，在无线电频谱和卫星轨道资源使用期限方面，如果国际电信联盟法规没有相反的规定，一旦卫星频率指配被登入国际频率登记总表，则对该频率的使用通常没有期限，除非是出现暂停使用的情况而未通知无线电通信局且暂停使用超过了 21 个月，或者虽然通知了无线电通信局，但在暂停使用日期后的 3 年内也未能重新投入使用，相关频率指配会被注销。卫星频率和轨道资源的使用者可以通过发射替代星的方式持续使用为前一颗卫星登记的频率和轨道位置[383]，从而产生了无线电频谱和卫星轨道资源使用权并无有效期限制的事实，即“先登先占、先占永得”。在《无线电规则》附录 30 第 14 条、附录 30A 第 11 条、附录 30/30A 第 4.1.24 款、附录 30B 第 11 条等条款中，有的规定了频率指配操作期限不得超过 15 年，但在符合条件时可申请延期，具体情况如下。

（1）《无线电规则》附录 30 第 14 条规定了各条款和相关规划的有效期，即对于 1 区和 3 区，各该条款和相关规划是为了满足有关频段内卫星广播业务自 1979 年 1 月 1 日起至少 15 年的一个时期的需要而制定；对于 2 区，各该条款和相关规划是为了满足有关频段内卫星广播业务至少延长至 1994 年 1 月 1 日的一个时期的需要而制定；各该条款和有关规划在根据现行公约有关条款召开的有资格的无线电通信大会予以修订前，在任何情况下均应保持有效。

（2）附录 30、附录 30A 第 4 条第 4.1.24 款均规定，《列表》中的任一指配的操作期限都不得超过 15 年，从其投入使用之日或 2000 年 6 月 2 日两个日期的较后的一个算起；如果相关主管部门在该截止日期最少 3 年之前向无线电

383 FRANCIS LYALL. Paralysis by phantom：problems of the ITU filing procedures[J]. Proceedings on law of outer space，1996(39)：189.

通信局提出延续请求，则该期限可最长延续 15 年，条件是该指配的所有特征不变。

（3）附录 30A 第 11 条规定了各条款和相关规划的有效期，即各条款和相关规划是为了满足有关频段内卫星广播业务馈线链路至少延长至 1994 年 1 月 1 日的一个时期的需要而制定的；在任何情况下，各条款和相关规划在根据现行公约有关条款召开的相关无线电通信大会修订以前，均应保持有效。

（4）附录 30B 第 11 条也规定了该附录的各项条款和相关规划的有效期，即制定这些条款和相关规划是为了在实施中保证所有国家公平地进入对地静止卫星轨道及第 3 条中所载的频段，以满足从该附录生效之日后至少 20 年内卫星固定业务的需要；任何情况下，在按照有效的《国际电信联盟组织法》和《国际电信联盟公约》的相关条款召开有权能的世界无线电通信大会对其进行修改前，这些条款和相关规划应一直有效。

## 三、频率指配登记的注销

### （一）注销频率指配登记的情形

《无线电规则》中规定了两种频率指配登记被注销的情况：

第一，根据《无线电规则》第 11.44 款，无线电通信局收到主管部门在规划法或协调法下提交完整资料之日起满 7 年之前，主管部门应将已登入国际频率登记总表的相关频率指配投入使用并就此通知无线电通信局，投入使用的判断标准是依据《无线电规则》第 11.44B、11.44C、11.44D 和 11.44E 款。在 7 年期限内未投入使用的频率指配登记将被无线电通信局注销，以防止“纸卫星”的积压影响卫星产业的发展。

第二，根据《无线电规则》第 11.49 款，如果一个卫星网络的空间电台或一个非静止卫星系统的所有空间电台的已登记频率指配暂停使用超过 6 个月，通知主管部门须将暂停使用的日期通知无线电通信局，已登记指配的重新投入使用日期不得晚于频率指配暂停使用日期的 3 年后。若该频率指配在暂停使用日期 3 年后仍未能重新投入使用或者相关通知主管部门在频率指配暂停使用之日起超过 21 个月后才将暂停使用情况通报无线电通信局，则该频率指配将被无线电通信局予以注销。

## （二）ITU-R 相关机构在登记和注销卫星网络频率指配方面的职责和程序

根据《国际电信联盟组织法》，国际电信联盟无线电通信部门的一项重要职责是确保所有无线电通信业务，包括使用对地静止卫星轨道或其他卫星轨道的业务，合理、公平、有效和经济地使用无线电频谱[384]。为此，无线电通信部门通过世界和区域性无线电通信大会、无线电规则委员会、无线电通信局等机构开展工作[385]。对卫星网络频率指配进行登记是无线电通信部门的一项重要职责，其确保了各国主管部门和卫星操作者可通过查询国际频率登记总表来确定他们自己和其他国家主管部门的频率指配所对应的国际权利和义务：权利是指登记在国际频率登记总表且审查结论合格的任何频率指配，享有国际承认的权利；义务是指主管部门在安排自己的指配时须考虑已获登记的指配，避免对其造成有害干扰[386]。

### 1. 无线电通信局行使相关职责的依据和工作方法

《国际电信联盟公约》第 12 条和《无线电规则》详细规定了无线电通信局的职责和工作方式，其中，在频率指配的登记和维护方面，无线电通信局主任应按照《无线电规则》的有关规定，有秩序地记录和登记频率指配和（在适当时）相关轨道特性，并不断更新国际频率登记总表；检查该表中的登记条目，以便在有关主管部门同意的情况下，对不能反映实际频率使用情况的登记条目视情况予以修改或删除[387]。

---

384 《国际电信联盟组织法》，第 78 款。

385 《国际电信联盟组织法》，第 79 至 85 款。

386 《国际电信联盟组织法》，第 8.1、8.3 款。

387 《国际电信联盟公约》，第 172 款。

无线电通信局还应定期复审登记总表，重点是对审查结论进行复审，目的是维持或提高国际频率登记总表的准确性[388]。

根据《无线电规则》第13.6款，一旦有可靠资料显示，某个已登记的频率指配尚未投入使用、已不再使用或未按照附录4规定的通知的特性使用，无线电通信局须与通知主管部门磋商，要求澄清该指配是否已按照通知的特性投入使用或继续在用，并要求主管部门说明原因。在收到回复的情况下，根据与通知主管部门达成的协议，无线电通信局须注销、适当修改或保留登记的基本特性。如果通知主管部门在3个月内未予答复，无线电通信局须发出一封提醒函；如果通知主管部门在一个月内未回复第一封提醒函，无线电通信局须发出第二封提醒函；如果通知主管部门在一个月内未回复第二封提醒函，无线电通信局须经过无线电规则委员会的确认后，注销有关频率指配登记。可见，在无线电通信局要注销未投入使用、不再使用或不按规定特性使用的频率指配时，需与通知主管部门协商，如果主管部门同意，则无线电通信局可以直接注销；而在未获得通知主管部门回复时，无线电通信局还要履行两次提醒程序，而这种情况以及通知主管部门对注销持有异议的情况下、最终作出注销有关频率指配的决定须经无线电规则委员会确认。

#### 2. 无线电规则委员会行使相关职责的依据和工作方法

无线电规则委员会由12名在无线电领域资历深厚并在频率的指配和利用方面具有实际经验的选任委员组成，独立地并在非全职的基础上为国际电信联盟履行职责[389]。无线电规则委员会通常每年在瑞士日内瓦召开4次会议，会期5天，开会时须至少三分之二的委员出席，也可利用现代化的通信手段履行其职责。委员会在作出决定时须力求取得一致，如未能取得一致，则至少三分之二的无线电规则委员会委员投票赞成，一项决定才能生效。无线电规则委员会的每个委员有一票表决权，不允许代理投票。

---

388 《无线电规则》(2020年版)，第一卷条款，第11.50款。

389 《国际电信联盟组织法》，第93至93A款。

为实现《国际电信联盟组织法》的宗旨以及《国际电信联盟组织法》第 196 款规定的确保无线电业务合理、有效和经济地使用无线电频率的要求，在频率指配登记的注销方面，无线电规则委员会履行职责的依据有 5 个方面。

第一，根据《国际电信联盟组织法》第 97 款，无线电规则委员会按照《无线电规则》所规定的程序，履行《国际电信联盟组织法》第 78 款中所述的关于频率指配和利用的任何附加职责。

第二，根据《国际电信联盟组织法》第 97 款，无线电规则委员会还按照《无线电规则》所规定的程序，履行有权能的大会或理事会在获得多数成员国同意后为贯彻其决定所规定的任何附加职责，有权能的大会和理事会可能就频率指配登记的注销和恢复问题，作出需要无线电规则委员会履行的决定。

第三，根据《国际电信联盟公约》第 140 款，无线电规则委员会应在不受无线电通信局影响的情况下，应一个或多个相关主管部门的要求，审议就无线电通信局有关频率指配的决定提出的申诉。

第四，根据《无线电规则》第 13.6 款，当有可靠资料显示某个已登记的频率指配未投入使用、已不再使用或者未按通知的特性使用，无线电通信局须与通知主管部门协商并针对相关指配采取注销、修改或保留登记的举措，而在通知主管部门未回复或在通知主管部门与无线电通信局之间存有异议时，无线电规则委员会应就该问题进行认真调查和作出结论。

第五，根据《无线电规则》第 14.1、14.5、14.6 款，无线电规则委员会是无线电通信局审查结论或其他决定的复审机构，任何主管部门可以要求复审无线电通信局的某项审查结论，或复审无线电通信局所作的任何其他决定，如果复审在无线电通信局层面未能成功解决问题，或者可能影响其他主管部门的利益，无线电通信局应准备一份报告并预先寄送给要求复审的主管部门和其他相关主管部门，以使它们在需要时可向无线电规则委员会提出，而该报告和所有支持文件亦应由无线电通信局送交无线电规则委员会。无线电规则委员会按照《国际电信联盟公约》对该复审所作的决定对无线电通信局和无线电规则委员会来说应被视为是最终决定，但若要求复审的主管部门不同意无线电规则委员会的决定，则可以在世界无线电通信大会上提出该问题。

无线电规则委员会的工作方法主要是在每年召开的 4 次会议上，审议相关问题，并作出决议，其中包含对无线电通信局就频率指配事项的指示。

### （三）频率指配登记注销后的补救方法

将频率指配登入国际频率登记总表意味着取得了国际承认的优先使用权，是一国可用的无线电通信资源，若一国主管部门登入国际频率登记总表的频率指配被注销，则意味着资源的流失。主管部门的补救方法主要依据《无线电规则》第 14 条。主管部门可就无线电通信局注销频率指配登记的决定要求无线电通信局进行复审，为此，相关通知主管部门应将其复审要求寄送给无线电通信局，还应引证《无线电规则》的有关条款和其他参阅，并表明其寻求的行动[390]。无线电通信局应及时对该要求确认收妥，并立即研究该问题。为此应进行一切努力与相关主管部门一起解决该问题而不影响其他主管部门的利益[391]。

如果复审结果成功地解决了提出要求的主管部门的问题又不影响其他主管部门的利益，无线电通信局应公布复审的要点、论据、解决结果以及影响其他主管部门的任何隐含关系供国际电信联盟的所有会员参考。如果这种复审导致对通信局以前形成的结论进行修改，通信局应重新应用形成以前结论的程序的相关步骤，合适时包括从国际频率登记总表内消去相应的登录项或对通信局其后收到的通知单随之产生的任何影响[392]。

如果复审没有成功地解决问题，或者可能影响其他主管部门的利益，相关主管部门可向无线电规则委员会提出该问题[393]。无线电规则委员会应审议相关问题并作出决定。如果要求复审的主管部门不同意无线电规则委员会的决定，可

390 《无线电规则》(2020 年版)，第一卷条款，第 14.2 款。

391 《无线电规则》(2020 年版)，第一卷条款，第 14.3 款。

392 《无线电规则》(2020 年版)，第一卷条款，第 14.4 款。

393 《无线电规则》(2020 年版)，第一卷条款，第 14.5 款。

以在世界无线电通信大会上提出该问题[394]。在某届世界无线电通信大会就解决该问题作出一项决定后，无线电通信局应立即采取相应措施，包括必要时要求无线电规则委员会复审所有相关审查结论[395]。

## 四、无线电规则委员会注销频率指配的相关案例

无线电规则委员会在第 11–81 次会议上审查和处理了多起与频率指配登记注销有关的案例。在应用《无线电规则》注销频率指配时，是否有例外规定以及是否能在相关主管部门的请求下延长卫星网络投入使用的期限或者保留 / 恢复频率指配登记，无线电通信局和无线电规则委员会对此仅有极为有限的裁量权，更多时候需要由世界无线电通信大会作出决定。

### （一）不可抗力与无线电规则委员会的自由裁量权

不可抗力（force majeure）一般是指不能预见、不能避免且不能克服的客观情况，是国内合同法上常见的免责条件[396]。不可抗力包括自然现象和社会现象，前者如洪水、海啸、地震，后者如战争、军事行动等[397]。在合同法上，如因不可抗力使合同无法履行，应解除合同；如不可抗力暂时阻碍合同履行，可以采取延期履行合同的方式；如因不可抗力，当事方已尽力采取补救措施但仍未能避免损失的情况下，可不负赔偿责任。《中华人民共和国民法典》第 180 条规定："因不可抗力不能履行民事义务的，不承担民事责任。法律另有规定的，依照其规定。"其他国家国内法上也有关于不可抗力作为免责事由的规定和实践。然而，不可抗力是否可以被视为"各国法律体系所共有的原则"从而成为一般法律原则并进而作为国际法渊源的一种，尚未有国际法院判决

394 《无线电规则》(2020 年版)，第一卷条款，第 14.6 款。

395 《无线电规则》(2020 年版)，第一卷条款，第 14.8 款。

396 《中华人民共和国民法典》，第 180 条。

397 中国社会科学院语言研究所词典编辑室. 现代汉语词典：第 6 版[M]. 北京：商务印书馆，2012：109.

的支持[398]。因此，目前不可抗力主要还是一项国内法上的规则。

《无线电规则》第一卷条款第 22 条关于空间业务的有关规则提及了不可抗力，主要是规定在不可抗力的情况下，发射到卫星固定业务中的非对地静止卫星的指令和范围载波，以及向卫星固定业务中对地静止卫星发射的指令和测距载波，可以不遵守相关限值，相关规定的适用范围具体而明确[399]。然而，对于何为“不可抗力”，《无线电规则》中并无明确解释。对于“不可抗力”是否还可以扩展适用到除第 22 条第 22.5J 款和第 22.31 款两款之外的其他情形，《无线电规则》也未有明确规定。

2012 年世界无线电通信大会讨论了可能与不可抗力有关联的一种情况——“同乘发射推迟”（co-passenger delay），也就是在搭载同一运载火箭的其他卫星出现延误的情况下，一个卫星网络是否被允许延期投入使用，进而投入使用期限的延展是否可以适用于其他不可抗力的情况[400]。大会并未对“同乘发射推迟”是否构成不可抗力进行讨论，也未对“不可抗力”的一般性适用制定任何新的规则，但认为由于“同乘发射推迟”以及其他不可抗力情况导致的卫星网络延期投入使用应逐案处理，并决定由全体会议授权无线电规则委员会处理越南 VINASAT-FSS-131E-Ⅲ卫星网络频率指配延期投入使用的案例，允许在有限的和符合一定条件的情况下，将 VINASAT-FSS-131E-Ⅲ的频率指配的启用截止日期延长 1 年[401]。

398 《国际法院规约》第 38 条第 1 款规定，国际法院对于陈诉的各项争端，应依据国际法进行裁判，裁判时应适用：（子）不论普通或特别国际协约，确立诉讼当事国明白承认之规条者；（丑）国际习惯，作为通例之证明而经接受为法律者；（寅）一般法律原则为文明各国所承认者；（卯）在第 59 条规定之下，司法判例及各国权威最高之公法学家学说，作为确定法律原则之补助资料者。该条被视为关于国际法渊源的权威性说法，其中（寅）项是关于一般法律原则的规定，一般法律原则作为国际法之一种，是各国法律体系所共有的原则，如禁反言、时效、善意、禁止权利滥用等。见朱文奇. 现代国际法 [M]. 北京：商务印书馆，2013：47-48.

399 《无线电规则》（2020 年版），第一卷条款，第 22.5J、22.31 款。

400 见 2012 年世界无线电通信大会输入文稿第 525 号。

401 见 2012 年世界无线电通信大会输入文稿第 554 号。

2012 年 9 月，国际电信联盟法律顾问应无线电规则委员会的请求，对“不可抗力”作出了解释，法律顾问认为，主张不可抗力，必须满足以下条件：第一，该事件必须超出义务人的控制范围，且不是由其自身行为引起的；第二，构成不可抗力的事件必须是不可预见的，或者，如果是可预见的，则必须是不可避免的或不可克服的；第三，该事件必须使义务人无法履行其义务，而仅仅是在履行义务方面遇到的困难并不被视为构成不可抗力；第四，构成不可抗力的事件与义务人未能履行义务之间必须存在因果关系。此外，不可抗力不能是主观假定的，义务人主张不可抗力事件必须提供有形的、充分的证据[402]。国际电信联盟法律顾问对不可抗力条款所作的解释，对无线电规则委员会履行职责具有一定的指引作用。但也应当注意，国际电信联盟法律顾问的解释并非有权解释，因为根据条约法的一般规则，只有条约的全体缔约国都同意的解释才是有权解释，对缔约国有约束力[403]。在国际电信联盟事务上，严格来说，只有全权代表大会和世界无线电通信大会作出的规则解释，才是有权解释。

## （二）由于经济困难等原因推迟卫星网络投入使用日期

2015 年 6 月，无线电规则委员会第 69 次会议审议了老挝就其 LAOSAT-128.5E 相关卫星频率指配投入使用的延期请求。该卫星是老挝历史上第一颗卫星，将为老挝及其邻国提供通信和广播服务，由于资金方面的困难，LAOSAT-1 卫星的发射日期不得不从原计划的 2015 年 5 月推迟至 2015 年第四季度，而在第四季度发射卫星启用相关频率指配是超过规则期限的，因此老挝主管部门请求无线电规则委员会认真考虑并同意将 LAOSAT-128.5E 卫星网络使用的规则期限从 2015 年 5 月 13 日延长至 2015

402 见 2012 年 9 月 14 日无线电规则委员会第 60 次会议上，国际电信联盟法律顾问提供的题为《国际电信联盟法律顾问就不可抗力问题的意见》的文件，编号：Revision 1 to RRB12-2/INFO/2。

403 王铁崖. 国际法 [M]. 北京：法律出版社，1995：313.

年12月31日[404]。

无线电规则委员会在审议中认为，本案涉及合同问题，并不属于WRC-12讨论过的“同乘发射推迟”问题，而是否可以作为不可抗力事件来处理，应根据国际电信联盟法律顾问提供的4个条件来作出判断，如果属于不可抗力，则无线电规则委员会在准予延期方面有极为有限的自由裁量权，但如果不属于不可抗力，则老挝主管部门应将该案提交WRC-15来解决。部分委员也提出了一个观点，即最不发达国家并不具备与发达国家相同的技术和财务资源及专长，事实上，对于一个发展中国家，尤其是最不发达国家而言的不可抗力，对于发达国家而言可能并不属于不可抗力，也就是说，是否构成不可抗力，还要看面临困难事件的国家的具体情况。委员会最终决议是：考虑到委员会在适用卫星网络频率指配投入使用规则时限方面具有有限和有条件延展的权力；严格应用《无线电规则》第11.44款将导致LAOSAT-128.5E网络的暂停；LAOSAT-1是老挝人民民主共和国的第一颗卫星，其目的是为老挝人民民主共和国及其邻国提供基本的卫星通信；与其他主管部门及其卫星运营商的协调活动已取得了重大进展；老挝人民民主共和国面临其无法掌控的困难，导致LAOSAT-1卫星发射日期推迟8个月之久；目前预计LAOSAT-1卫星的发射日期为2015年11月；《国际电信联盟组织法》第196款有关于发展中国家的特别需求和特定国家地理情况的专门规定，因此委员会决定：接受老挝人民民主共和国的请求，指示无线电通信局在2015年12月31日之前继续考虑LAOSAT-128.5E卫星网络的频率指配，并向WRC-15报告该事宜，以便大会对此作出最终决定。

### （三）由于卫星网络的重要性而恢复被注销的频率指配登记

无线电通信局于2010年4月在《国际频率信息通报》公布了俄罗斯WSDRN-M和CSDRN-M卫星网络的相关信息，俄罗斯于2012年11月

404 见《老挝人民民主共和国主管部门提交的有关LAOSAT-128.5E卫星网络地位的资料》，文件编号：RRB15-2/8-C。

2日以Luch-5B卫星在西经16度将卫星网络投入使用，但于2013年11月28日即投入使用截止期限届满一个月后，才提交了该网络频率指配登入国际频率登记总表的请求并提供了投入使用日期。2014年4月29日，俄罗斯提交了修改卫星网络的请求。2014年5月13日，无线电通信局注销了该卫星网络的频率指配登记，因为根据俄罗斯提供的信息，仍有一个分配受到影响。俄罗斯随后告知无线电通信局，新的卫星Luch-5V已于2014年4月28日发射到东经95度轨位，并因此要求重新恢复该网络，理由是该网络已部署并使用，重新恢复不会对其他主管部门带来不利影响；俄罗斯承诺将干扰保持在可接受的水平，且这一决定能确保国际频率登记总表反映出频谱的实际使用情况，此外，还有一个重要情况是该卫星系统在确保航天飞行的生命安全方面非常重要。

无线电规则委员会讨论后认为，无线电通信局注销相关频率指配是正确适用了《无线电规则》条款。然而，鉴于俄罗斯主管部门提交的资料——运营中的网络为载人航天飞行和国际空间站提供生命安全服务且不对其他网络造成有害干扰，因此，无线电规则委员会决定恢复WSDRN-M和CSDRN-M卫星网络的频率指配。为此，无线电规则委员会还决定提请WRC-15注意该案例，以便由大会批准这一决定[405]。

### （四）援引《国际电信联盟组织法》第48条国防业务自由权的案例

《国际电信联盟组织法》第七章“关于无线电的特别条款”之第48条第202至204款规定了国防业务使用无线电设施的特殊规则，即各成员国对于军用无线电设施保留其完全的自由权。在相关国家的卫星网络未能满足在规定期限内投入使用要求或由于暂停使用超过《无线电规则》第11.49款规定的期限而未能重新投入使用时，主管部门即面临频率指配登记被注销的问题，主管部门此时可能以国防业务的例外为理由，要求保留或恢复相关频率指配

405 无线电规则委员会第66次会议决定摘要，文件编号：RRB14-2/20-C，第12.1、12.30款。

登记。

对此，无线电规则委员会的处理方法大致经历了 3 个阶段，体现了规则适用更加规范、严格以及无线电规则委员会对自身裁量权的逐步限缩。

第一个阶段是主管部门以“战略性政府用途”为由要求保留按规则应被注销的频率指配登记，无线电规则委员会推定为属于《国际电信联盟组织法》第 48 条的范畴，并同意予以保留或恢复登记。在 2014 年无线电规则委员会第 66 次会议上，无线电通信局请求无线电规则委员会按照《无线电规则》第 13.6 款，注销 INSAT-2(83) 卫星网络在 2552 ～ 2588MHz 和 2592 ～ 2628MHz 频段内的频率指配，而印度主管部门表示 2552 ～ 2588MHz 和 2592 ～ 2628MHz 频段的频率指配用于“战略性政府用途”，主张予以保留。无线电规则委员会讨论认为，如果某个主管部门明确或含蓄地引用《国际电信联盟组织法》第 48 条，无线电通信局不会深究到底提供了何种业务，也不再要求提供相关卫星网络的任何更多的信息，并决定保留相关频率指配。

第二个阶段是 2015 年世界无线电通信大会要求援引《国际电信联盟组织法》第 48 条必须由一主管部门明确做出，而不应由无线电通信局或无线电通信委员会推定适用第 48 条。在 2015 年无线电规则委员会第 70 次会议上，意大利主管部门登记的 SICRAL-4-21.8E 卫星网络的 2204.2249 ～ 2204.8249MHz 频段频率指配未能提供实际使用的证据而被无线电通信局予以注销。而在 2016 年无线电规则委员会第 71 次会议上，意大利主管部门明确引用了《国际电信联盟组织法》第 48 条，并提交新资料表明相关频段是用于国防业务，于是无线电规则委员会决议责成无线电通信局恢复 2204.2249 ～ 2204.8249MHz 频段中 SICRAL-4-21.8E 卫星网络的频率指配。

第三个阶段是 2018 年无线电规则委员会第 78 次会议上，针对印度对其 INSAT-2(48)、INSAT-2M(48)、INSAT-2T(48)、INSAT-EK48R 主张适用《国际电信联盟组织法》第 48 条的情况，无线电规则委员会认为应由全权代表大会来澄清《国际电信联盟组织法》第48条的适用方式；在援引《国际电信联盟组织法》第48条的案例中，无线电规则委员会除了对该问题作出标记以外，几乎无能为力；但无线电规则委员会也呼吁成员国不要滥用《国际电信联盟组织法》第48条，在援引该条时应谨慎行事，同时还应遵守《国际电信联盟组织法》第48条第3款的规定，即如果军用设施参与提供公众通信业务或行政规则所规定的其他业务，则通常必须遵守适用于此类业务的运营的监管条款。

可见，随着无线电频谱和卫星轨道资源的稀缺性日益明显，主管部门可能希望通过援引《国际电信联盟组织法》第48条保留未依据《无线电规则》使用、从而应由无线电通信局加以注销的频率指配登记，对《国际电信联盟组织法》第48条的误用风险升高。在2019年世界无线电通信大会（WRC-19）上，美国、加拿大、法国、俄罗斯均提交了文稿，希望通过建立相关规则来规范《国际电信联盟组织法》第48条的援引，但由于《国际电信联盟组织法》第48条事项超出了世界无线电通信大会的职权范围，WRC-19讨论认为，在2022年国际电信联盟全权代表大会（PP-22）给出明确指导之前，不宜采取任何一种方案，并请PP-22考虑有关第48条援引的问题并作出相应决定。

### （五）请求世界无线电通信大会指示无线电通信局恢复频率指配登记

对于大多数卫星网络未在规则期限内投入使用或者恢复投入使用从而导致频率指配被注销的情形，主管部门若想保留或恢复频率指配，只能通过世界无线电通信大会进行研究讨论，适用《国际电信联盟组织法》第97款，由有权能的大会或理事会在获得多数成员国同意后指示无线电规则委员会和无线电通信局保留或恢复相关登记。例如，在2005年召开的无线电规则委员会第38次会议上，阿根廷提出将NAHUEL-F卫星网络延期投入使用，无线电规则委员会认为此事应由2007年世界无线电通信大会审议，并指示无线电通信局在WRC-07结束前以临时方式处理该网络，并在《国际频率信息通报》中适当说明NAHUEL-F的指配是临时性的，在WRC-07后根据大会决定或注销频率指配登记，或取消临时性标注[406]。在 2008 年召开的无线电规则委员会第 47 次会议上，新加坡主管部门要求将 ST-1B-CK 网络投入使用的规则期限延长，无线电规则委员会认为这属于世界无线电通信大会的权限，因此无法同意新加坡主管部门的请求[407]。在2009年召开的无线电规则委员会第51次会议上讨论了第 50 次会议上作出的注销越南 VINASAT-1C2(107°E)卫星网络频率指配的决定，理由是该卫星网络未在规则期限内投入使用，无线电规则委员会注意到没有新的情况说明该网络已在规定的期限内投入使用，指出第 50 次会议的决定为最终决定，越南可请求下一届世界无线电通信大会审议该问题[408]。类似的案例还有很多，显示了无线电规则委员会在规则适用方面的一贯性。

### （六）重新提交频率指配通知的案件

对于卫星网络未在规则期限内投入使用或者恢复投入使用从而导致频率指配被注销的情形，主管部门还可以重新履行相关协调程序，提交频率指配的通知，并由无线电通信局依据规则重新处理。例如，在 2018 年召开的无线电规则委员会第 77 次会议上，委员会审议了荷兰主管部门根据第 11.46 款，就有关NSS-BSS 95E TTC卫星网络频率指配通知资料重新提交通知单一事，委员会认为，该卫星正处在运行状态中，并正在提供一项至关重要的服务；卫星的协调程序已经完成且该系统仅占用 1MHz 的带宽，对其他主管部门的业务造成的影响很小。因此，委员会决定同意荷兰主管部门的要求，并责成无线电通信局接受关于对 NSS-BSS 95E TTC 卫星网络的频率指配的通知资料，如同它们按照《无线电规则》第 11.46 款规定的已在 6 个月内重新提交，并相应地重新处理该资料。此外，委员会指示无线电通信局主任向 WRC-19 报告此案[409]。

---

406　见无线电规则委员会第 38 次会议的决定摘要，文件编号：RRB05-3/6-C。

407　见无线电规则委员会第 47 次会议的决定摘要，文件编号：RRB08-2/7-C。

408　见无线电规则委员会第 51 次会议的决定摘要，文件编号：RRB09-2/10-C。

409　见无线电规则委员会第 77 次会议的决定摘要，文件编号：RRB18-1/10-C。

## 第六节 空间商业化趋势与无线电通信资源流转

在空间无线电通信业务中，一国主管部门代表该国卫星操作者申报卫星网络资料，根据规划或者经过协调并在国际频率登记总表中以该国主管部门名义登记相关频率指配，随后在规则期限内由本国卫星启用该卫星网络，由本国操作者运营并向本国境内的用户提供服务，即卫星网络资料的申报者、所有者、使用者和服务对象完全一致的情况，是一种理想状态。现实中，空间商业化发展趋势日益明显，各国空间活动能力仍存在较大差距，A 国制造卫星、交由 B 国发射、由 C 国运营、使用了由 D 国申报和登记的卫星网络资料、向 E 国提供服务的情况，并非罕见。国际电信联盟对实践中卫星网络资料所有者和卫星所有者不一致的情况表示了关切。无线电规则委员会指出，《无线电规则》原则上要求卫星所有者和卫星网络资料所有者应当一一对应，这是符合《国际电信联盟组织法》的，也是国际电信联盟乐于见到的情况。但也存在以下两种情况。

第一，A 国申报了卫星网络资料，A 国将卫星网络资料出租或出售给 B 国，B 国实际使用该卫星网络资料。国际电信联盟不推荐此种做法，因为如果 A 国申报了卫星网络资料，但实际上未在该网络资料对应的轨道和无线电频率上使用卫星，则表明 A 国没有实际使用的需求，此种情况应注销网络资料，而不是出于商业目的出租，否则就违反了《国际电信联盟组织法》第 196 款的精神。但目前《无线电规则》中尚无限制无线电频谱和卫星轨道出租、出售的明确规定。

第二，A 国和 B 国均针对特定的无线电频谱和卫星轨道资源申报了网络资料，其中一个国家发射了一颗卫星，这颗卫星激活的是哪个网络资料，取决于这两个主管部门之间的协议。国际电信联盟不关心主管部门之间的商业安排，其职责在于与有关主管部门沟通，确保国际频率登记总表上登记的准确性。

卫星作为有价值的空间资产，可以用于抵押、租赁等融资活动。2012 年，国际统一私法协会推动制定的《移动设备国际利益公约——关于空间资产特定问题的议定书》经各国代表讨论通过并开放签署，该议定书的主要目的就是为卫星这类具有高价值和特别经济意义、可跨国甚至位于外层空间的移动设备上设定担保、进行融资和租赁提供可预期的利益保护机制。在空间资产的商业融资过程中，可能出现债务人将空间资产的占有和控制权交给外国债权人，从而导致债务人所属国不再使用该卫星，事实上也不再使用相关频率和卫星轨道资源的情况。对此，国际电信联盟指出，各成员国必须依照《国际电信联盟组织法》第44条和《无线电规则》，合理、有效和经济地使用无线电频率和卫星轨道资源;《无线电规则》禁止在未通知该组织的情况下转让卫星网络资料、轨道位置以及无线电频谱资源，在与《空间资产议定书》的相关性方面，无线电频谱和卫星轨道资源只能用来认定空间资产，而不能被视为空间资产的组成部分而加以转让[410]。

空间资产所有权和使用权可在商业安排下跨国流转，而空间资产所使用的无线电频谱和卫星轨道资源使用权不得随意转移，这反映了国际电信联盟规则与《空间资产议定书》两套条约体系的不协调，也在一定程度上体现了国际电信联盟规则在适应空间商业化发展趋势方面的滞后性。国际电信联盟的成员分为成员国和部门成员，部门成员多为私营的制造商或运营商。过去10年内，部门成员数量有了很大增长，这反映了全球电信市场正朝着私有化和自由化的方向发展[411]。1998年，在美国明尼阿波利斯召开的全权代表大会上，国际电信联盟成立了一个改革小组，考察如何促进国际电信联盟的工作和充分考虑私营部门的需求。尽管世界电信市场大部分掌握在私营部门手中，但在国际电信联盟的条约制定和规则修改过程中只有成员国有表决权，也就是说，无线电通信领域奉行的是以成员国和国际电信联盟这一政府间国际组

---

410 "Statement Made by the International Telecommunication Union", in UNIDROIT 2009 C.G.E./Space Pr./3/W.P. 16.

411 伊恩·劳埃德，戴维·米勒.《通信法》[M]. 曾剑秋，译. 北京：北京邮电大学出版社，2006：230.

织为核心的多边治理机制[412]。空间商业化的趋势以及部门成员实力的增长，尚未引起规则的实质性变动，也未推动国际电信联盟改革成为一个多利益攸关方治理的机制[413]。

在卫星等空间资产出现跨国流转的商业化发展趋势后，国际电信联盟世界无线电通信大会上也有国家提出过空间商业化趋势与国际电信联盟改革问题，比如 2012 年世界无线电通信大会确定本次会议不应考虑运营商之间或主管部门之间的商业安排，但亦承认此种商业安排具有规则方面的影响，特别是当此类安排影响到《无线电规则》的应用时。对此，无线电规则委员会指出，目前卫星网络资料申报的发出许可和发出通知均由主管部门进行，主管部门在确认租赁安排以及维护国际频率登记总表中的指配的准确性上作用重大。无线电规则委员会认为空间商业化、卫星租赁及可能带来的无线电频谱和卫星轨道位置使用权转移的情况衍生了许多棘手问题，可能会触及《无线电规则》的核心，即《国际电信联盟组织法》第 196 款的规定。无线电规则委员会认为，租赁是允许的，但前提是发出通知的主管部门对此保持控制权，以保证无线电传输在所通知的参数范围内进行（如维持卫星的发射功率以避免对其他网络造成有害干扰）。无线电规则委员会还认为，频谱和轨道位置的租赁之类的行动，并非值得推荐的行动，且与《国际电信联盟组织法》第 196 款精神存在矛盾之处。在实际业务案例中，情况更加复杂，需要逐案

412 多边治理机制（multilateral governance）是以主权国家之间的平等、互利、协商、合作为核心的治理机制，联合国是当代多边治理的重要平台。

413 利益相关方治理机制（multi-stakeholder governance）是指一种组织治理或者政策制定的组织架构，目标在于让所有受到治理和政策制定影响的利益攸关方共同合作，参与对特定问题和目标的对话、决策和执行。多利益攸关方治理机制是自下而上、基于共识基础上并将政府排除在外的治理模式，这是在网络空间全球治理领域公认的治理模式，也是不得已而采取的模式，因为互联网的关键资源、标准制定都掌握在互联网名称与数字地址分配机构（ICANN）、互联网任务工程组（IETF）、互联网架构委员会（IAB）等非政府机构中。国际电信联盟多次试图接管互联网关键资源和标准制定权，都因为遭到了互联网社群的抵制而未能成功。见鲁传颖. 网络空间治理与多利益攸关方理论[M]. 北京：时事出版社，2016：8-9.

加以处理，且需要进一步研究租赁在保护国际频率登记总表中的指配方面的作用。

总之，现有国际电信联盟规则下，即便空间资产可以跨国流转，卫星频率和轨道资源仍需按《无线电规则》规定的程序来取得和使用，这是国际条约为国际电信联盟成员国设定的条约义务，短时间内修订的可能性很小。

# 第六章

# 无线电通信秩序国际规制

**本章概要：** 维护国际无线电通信秩序是有效利用无线电通信资源、顺利开展无线电通信活动的重要保障。有害干扰和违章行为是违反国际电信联盟规则、引起成员国之间争端的两种主要情形。《国际电信联盟组织法》和《国际电信联盟公约》规定了国际电信联盟无线电通信局和无线电规则委员会在处理有害干扰和违章行为方面的职责。《无线电规则》在规定成员国避免有害干扰义务的前提下，也确立了处理有害干扰的具体程序。无线电规则委员会适用相关规则程序处理了多起有害干扰案件。

**关键术语：** 违章行为、有害干扰、无线电规则委员会

## 第一节　禁止有害干扰和违章行为

### 一、干扰的定义和分类

#### （一）定义

在无线电通信领域，干扰是指由于某种发射、辐射、感应或其组合所产生的无用能量对无线电通信系统的接收产生的影响，这种影响的后果表现为

性能下降、误解或信息遗漏，如不存在这种无用能量，则此后果可以避免[414]。

### （二）分类

就干扰的类型，《无线电规则》提供了两种分类方法。

#### 1. 按干扰的程度分类

按干扰的程度，《无线电规则》将干扰分为可允许干扰、可接受干扰和有害干扰 3 类：

可允许干扰是指观测到的或预测的干扰，该干扰符合《无线电规则》或 ITU-R 建议书或《无线电规则》规定的特别协议所载明的干扰允许值和共用的定量标准[415]；

可接受干扰是指其电平高于规定的可允许干扰电平，但经两个或两个以上主管部门协商同意，并且不损害其他主管部门的利益的干扰[416]；

有害干扰是指危及无线电导航或其他安全业务的运行，或严重损害、阻碍，或一再阻断按照《无线电规则》开展的无线电通信业务的干扰[417]。

在 3 类干扰中，有害干扰是《国际电信联盟组织法》和《无线电规则》明确禁止的、成员国应避免产生的且出现后有义务加以消除的干扰。

#### 2. 按干扰的来源分类

按干扰的来源，《无线电规则》将干扰分为由无线电台（含测试电台）产生的干扰，工业、科学和医疗所用设备产生的干扰，除工业、科学和医疗所用设备之外的其他任何种类的电气设备和装置产生的干扰 3 类。最为常见的是由无线电台产生的干扰，《无线电规则》为此规定了关于电台特性以及发射方面的要求，后文将对此详述。本小节仅概述《无线电规则》就非无线电设备和装置应避免产生干扰的要求。

---

414 《无线电规则》(2020 年版)，第一卷条款，第 1.166 款。

415 《无线电规则》(2020 年版)，第一卷条款，第 1.167 款。

416 《无线电规则》(2020 年版)，第一卷条款，第 1.168 款。

417 《无线电规则》(2020 年版)，第一卷条款，第 1.169 款。

对于工业、科学和医疗所用设备，《无线电规则》第 15 条第Ⅲ节规定，各国主管部门应采取一切切实可行和必要的步骤，以保证使工业、科学和医疗所用设备的辐射最小，并保证在指定由这些设备使用的频段之外，这些设备的辐射电平不对按照《无线电规则》规定运作的无线电通信业务、特别是无线电导航或任何其他安全业务产生有害干扰[418]。

对于除工业、科学和医疗所用设备之外的其他任何种类的电气设备和装置，《无线电规则》第 15 条第Ⅱ节规定，各国主管部门应采取一切切实可行和必要的步骤，以保证除工业、科学和医疗所用设备之外的其他任何种类的电气设备和装置，包括电力及电信分配网络，不对按照《无线电规则》规定运作的无线电通信业务、特别是无线电导航或任何其他安全业务产生有害干扰[419]。

## 二、禁止电台产生有害干扰和违章行为的相关规定

### （一）禁止有害干扰和违章行为的一般性规定

《国际电信联盟组织法》第 197 款规定："所有电台，无论其用途如何，在建立和使用时均不得对其他成员国或经认可的运营机构或其他正式受权开办无线电业务并按照《无线电规则》的规定操作的运营机构的无线电业务或通信造成有害干扰。"该条确立了电台不得产生有害干扰的义务。《国际电信联盟组织法》和《无线电规则》中的"电台"应专指无线电台（站），其定义是为在某地开展无线电通信业务或射电天文业务所必需的一台或多台发信机或收信机，或发信机与收信机的组合（包括附属设备）[420]。射电天文是指以接收宇宙无线电波为基础的天文[421]。由于射电天文电台的灵敏度特别高，需要经

418 《无线电规则》(2020 年版)，第一卷条款，第 15.13 款。

419 《无线电规则》(2020 年版)，第一卷条款，第 15.12 款。

420 《无线电规则》(2020 年版)，第一卷条款，第 1.61 款。

421 《无线电规则》(2020 年版)，第一卷条款，第 1.13 款。

常在没有有害干扰的情况下长期观测，各国射电天文电台数量不多并且位置都是已知的，所以《无线电规则》规定各国有义务合作以保护射电天文业务不受干扰[422]。就解决有害干扰而言，应将射电天文业务作为无线电通信业务处理[423]。

对于有害干扰，国际电信联盟成员国承担遵守条约和进行监管的义务。《国际电信联盟组织法》第37、38款明确规定，各成员国在其所建立或运营的、从事国际业务的或能够对其他国家无线电业务造成有害干扰的所有电信局和电台内，均有义务遵守《国际电信联盟组织法》《国际电信联盟公约》和行政规则的规定。各成员国还有义务采取必要的步骤，责令所有经其批准而建立和运营电信并从事国际业务的运营机构或运营能够对其他国家无线电业务造成有害干扰的电台的运营机构也遵守《国际电信联盟组织法》《国际电信联盟公约》和行政规则的规定。

### （二）对电台特性和操作的规定

为了防止有害干扰，《无线电规则》第一卷条款第15条一般性地规定了电台操作所应遵守的规则，要求所有电台禁止进行非必要的传输，或多余信号的传输，或虚假或引起误解的信号的传输，或无标识的信号的传输[424]。据此，即便某些发射尚未达到有害干扰的程度，违反这一规定的发射仍构成违反《无线电规则》的发射，是违章行为。

为了避免有害干扰，《无线电规则》第15条还规定了电台操作方面的具体要求：发射电台只应辐射为保证满意服务所必要的功率；发信电台的位置以及如业务性质许可时收信电台的位置，应该特别仔细选择；只要业务性质许可，应尽实际可能利用定向天线特性，把对不必要方向的辐射和来自不必要方向的接收减至最低限度；发射机和接收机的选择及使用，应符合《无线电

422 《无线电规则》(2020年版)，第一卷条款，第29.1至29.4款。
423 《无线电规则》(2020年版)，第一卷条款，第4.6款。
424 《无线电规则》(2020年版)，第一卷条款，第15.1款。

规则》第 3 条的各项规定[425]；空间电台应当装有保证随时按照《无线电规则》的规定要求停止发射时，通过遥控指令立即停止无线电发射的装置[426]。

由于遇险呼叫和电报具有优先地位[427]，《无线电规则》第 4.9 款指出，无线电导航及其他安全业务的安全特点要求特别措施保证其免受有害干扰。为此，《无线电规则》第 15.8 款指出，须特别考虑避免对《无线电规则》第 31 条中规定的与遇险和安全有关的遇险和安全无线电频率以及附录 27 中规定的与飞行安全和管制有关的那些无线电频率的干扰。

在电台发射方面，《无线电规则》要求电台所须采用的发射类别，应满足产生干扰最小并能保证无线电频谱的有效利用。为达到这些要求，在选择发射类别时，应尽一切努力减少所占频段的宽度，同时要考虑执行业务时操作上和技术上的要求。发射电台的带外发射，对按《无线电规则》在相邻频段内工作并且其接收机的使用符合《无线电规则》第 3.3、3.11、3.12、3.13 款和 ITU-R 有关建议的那些业务不应造成有害干扰。如果某电台虽然符合第 3 条的规定，但因其杂散发射而产生有害干扰时，应采取特别措施以消除这种干扰[428]。而《无线电规则》第 3 条就电台技术特性作出了规定，包括发射电台应符合附录 2 规定的频率容限、符合附录 3 规定的杂散域中无用发射的最大允许功率电平、尽一切努力把频率容限和无用发射电平保持在技术状态和该业务的性质所允许的最低值、发射带宽保证最有效利用频谱等[429]。

### （三）对测试活动的要求

《无线电规则》第 15.14 款规定，为避免有害干扰，每一个主管部门在批准任何电台的测试和实验前，应该规定采取一切可能的预防方法，如选择频

425 《无线电规则》(2020 年版)，第一卷条款，第 15.2 至 15.7 款。

426 《无线电规则》(2020 年版)，第一卷条款，第 22.1 款。

427 《国际电信联盟组织法》，第 200 款。

428 《无线电规则》(2020 年版)，第一卷条款，第 15.9 至 15.11 款。

429 《无线电规则》(2020 年版)，第一卷条款，第 3.5、3.6、3.8、3.9 款。

率、时间以及降低辐射，以至在一切可能的情况下抑制辐射。由于测试和实验而发生的任何有害干扰，应该尽速消除。

为推动无线电通信技术进步或研发新产品、新设备，测试不可避免。《无线电规则》不禁止测试，但是规定了“采取一切可能的预防方法”“在一切可能的情况下”抑制辐射的要求，而且若发生了有害干扰，应尽快消除。《中华人民共和国无线电管理条例》第 42 条规定，研制无线电发射设备使用的无线电频率，应当符合国家无线电频率划分规定；第 50 条规定，研制、生产、销售和维修大功率无线电发射设备，应当采取措施有效抑制电波发射，不得对依法设置、使用的无线电台（站）产生有害干扰；进行实效发射试验的，需要向省、自治区、直辖市无线电管理机构申请办理临时设置、使用无线电台（站）手续。以上措施都能在一定程度上减少测试活动产生的有害干扰。

## 第二节　国际电信联盟机构处理有害干扰和违章行为的职权

《国际电信联盟组织法》第 11 款规定了国际电信联盟有“实施无线电频谱的频段划分、无线电频率的分配和无线电频率指配的登记，以及空间业务中对地静止卫星轨道的相关轨道位置及其他轨道中卫星的相关特性的登记”的职责，这是避免有害干扰的事前安排。《国际电信联盟组织法》第 12 款规定了国际电信联盟还有“协调各种努力，消除不同国家无线电台之间的有害干扰”的职责，这是侧重于事后解决有害干扰。《国际电信联盟组织法》《国际电信联盟公约》《无线电规则》规定了无线电通信局、无线电规则委员会、世界无线电通信大会等机构处理有害干扰的职权。

### 一、无线电通信局

在处理有害干扰方面，《国际电信联盟公约》第 173 款规定：“无线电通信局可以应一个或多个有关主管部门的要求，帮助处理有害干扰的案例，并在必要时进行调查，并编写一份包括给有关主管部门的建议草案的报告，供无线电规则委员会审议。”根据该款，无线电通信局在处理有害干扰方面的职责可以分解为3项。

第一，应一个或多个有关主管部门的要求，帮助处理有害干扰的案例。干扰主要通过双边协调解决，即当有害干扰的来源与特性确定后，管辖其业务受到干扰的发信台的主管部门应将一切有用资料通知管辖产生干扰的电台的主管部门，以便该主管部门采取必要步骤消除干扰[430]。但当双边途径未能消除有害干扰时，有关主管部门应该将该事件的详细情况寄送无线电通信局[431]。另外，当某一主管部门在解决有害干扰遇到困难时，可以向无线电通信局寻求帮助，无线电通信局的职责包括在适宜时帮助鉴别干扰的来源并寻求负责主管部门的合作以解决有害干扰[432]。对于违章行为，无线电通信局也应在某一主管部门要求时，使用一切可用的手段对所报告的断定违反或没有遵守《无线电规则》的案例进行研究，并准备一份包括给相关主管部门的建议草案的报告供无线电规则委员会审议[433]。

第二，必要时进行调查。无线电通信局在有害干扰案件中的调查职责主要在于鉴别有害干扰的来源[434]，分析违章行为[435]。为了鉴别有害干扰的来源，无线电通信局可以利用的工具包括国际监测系统[436]。建立这些系统是为了更好地实施《无线电规则》，保证经济、有效地使用无线电频谱并帮助迅速消除有害干扰[437]。国际监测系统是由各主管部门根据名为《将国际监测系统扩

430 《无线电规则》(2020年版)，第一卷条款，第15.34款。

431 《无线电规则》(2020年版)，第一卷条款，第15.41款。

432 《无线电规则》(2020年版)，第一卷条款，第13.2款。

433 《无线电规则》(2020年版)，第一卷条款，第13.3款。

434 《无线电规则》(2020年版)，第一卷条款，第15.45款。

435 《无线电规则》(2020年版)，第一卷条款，第13.3款。

436 《无线电规则》(2020年版)，第一卷条款，第16.5款。

437 《无线电规则》(2020年版)，第一卷条款，第16.1款。

展到全球范围》的ITU–R第23号决议和名为《国际监测系统》的ITU–R SM.1139号建议书向国际电信联盟秘书长提交的资料中指定的监测站构成，这些监测站可由一国主管部门运营，或根据相关主管部门的授权而由一个公共或私营的企业，或由两个或多个国家建立的公共监测部门来运营，或由一国际组织运营[438]。在国际监测系统的使用和操作规程方面，ITU–R SM.1139号建议书要求，在启用国际监测时，主管部门和无线电通信局应考虑到国际监测系统清单中所列的监测设施，并应明确说明启用监测的目的和所要求的监测工作的参数（包括适当的时间表）；应以无线电通信全会建议的监测站技术标准作为参与国际监测系统的监测站的最佳操作技术标准；提交给无线电通信局或其他主管部门的测量结果应表明监测时的估计精度；如果认为监测站提供的监测结果在实现监测目的方面存疑或不足，无线电通信局应通知主管部门或相关国际组织提供适当的细节；主管部门应尽一切努力尽快向无线电通信局提交监测结果。ITU–R第23号决议未列入《无线电规则》第三卷，ITU–R SM.1139号建议书也未被引证归并到《无线电规则》第四卷，所以二者均不是《无线电规则》的组成部分，不是条约意义上的文件，应被视为无线电通信领域的国际标准，作为国际软法发挥作用，ITU–R SM.1139号建议书中关于适用范围的规定，即“本建议书提供了建议各行政部门考虑的有关国际监测系统的准则”，也印证了这一定性。

第三，编写一份包括给有关主管部门的建议草案的报告，供无线电规则委员会审议。从无线电通信局的实践来看，这样的报告一般包括案件的历史背景，案件的发展情况，在案件处理过程中无线电通信局、管辖其业务受到干扰的发信台的主管部门及管辖产生干扰的电台的主管部门之间的联络沟通情况等内容，并附有案件背景信息方面的附件[439]。

在处理有害干扰的过程中，无线电通信局可发挥斡旋和调停的作用，也

438 《无线电规则》（2020年版），第一卷条款，第16.2款。

439 如2004年针对古巴诉美国的有害干扰案件，无线电通信局主任向无线电规则委员会第34次会议提交的报告记录在Addendum 1 to Document RRB04-2/1-E中。

就是由无线电通信局作为第三方进行干预，促使当事国进行谈判并协助其解决有害干扰。在斡旋中，无线电通信局只是促使当事国进行谈判，其可以提出建议也可以转达当事国的建议，提供谈判与协商的条件，但不参与谈判，其建议对当事国没有拘束力。在调停中，无线电通信局可以直接参加谈判，作为调停者，不仅为争端双方提供条件，还向双方提出实质性建议并且参与谈判。

## 二、无线电规则委员会

大多数有害干扰问题由主管部门通过双边途径解决，无线电通信局通过斡旋或调停，也可以解决一定数量的国际有害干扰，而通过无线电通信局介入仍未得到解决的案件，主管部门可以要求无线电通信局将关于有害干扰的调查报告提交给无线电规则委员会审议并由委员会作出决议[440]。无线电规则委员会一般通过全体一致或三分之二多数决定的方式[441]，在其会议决议中对有害干扰的调查结果、责任方和后续解决方案作出结论和建议。该决议虽不具有法律约束力，但均由无线电领域内资历深厚并在频率的指配和使用方面具有实际经验的专家提出，实际影响力很大，一般会得到成员国的遵守，因此无线电规则委员会被视为具有准司法功能。通过无线电规则委员会讨论的有害干扰案件极少，查阅无线电规则委员会的档案可知，自 1995 年无线电规则委员会开始运作以来，该委员会共受理和审查了由成员国申诉的 10 个有害干扰案例。

## 三、世界无线电通信大会

世界无线电通信大会每 3 ～ 4 年召开一次，大约有 3000 多名各国代表参加。根据《国际电信联盟组织法》和《国际电信联盟公约》，大会的重要

440 《国际电信联盟公约》，第 140 款。

441 《国际电信联盟公约》，第 146 款。

任务在于修改和更新《无线电规则》，但也可处理其权限范围内并与其议程有关的具有世界性的任何问题[442]。世界无线电通信大会应仅讨论列入其议程的议题[443]，而议题和议程的确定一般是由理事会在大会召开的两年以前征得多数成员国的同意后确定，或者由全权代表大会指定列入[444]。有害干扰问题也属于无线电通信具体问题，是可以被列入世界无线电通信大会议程的。

## 四、理事会

理事会每年召开一次，在两届全权代表大会之间，理事会须作为国际电信联盟的管理机构在全权代表大会所授予的权限内代行其职权[445]。理事会须采取一切步骤，促进各成员国执行《国际电信联盟组织法》《国际电信联盟公约》和行政规则的规定以及全权代表大会的决定，并酌情执行国际电信联盟其他大会和会议的决定，还应履行全权代表大会所指派的职责[446]，可以包括全权代表大会就有害干扰所指派的职责。古巴曾就在无线电通信部门内部没有解决的、受到来自美国的有害干扰一事提交理事会 2006 年会议，理事会注意到古巴和美国的发言，但是没有讨论这一问题[447]。

## 五、全权代表大会

全权代表大会是国际电信联盟的最高权力机构，尽管其主要职责是确立该组织的总政策和战略规划、决定该组织的预算和成员国会费、选举理事会成员国以及国际电信联盟选任官员和无线电规则委员会委员、修订《国际电

442 《国际电信联盟组织法》，第 89 款；《国际电信联盟公约》，第 115 款。

443 《国际电信联盟公约》，第 112 款。

444 《国际电信联盟公约》，第 118 至 119 款。

445 《国际电信联盟组织法》第 68 款。

446 《国际电信联盟组织法》第 69 款。

447 见 2006 年理事会文件 Document C06/13。

信联盟组织法》和《国际电信联盟公约》等，但大会也可以处理可能有必要处理的电信问题[448]。成员国就无线电通信部门内部无法解决的有害干扰，可在全权代表大会上提出。古巴曾就在无线电通信部门内部以及理事会层面没有解决的、受到来自美国的有害干扰一事提交2006年全权代表大会，全权代表大会对此达成了一项行动计划，指示无线电通信局向规则与程序问题的特别委员会提交一份报告，并分别向2007年世界无线电通信大会的准备会议和2007年世界无线电通信大会提交报告，但也未能解决有害干扰。由于有害干扰始终未得到解决，古巴再次向2010年全权代表大会提出该有害干扰问题，但未能列入大会议程或得以讨论。

## 第三节 有害干扰和违章行为的处理程序

一国主管部门或其管辖范围内的电台未按照《无线电规则》指配或使用无线电频率或者设置无线电台，就可能产生有害干扰。不具有国际影响的有害干扰依据国内法解决，具有国际影响的有害干扰则触发国际电信联盟无线电通信部门的干扰处理程序。《国际电信联盟组织法》第190款规定了成员国在处理违反国际电信联盟法规的行为时的通知和合作义务，即为促进实施《国际电信联盟组织法》第6条的规定，各成员国应确保相互通知，并酌情相互帮助处理违反《国际电信联盟组织法》《国际电信联盟公约》和行政规则的规定的事例，这是处理有害干扰的基本原则。《无线电规则》第一卷条款第15条第VI节“有害干扰事件的处理程序”对此作了详细规定。

### 一、有害干扰的来源和特性判定

根据《无线电规则》，一般由受干扰的收信台向受干扰的发信台报告有害

448 《国际电信联盟组织法》，第59款。

干扰的来源和特性[449]。受干扰的收、发信台主管部门之间相互合作或寻求其他主管部门或组织的合作以便确定干扰的来源和特性。有害干扰由空间电台发射造成且用其他方法无法获知空间电台位置时，管辖产生干扰的电台的主管部门，应根据管辖受到干扰电台主管部门的请求，提供有利于确定空间电台位置所必要的即时星历数据[450]。针对 HF 频段内有害干扰来源难以确定的情况，主管部门可迅速通知无线电通信局寻求帮助[451]。就干扰来源的一般性困难，主管部门也可以寻求无线电通信局帮助鉴别干扰来源[452]。

## 二、有害干扰的通知程序

### （一）有害干扰通知的发出

根据《无线电规则》第 15 条第Ⅵ节，当一个收信台报告存在有害干扰时，它应将一切可以帮助确定干扰来源和特性的资料告知其业务受到干扰的发信台[453]。有害干扰事件判明以后，管辖经受干扰的收信台的主管部门，应该通知管辖其业务受到干扰的发信台的主管部门，并提供相关资料[454]。有害干扰的来源和特性确定后，管辖其业务受到干扰的发信台的主管部门应将一切有用资料通知管辖产生干扰的电台的主管部门，以便后者采取必要步骤消除有害干扰[455]。在通知有害干扰细节时，应按照《无线电规则》附录 10 的格式提出[456]，附录 10 的标题是“有害干扰的报告”。在这一程序中，通知是由管辖其业务受

449 《无线电规则》(2020 年版)，第一卷条款，第 15.30 款。
450 《无线电规则》(2020 年版)，第一卷条款，第 15.33 款。
451 《无线电规则》(2020 年版)，第一卷条款，第 15.43 款。
452 《无线电规则》(2020 年版)，第一卷条款，第 13.2 款。
453 《无线电规则》(2020 年版)，第一卷条款，第 15.30 款。
454 《无线电规则》(2020 年版)，第一卷条款，第 15.31 款。
455 《无线电规则》(2020 年版)，第一卷条款，第 15.34 款。
456 《无线电规则》(2020 年版)，第一卷条款，第 15.27 款。

到干扰的收信台主管部门向管辖其业务受到干扰的发信台主管部门告知，再由后者通知给管辖产生干扰的电台的主管部门，而在电台的操作者之间并无沟通的必要性。

当安全业务遭受有害干扰时，由于其重要性和时间紧迫性，管辖经受干扰的收信台的主管部门可以越过管辖其业务受到干扰的发信台主管部门，直接向管辖产生干扰的电台的上级主管部门交涉[457]。当某一地球站所营业务遭受有害干扰时，管辖经受此项干扰的收信台的主管部门也可以直接与管辖产生干扰的电台的主管部门交涉[458]。而对于其他干扰事件，虽然也可以采取同样程序，但要事先取得管辖其业务受到干扰的发信台的主管部门的批准[459]。

### （二）有害干扰通知的收到确认

当某一主管部门在获悉其管辖的某一电台被认为是有害干扰的来源时，应该尽可能用最快的方式确认收到此通知，但这种确认不得被视为对干扰事件承担责任[460]。当某一主管部门获悉它的某一电台正在对安全业务造成有害干扰时，应该立即对此进行研究并采取必要的补救行动和及时进行响应[461]。

## 三、有害干扰的处理规则

一般国际法上有善意履行国际义务的要求，处理有害干扰也应遵循善意和合作原则，具体包括：各成员国必须以最大善意相互帮助[462]；各主管部门应该合作检测和消除有害干扰，必要时启用国际监测系统[463]；如果需要进一步的

457 《无线电规则》(2020年版)，第一卷条款，第15.36款。
458 《无线电规则》(2020年版)，第一卷条款，第15.38款。
459 《无线电规则》(2020年版)，第一卷条款，第15.36款。
460 《无线电规则》(2020年版)，第一卷条款，第15.35款。
461 《无线电规则》(2020年版)，第一卷条款，第15.37款。
462 《无线电规则》(2020年版)，第一卷条款，第15.22款。
463 《无线电规则》(2020年版)，第一卷条款，第15.25款。

观测与测量以确定有害干扰的来源与特性并追究责任，管辖其业务受到干扰的发信台的主管部门，可以寻求其他主管部门，尤其是管辖经受干扰的收信台的主管部门或其他组织进行合作[464]；同时，考虑到遇险和安全频率以及飞行安全和管制使用的频率上的发射需要绝对的国际保护，且必须消除对这类发射的有害干扰，当各主管部门被提请注意此类有害干扰时，承诺立即采取行动[465]。

## 四、怠于消除有害干扰的后果

在按照《无线电规则》第15条规定的规则和程序进行了通知和敦促有害干扰处理后，如果有害干扰仍然存在，则管辖其业务受到干扰的发信台的主管部门可以按照《无线电规则》第15条第Ⅴ节的规定，向管辖产生干扰的发信台的主管部门发送一份不遵守或违章的报告，此报告应以附录9发出[466]，附录9的标题是“不正常情况或违章报告”。

## 五、寻求无线电通信局和无线电规则委员会帮助的程序

根据《无线电规则》，如果一个主管部门了解到其所辖台站违反《国际电信联盟组织法》《国际电信联盟公约》或《无线电规则》的信息（尤其涉及《国际电信联盟组织法》第45条和《无线电规则》第15.1款时），该主管部门须查明事实并采取必要行动。如果认为有必要，特别是按照上述程序采取步骤后未能得到满意的结果时，有关的主管部门应该将该事件的详细情况寄送无线电通信局或要求无线电通信局采取行动[467]。无线电通信局应综合所收到的报告，并利用可得到的任何其他资料，立即鉴别出有害干扰的来源。在鉴别出

464 《无线电规则》(2020年版)，第一卷条款，第15.32款。

465 《无线电规则》(2020年版)，第一卷条款，第15.28款。

466 《无线电规则》(2020年版)，第一卷条款，第15.39款。

467 《无线电规则》(2020年版)，第一卷条款，第15.41款。

有害干扰来源之后，无线电通信局应将其结论和建议以电报方式通知提出有害干扰报告的主管部门和被认为须对有害干扰来源负责的主管部门，同时要求后者迅速采取行动。

根据《无线电规则》第一卷第 14 条，任何主管部门可要求对无线电通信局的审查结论或者其他决定（包括无线电通信局针对有害干扰问题作出的结论）进行复审，若复审仍未能解决问题，则由无线电通信局将有关问题做成报告，提交无线电规则委员会。

无线电规则委员会复审后作出的决定对无线电通信局和无线电规则委员会来说是最终决定。但无线电规则委员会针对有害干扰的结论仅具有建议性质，不具有法律约束力和强制执行力。

如果要求复审的主管部门不同意无线电规则委员会的决定，则可在世界无线电通信大会上提出该问题。但世界无线电通信大会本质上是修订《无线电规则》的缔约大会，是国际电信联盟成员国主管部门代表和部门成员代表参加的世界性大会，而非解决特定国家之间有害干扰争端的司法机构，因此，在世界无线电通信大会上提出有害干扰申诉的国家，可以获得政治上的关注，但很难解决争端。也就是说，国际电信联盟无线电通信部门并无要求造成干扰的主管部门消除干扰的强制执行力，若因有害干扰产生了国际责任而在国际电信联盟平台上未得妥善解决，则应依据一般国际法上的责任机制来处理。

## 六、其他违章行为的处理

作为一般性规定，《无线电规则》第一卷条款第 15.1 款规定，禁止所有电台进行非必要的传输，或多余信号的传输，或虚假或引起误解的信号的传输，或无标识信号的传输。第 15 条其他条款还规定了发射电台只应辐射为保证满意服务所必要的功率，应利用天线特性把对不必要方向的辐射和来自不必要方向的接收减至最低程度，电台应采用干扰最小且保证频谱有效利用的发射类别以及避免对遇险和安全相关频率或与飞行安全和管制有关的频率的干扰等要求。

不符合《国际电信联盟组织法》《国际电信联盟公约》和《无线电规则》的发射，若构成有害干扰，则按照《无线电规则》第 15 条第Ⅵ节的规则处理。不符合国际电信联盟法规的发射，即便未构成有害干扰，也可能构成违章行为，触发《无线电规则》第一卷第 15 条第Ⅴ节的程序。根据第 15 条第Ⅴ节，违反国际电信联盟法规的事件，应由进行检测的机构、电台或监测者报告各自的主管部门；关于一个电台犯了任何严重违章事件的正式抗议，应由检测出此事件的主管部门向管辖该电台的主管部门提出，应使用《无线电规则》附录 9 的表格提出。如果一个主管部门了解到其所管辖的电台违反了国际电信联盟的规则，该主管部门有义务调查事实并采取必要的行动，这也是善意履行国际电信联盟法规的一般性义务的要求。

## 七、国家对有害干扰和违章行为应当承担的法律责任

### （一）有害干扰和违章行为引起的国际责任的性质

当一国合法运营的无线电通信业务受到来源于他国的有害干扰或者违章行为的影响时，除了运用上文提及的 ITU-R 部门的程序和机制，通过双边协调或者通过无线电通信局和无线电规则委员会等机构来消除有害干扰和制止违章行为，还可以遵循一般国际法上关于国家责任的实践，援引国家责任来维护本国的无线电通信权益。

国家的国际法律责任有两种，一种是国家对其国际不法行为所应承担的责任（国家的国际责任），另一种是国家对其损害行为所应承担的法律责任。

国家的国际不法行为是指国家所做的、违背其国际义务的行为。目前，国际社会尚未制定规范国家对其国际不法行为承担责任的国际条约，但 2001 年联合国大会通过了《国家对国际不法行为的责任条款草案》，被视为吸纳了国家责任领域的一些国际习惯法规则。要求国家对其国际不法行为承担国际责任有两个要件：第一，由作为或不作为构成的行为依国际法归因于该国；第

二，该行为构成对该国国际义务的违背。就第一个要件，可归因为一国的作为或不作为行为，主要是国家机关的行为，但也包括经授权行使政府权力要素的个人或实体的行为、由另一国交由一国支配的机关的行为、逾越权限或违背指示的行为、受到国家指挥或控制的行为等。在无线电通信领域，从事电波发射的主体可以是国家机关，但更多时候是运营机构。由国家机关操作电台产生有害干扰或者违章行为，国家对此承担国际法律责任是应有之义。对于运营商或其他主体操作电台产生有害干扰或者违章行为，国家负有监管义务，如果一国主管部门怠于行使监管其管辖范围内的无线电台站以及未能及时消除有害干扰，则违反了《国际电信联盟组织法》第 38 款，也应负国际责任。

在国家对其损害行为所应承担的法律责任方面，损害行为是指那些国际法不加禁止的行为，例如发射空间物体、使用核动力船舶等。由于这些行为给其他国家造成损害的，应当承担损害赔偿责任。规范相关责任的国际条约和参考文件包括 1972 年《空间物体造成损害的国际责任公约》、1962 年《核动力船舶营运人双重责任公约》、2001 年国际法委员会《预防危险活动造成跨界损害的条款草案》、2006 年国际法委员会《危险活动所致跨界损害的损失分担原则草案》。但一般来说，无线电有害干扰行为不属于国际法不加禁止的行为，而属于违反国际条约义务的不法行为，不应适用损害责任。

在无线电干扰问题上，鉴于《国际电信联盟组织法》规定了各主管部门处理其管辖范围内电台的有害干扰的义务，违反该义务可构成国家的国际不法行为，在国际电信联盟层面欠缺有约束力的解决机制的情况下，可依据一般国际法上关于国家的国际法律责任制度解决。

### （二）承担有害干扰和违章行为所产生的国际责任的方式

承担国际责任的基本形式是停止不法行为和对不法行为造成的损害予以充分赔偿。

当有害干扰是持续性的时候，管辖产生干扰的发信台的主管部门有义务敦促该电台停止有害干扰行为，并在必要时提供不重复该行为的适当承诺和保证。

当有害干扰造成了物质损害或非物质损害时，提供充分赔偿也是管辖产生干扰的发信台的主管部门所应承担的责任。物质损害是指对国家或其国民的财产或其他利益造成的经济上可评估的损害，非物质损害是指对国家或其国民的人格或尊严等造成的精神伤害。针对物质损害，要求损害必须与有害干扰之间存在因果关系，且赔偿应与有害干扰所造成的损害后果相称。针对非物质损害，可以采取抵偿的责任承担方式，即采用正式道歉、承认不法行为和表示遗憾等方式来承担责任。

## 第四节　典型有害干扰案例分析

1992 年增开的全权代表大会设立了无线电规则委员会，迄今为止，该委员会共审议和处理了 10 个由成员国申诉的国际有害干扰案件。委员会的审查和决议过程体现了无线电领域内资历深厚并在频率的指配和利用方面具有实际经验的选任委员根据《国际电信联盟组织法》的授权，理解和适用《国际电信联盟组织法》《国际电信联盟公约》和《无线电规则》的过程，是无线电通信领域国际法运行的重要实践。本节选取其中 3 个典型案例，归纳总结有害干扰案件的法律争点，分析研究无线电规则委员会适用《无线电规则》处理有害干扰的方法，并对国际电信联盟现有干扰解决机制作出评述。

### 一、古巴诉美国故意有害干扰

古巴与美国之间关于无线电干扰的争端旷日持久，至今悬而未决。国际电信联盟无线电规则委员会在其第 34—64 次会议（2004—2013 年）上持续审议了该项争端，这也是无线电规则委员会处理的第一个国际有害干扰案例。古巴、美国和国际电信联盟均认为该案是政治性因素大于技术性和法律性因素，且默认无线电通信局、无线电规则委员会、世界无线电通信大会、国际电信联盟理事会以及全权代表大会在此类案件上的作用有限。

## （一）案情概要

美国国务院认为古巴控制新闻媒体，侵犯公民获取信息的自由，遂于2003年5月以其C-130大力神飞机为平台，在13频道（210～216MHz）上对古巴播放广播和电视节目，美国还指示其“对古巴广播办公室”向非政府组织提供资金，要求后者购买古巴的广播和电视时间用以播放民主、人权、市场经济方面的节目，还向古巴人民增加供应短波收音机、卫星电视天线、解码器等类似设备。美国通过航空器向古巴进行广播的行为对古巴正常运行的广播业务产生了有害干扰。

古巴主管部门于2003年5月23日致信国际电信联盟无线电通信局并提交附录10表格，主张其在213MHz上运行的广播（电视）业务受到来自飞行于5544～6468m高空区域、距离古巴领土北部边境150～160km处的美国军用航空器上的电视发射机的同频道干扰，古巴主张它对213MHz的使用权已登记在国际频率登记总表中，是应受保护的使用。古巴主张美国主管部门违反了以下两项国际规则：第一，《无线电规则》第23.3款，该款规定：“原则上，除3900～4000kHz的频段外，用5060kHz以下或41MHz以上频率的广播电台不应使用超过为在有关国家国境以内维持经济有效、质量良好的国内业务的必要的功率”，美国故意超出其本国范围提供广播服务即是违反了第23.3款；第二，《国际电信联盟组织法》序言，因为美国的活动不能以有效的电信业务促进各国人民之间的和平联系、国际合作和经济及社会的发展。古巴还主张美国的行为构成了心理战、侵略行为。

2004年10月4日和12日，古巴还以附录9表格向国际电信联盟无线电通信局投诉来源于美国主管部门管辖的航空器上、对其530kHz上运行的声音广播站的干扰。对于530kHz的频率使用，美国和古巴均未在国际频率登记总表上进行登记，因此是不受保护的频率使用，但古巴认为这种使用仍构成了不正常情况或者违章行为，违反了《无线电规则》第5.86款和第23.3

款，其中第 5.86 款规定:“在 2 区，525 ～ 535kHz 频段内，广播电台的载波功率白天不得超过 1kW，夜间不得超过 250W。”

美国在其空域内由美国航空器在 13 频道上播送节目，而且认为这是符合美国的国际电信义务的。就古巴指控美国违反了《无线电规则》第 23.3 款，美国将第 23.3 款的措辞“原则上……不应”解释为不绝对禁止跨境广播，认为“原则上”一词已表明各主管部门并没有打算通过这一款绝对限制跨境广播，而只是减弱发射功率以便利操作更多的广播电台。针对古巴指控美国违反《国际电信联盟组织法》序言中“以有效的电信业务促进各国人民之间的和平联系、国际合作和经济及社会的发展”之条款，美国则援引《世界人权宣言》第 19 条和《公民权利和政治权利国际公约》第 19 条第二款作为抗辩，认为美国广播的目的恰恰是为了不分国界地向古巴人民提供信息[468]。

## （二）无线电规则委员会审议结果

在无线电规则委员会第 35 次会议上，委员会以被干扰的频率是否已登记在国际频率登记总表从而具有国际认可的地位为基准，对 213MHz 和 530kHz 区分处理。

委员会认为美国在 213MHz 上的发射严重影响了古巴在国际频率登记总表上登记的频率指配，构成了《国际电信联盟组织法》第 1003 款所述之有害干扰。

对于 530kHz，考虑到古巴和美国在国际频率登记总表中都没有已登记的无线电频率指配，无线电规则委员会认为该案件不能作为有害干扰处理。但美国在这一频率上的发射是否违反《无线电规则》从而构成“infringement”或“irregularity”，则需要更多信息计算，包括由美国主管部门提供有关其发射的信息。如果缺乏充分信息和依据，委员会就无法作出决定。委员会指出，报告违反《无线电规则》的情况，主管部门不一定要有频率指配登记在

468　无线电规则委员会文件，第 Addendum 3 to Document 04-3/2/E 号。

国际频率登记总表中，当一个主管部门的发射功率限值超过了《无线电规则》的规定时，其他主管部门就可以报告这种违反了《无线电规则》的情况。

无线电规则委员会还指出，美国和古巴对第 23.3 款的解释存在不同意见，这涉及《无线电规则》的解释，应由世界无线电通信大会作出。

### （三）案件处理结果

为了解决有害干扰，无线电通信局依其职权或受无线电规则委员会指示，多次致函美国无线电通信主管部门，要求美国消除有害干扰，但美国未予以回复和处理。无线电规则委员会还责成无线电通信局主任向美国国务院书面转达关切，亦未能妥善解决。

古巴主管部门则将此案提交了理事会 2006 年会议[469]，理事会注意到古巴和美国的发言，但是没有讨论这一问题。随后，古巴主管部门向 2006 年全权代表大会提交提案，并提议大会通过决议，谴责美国违反国际电信联盟法规的行为。

2006 年全权代表大会针对古巴诉美国有害干扰一事达成了有关行动计划，责成无线电通信局向"规则与程序问题的特别委员会"提交一份报告，并分别向 2007 年世界无线电通信大会的准备会议（CPM07）和 2007 年世界无线电通信大会（WRC–07）提交报告。"规则与程序问题的特别委员会"审查报告后认为不应由其对《无线电规则》第 23.3 款的适用作出澄清，而应由 2007 年世界无线电通信大会来作出解释。

2007 年世界无线电通信大会要求美国主管部门消除其在 213MHz 上的干扰，同时指出，在航空器上设立电台、未经许可而针对其他国家领土发射，不符合《无线电规则》[470]。而美国对此不予认同，并在声明中指出，美国将继续适用《世界人权宣言》第 19 条，支持古巴人民言论自由和信息自由流动的权利，并为古巴人民的利益考虑而向其传播信息。

469 2006 年国际电信联盟理事会文件，第 C06/13 号。

470 WRC-07 第 9 次全会会议记录（2007-11-03）。

古巴主管部门将这一问题提交2010年全权代表大会，但问题并未列入大会议程，也未包括在大会单个会议的任何议程中，但古巴作出政策性发言并在大会《最后文件》中提出第32号声明，谴责美国的做法。对此，美国作出第84号声明予以反驳，也列入了大会《最后文件》中。

2013年2月13日，国际电信联盟秘书长致信美国总统，敦促其关注并尽快解决此事。自2013年5月以来，无线电规则委员会不再收到任何涉及美国对古巴的有害干扰申诉，因此古巴与美国之间的无线电干扰争端在无线电规则委员会层面不再讨论。但是该问题并未得以解决，体现在每次全权代表大会和世界无线电通信大会上，古巴均在《最后文件》中作出声明，谴责美国的做法。

## 二、意大利对邻国广播业务的有害干扰

### （一）案情概要

意大利对邻国广播业务造成有害干扰一案是无线电规则委员会正在处理的另一个耗时长久、暂未完全解决的案件，但与古巴和美国之间的争端不同，该案从法律、规则、技术和经济的层面，未来有得以解决的可能性。

2005年7月16日，无线电通信局收到来自斯洛文尼亚的求助，该国根据《无线电规则》第15.42款，声称其广播（声音广播和电视广播）业务受到来自意大利的多个广播电台的有害干扰。随后，无线电通信局随机检查了几个无线电频率，发现意大利为本国广播电台所指配的无线电频率不符合欧洲广播区GE06区域协议和一区GE84号协议的相关规划，而斯洛文尼亚和意大利均为这两项区域性协议的签字国。随后，斯洛文尼亚就意大利发射造成有害干扰一事又多次致信无线电通信局，但直至2007年3月，意大利主管部门才提交资料表明该国已经注意到干扰问题，但对于解决方案语焉不详。2010年以来，越来越多的意大利邻国向无线电通信局提交报告，表明其电视广播和声音广播上的无线电频率受到意大利发射的干扰，这些国家包括法国、

瑞士、马耳他、克罗地亚等若干国家。

为了解决有害干扰，无线电通信局主任多次从中协调，致信有关主管部门，传递信息并督促意大利履行国际义务。无线电通信局还参加了主管部门之间或者意大利国内主管部门和运营商之间的协调会议。无线电规则委员会也多次在委员会决议中督促意大利主管部门积极开展双边和多边协调工作，履行国际义务。

为了推动干扰争端的解决，2012 年世界无线电通信大会第三次全体会议决定，使用含有受影响国家向无线电通信局提交的所有有害干扰报告的数据库作为基础工作文件，制定一份路线图，确定解决所有干扰事件的具体步骤和日期。这份路线图也可以看作意大利向无线电通信局提交的一份情况通报文件，介绍该国为解决与邻国的干扰案件已经和计划采取的行动。该数据库和路线图将根据意大利和受干扰国家报告的有害干扰事态的变化而不断更新，以监督和推动解决干扰的进程。这一数据库由无线电通信局编制，发布在国际电信联盟的网站上，最近一次更新是在 2021 年 10 月。无线电通信局和无线电规则委员会对于通过路线图方式来解决意大利对其邻国造成的有害干扰均表示鼓励和赞赏。

对于这份路线图，意大利表示，尽管众多问题有待解决，但该国已在新的基础上行动起来。意大利也指出，虽然路线图为许多干扰事件规定了解决日期，但在解决具体问题过程中，该国还需要更为详细的资料并与邻国沟通，以找到合适的解决方案。目前，意大利及其邻国仍在无线电通信局的协调之下，按照路线图逐步解决有害干扰问题。

### （二）意大利对邻国造成有害干扰的原因

意大利是其所在区域的两项区域性协议——GE06 区域协议和一区 GE84 号协议的签署国，根据协议要求，相关频率使用应先在区域协议成员国之间进行协调才能使用。意大利在签署协议之后、批准协议之前，未按照协议规定的协调程序进行协调，在无视其他国家需求的情况下使用了大量可用无线电频率。一国签署一项条约但尚未批准，从严格意义上来说并非该协议的成员国。但意大利在相关操作中行使了两项区域性协议中规定的权利，例如，对其邻国公布的规划修改情况做出回应、通知同意其他主管部门的无线电频率指配、对其他主管部门更新的无线电频率指配提出反对、将意大利的4644个无线电频率指配登入GE84规划等。意大利一方面根据区域性协定行使了权利，另一方面却未履行相关协议确立的义务，如成员国须经协调后才能指配频率。

此外，意大利国内法上存在一些法律和制度障碍，也阻碍其及时消除有害干扰。这些障碍包括：（1）1990年，意大利通过第223号法律，将FM频段转化为事实上的免许可频段，此后便导致了在意大利内部和意大利邻国之间的干扰蔓延，解决这一问题需要制定新的法律，收回频率；（2）意大利国内的频率规划调整过程中出现问题，原来用于广播的700MHz被划分给移动业务之后，意大利广播机构寻求继续使用700MHz以下的无线电频谱资源，为此，意大利需要通过法律、技术、财务和组织方面的措施，解决700MHz无线电频谱的腾退和694MHz以下广播业务的迁移问题；（3）意大利的FM广播法律框架不允许意大利相关主管部门吊销无线电频率使用许可，即便是不符合GE84协议和国际电信联盟《无线电规则》的频率使用许可也不得随意吊销，在这一问题上，意大利只能向受到干扰的邻国保证，如果不符合国际电信联盟《无线电规则》，则不再颁发新的频率使用许可或将新的发射机投入运营，或者是等待意大利关于广播的法律作出修订，允许主管部门吊销无线电频率使用许可；（4）欧洲委员会要求成员国进一步开放广播市场，否则成员国将面临诉讼，为此，2014年2月，意大利经济发展部发布了DVB-T/T2无线电频率的拍卖通知，而意大利邻国克罗地亚指出，意大利所拍卖的无线电频率中有一半没有与克罗地亚完成协调，这体现了意大利面临欧洲委员会的条约义务与广播领域的区域性协议义务的冲突。

### （三）该案涉及的法律问题

#### 1. 区域性协议与《无线电规则》的关系

在无线电规则委员会第44次会议上，无线电规则委员会的委员们讨论了区域性协议与《无线电规则》的关系，认为区域性协议并非世界无线电通信大会的产物，也不是《无线电规则》的一部分，两者的相关性在于根据《无线电规则》第 6.4 款，区域性协议不得与《无线电规则》的任一条款相冲突，加入区域性协议的成员国是在《无线电规则》之外自愿承担了附加的义务。

在无线电规则委员会第 47 次会议上，委员会主席指出，斯洛文尼亚报告的、受到干扰的频率涉及 3 种类型：第一，已登记入国际频率登记总表的无线电频率指配；第二，属于根据国际电信联盟规划的无线电频率指配，但尚未登入国际频率登记总表；第三，在国际电信联盟以外，根据其他区域性协议而使用的无线电频率，申诉国是这些区域性协议的缔约国，被申诉国意大利尚未批准区域性协定，但意大利根据区域性协定使用频率，享受了区域性协定的权利，却没有承担区域性协定规定的义务。委员会认为，对于这 3 种类型的频率指配造成有害干扰应分别加以处理：第一，根据《无线电规则》第 8.3 和 8.5 款，已登入国际频率登记总表的频率指配是应受国际承认和保护的频率指配，对其造成实际有害干扰时应立即加以消除；第二，未登入国际频率登记总表的无线电频率指配不能得到国际承认，国际频率登记总表是解决有害干扰问题时唯一依据的记录；第三，因为区域性协议不是《无线电规则》的一部分，单纯的不符合区域性协议的规划并不构成对《无线电规则》的违反，对于在国际电信联盟监管之外所订立的协议，无线电通信局不应对其中的争端作任何考虑，相关问题由自愿加入该协议的有关主管部门自行处理。

**2. 签署而未批准区域性协议对意大利的效果**

意大利签署了 GE06 区域协议，但是尚未正式“批准”该协议，严格意义上来讲，意大利并非该区域协议的条约当事国。然而，1969 年《维也纳条约法公约》第 18 条规定，如果一国已经签署一项国际条约而尚未批准，在其明确表示其不愿成为条约当事方的意图之前，该国有义务不从事任何足以破坏条约目的和宗旨的行为，在 GE06 区域协议方面，作为签署国，意大利不应授权启用任何不符合协议或有关规划要求的无线电频率指配。

此外，意大利主管部门事实上曾多次适用 GE06 区域协议第 4 条，这并非完全不产生任何法律后果。自1974年7月25日起，意大利主管部门已针对大约8000个频率指配7次适用GE06区域协议第4条，却同时忽略了一项基本法律原则，即“在声称享有某些权利的同时，任何一方均不可罔顾与此相伴的义务。”1969年《维也纳条约法公约》第36条第2款规定：“条约第三国在行使该条约规定的权利时须遵守条约规定的条件。”第36条第2款是由国际法委员会特别报告人Humphrey Waldock起草的，它是在“没有人可以同时声称享有一项权利，并且没有其附带的义务”这一一般法律原则的基础上引入公约的。如果认为这是一项一般法律原则的话，其作为国际法渊源之一，对意大利具有约束力。

3. 国际法与国内法的关系

本案中，意大利主管部门表示由于国内法律和政策的障碍，该国在解决对邻国造成的有害干扰问题时面临困难。然而，根据《维也纳条约法公约》第27条，一当事国不得援引其国内法规定为理由而不履行条约。因此，意大利有确保其国内法和国内实践符合该国在国际电信联盟条约以及区域性协定下承担的、不给邻国合法运营的无线电业务造成有害干扰的义务。若未履行条约，则构成违约行为，应承担国际法律责任。

4. 国际电信联盟在成员国国内关于有害干扰的诉讼中的地位问题

尽管斯洛文尼亚无线电台使用的是经过国际协调的无线电频率，但当相互干扰发生时，仍有意大利电台在意大利法庭起诉了斯洛文尼亚电台，鉴于这种情况，斯洛文尼亚和斯洛文尼亚电台也在意大利和斯洛文尼亚的法庭起诉了意大利无线电台，由此产生了如何通过国内法庭解决国际有害干扰的问题。在相关国内诉讼程序中，国际电信联盟无线电通信局是否参与，是否担任专家角色等问题，国际电信联盟法律顾问对此进行了分析。

在无线电规则委员会第75次会议上，国际电信联盟法律顾问指出，中立性是国际电信联盟运作的一项重要原则，因此该组织一直避免介入成员国之间或成员国操作者之间的冲突。参与国家间的法律诉讼可能使国际电信联盟官员的外交豁免权受损，因此是不可取的。如果成员国法庭请求国际电信联盟作出规则或技术性质的回答，应通过外交渠道，向国际电信联盟秘书长提出。国际电信联盟不应在成员国内部的诉讼中对国际电信联盟基本文件进行解释，也不能提出法律观点，最多只能引用相关条款。

## 三、法国诉伊朗、叙利亚等国对 EUTELSAT 卫星网络频率的干扰

### （一）案情概要

法国主管部门是欧洲卫星组织（EUTELSAT IGO）[471] 的通知主管部门。2010 年，法国请求无线电通信局帮助消除自 2009 年 5 月以来出现的，对位于 9°E、13°E 和 25.5°E 的 EUTELSAT 卫星网络无线电频率的干扰，受到故意干扰影响的主要应用是广播国际新闻和信息的电视频道及体育活动。法国主张此类干扰可能来自伊朗领土，并将该申诉提请无线电规则委员会第 53 次会议解决。

针对法国的申诉，伊朗主管部门表示未在本国境内发现任何干扰源，即使干扰源于伊朗境内，由于本国监测设备探测上行发射的技术局限、干扰持续时间较短等原因，以及法国主管部门提供的干扰源的可能位置模棱两可，伊朗监测站难以确定干扰来源。

针对伊朗提出的、未发现干扰源以及干扰源查找困难的说法，法国经过详细研究和监测，于 2013 年向无线电规则委员会第 62 次会议提供信息，描述了产生有害干扰的技术、操作和规则特性，相关信息包括在 14 038.0MHz 上发射的干扰 CW 载波无线电频率图、有害干扰的地理定位情况、对产生干

471 法国所代表的国家还包括德国、澳大利亚、比利时、波黑、保加利亚、克罗地亚、丹麦、西班牙、希腊、爱尔兰、冰岛、意大利、南斯拉夫前马其顿共和国、列支敦士登、卢森堡、摩尔多瓦、摩纳哥、挪威、波兰、葡萄牙、斯洛伐克、捷克共和国、英国、圣马力诺、斯洛文尼亚、瑞典和瑞士。

扰的地球站进行地理定位的原则和方法等材料[472]，并得出如下结论。

第一，干扰的蓄意性：产生干扰的载波并非源自计划与受影响的Eutelsat卫星一起操作的台站，因此，该载波是不必要的；产生干扰的载波仅针对受影响的卫星，并采取了避免对其他相邻卫星造成有害干扰的方式发射，更准确地说，这种载波针对一些特定转发器；产生干扰的载波几乎始终采用连续波且未进行任何信号调制，该载波没有任何标识；产生干扰的载波的发射参数几乎被实时修改，其目的是对抗旨在抗击干扰效应的缓解技术（如果有用载波的功率提高，则加大干扰功率；如果有用载波移至另一个转发器，则迁移干扰载波）。因此，法国认为，针对特定卫星且从卫星运营商毫不了解的地球站进行发射的未调制载波只能被视为是《无线电规则》第15.1款禁止的发射。

第二，用以产生干扰信号的电台是大型固定地球站，采用2.4～4.8m天线，且供电极大，这些地球站由专业人员操作。

第三，干扰有加剧趋势，问题日益严重，2011年累计故意干扰时间比2010年增加了75%；2012年累计故意干扰时间比2011年又增加了130%。近两年来，故意干扰案例在数量和累计持续时间两个方面都大幅增加，是长时间的故意干扰。

第四，利用地理定位对故意干扰源进行定位的结果显示，在2010—2012年，98.5%的故意干扰源地理定位在伊朗和叙利亚主管部门领土，故意干扰源集中的3个地理区域有两个在伊朗（德黑兰、Tabriz区），一个在叙利亚（大马士革周边）。

无线电规则委员会在第53、61和62次会议上审议了该案例，相关决议认为：工作在9°E、13°E、21.5°E和25.5°E轨道位置并在国际电信联盟注册为EUTELSAT B-9°E、EUTELSAT 3-13°E、EUTELSAT B-13°E、EUTELSAT EXB-13°E、EUTELSAT 3-21.5°E和EUTELSAT 3-25.5°E

472 见无线电规则委员会文件13-1/4-C。

的 EUTELSAT IGO 卫星网络均经过协调并按规定登入国际频率登记总表，各项审查结论合格，是按照《无线电规则》第 8.3 款应予以国际认可的频率指配，不应受到有害干扰，而其正在遭受的有害干扰信号属于《无线电规则》第 15.1 款禁止的发射类型。法国主管部门使用的测量技术是《ITU-R 无线电频谱监测手册》认可的技术，比较可信。无线电规则委员会的结论是：干扰似乎来自伊朗领土。无线电规则委员会敦促伊朗主管部门给予合作，努力查找干扰来源，采取一切必要措施消除干扰。委员会还呼吁法国和伊朗主管部门在应用《国际电信联盟组织法》第 45 条、《无线电规则》第 15 条第Ⅵ节以及《序言》第 0.4 款的过程中，表现出最大程度的善意和相互协助，以便解决有害干扰。委员会还责成无线电通信局酌情援引有关国际监测的《无线电规则》第 16.5 款，要求无线电通信局请具备相关监测能力的主管部门向无线电通信局和主管部门提供协助，以便查找干扰来源。

该案最终的结果是，在无线电规则委员会第 64 次会议上，无线电通信局主任确认，针对在 7°E 和 13°E 影响 EUTELSAT 卫星传输的有害干扰问题，自 2013 年 2 月以来未再收到有关干扰报告，法国和伊朗两个主管部门均同意在未来采取措施，避免出现相互干扰。

## （二）该案涉及的法律问题

### 1. 一方提供的信息能否作为确定干扰来源的证据

在无线电规则委员会第 53 次会议讨论法国诉伊朗对其卫星网络的有害干扰时，委员会注意到，法国主张干扰源来自伊朗境内并提供了标识地图和相关监测数据，对此，委员会认为，不能将主管部门单方提供的测量结果作为委员会讨论和作出决定的证据，因为这种做法欠缺《无线电规则》的依据。也就是说，如果无线电通信局没有相关监测手段，或者即便有此手段，但《无线电规则》未规定可依据无线电通信局的监测结果作为判断责任的证据时，无线电规则委员会只能鼓励两国主管部门善意合作，寻求双方皆为满意的解决方案。这一困境凸显了国际电信联盟发展自己的监测设施框架，以便可为委员会所用的必要性。

**2. 国际监测对空间业务的适用性以及为空间业务建立国际监测系统的必要性**

在无线电规则委员会第 53 次会议上，就单方提供的信息能否作为判断有害干扰来源的证据一事，委员们认为，如果国际电信联盟拥有国际监测能力，将对解决此类问题十分有益，但此种监测能力只有在完全独立于国际电信联盟以外所有实体的情况下才能发挥作用，而要在国际电信联盟建立这种独立的功能，首先应由成员国在原则上接受此类监测，并通过法规确立实施细节，同时还需要考虑设施、人员和财务方面的资源投入。《无线电规则》第 16 条规定了国际监测，相关规定在地面业务中适用过，但国际监测的条款很少用于空间业务，这是因为空间业务监测的形势变化很快，有多个国家推出了多个系统，例如为欧洲国家服务的欧洲系统，可在成本回收的基础上为第三方提供服务，但还没有形成全球监测系统。是否引入空间业务的国际监测系统应由世界无线电通信大会决定。

在无线电规则委员会第 62 次会议上，委员们讨论了合作解决对卫星传输的有害干扰的机制。无线电通信局正在起草与有卫星业务监测能力的主管部门进行合作的备忘录，以便在主管部门请求无线电通信局帮助处理有害干扰的案件中协助无线电通信局进行测量，合作的类型及监测站登记的具体操作应根据 ITU-R SM.1139 建议书。国际电信联盟已经与国际民航组织就民用飞机上的全球卫星导航系统的干扰案件签署了合作备忘录，还启动了与美国卫星工业协会（Satellite Industry Association，SIA）、欧洲卫星运营商协会（European Satellite Operators Association，ESOA）以及全球 VSAT 论坛（Global VSAT Forum，GVF）等组织在提供卫星监测信息并协助确定有害干扰源方面给予协助的其他联络工作。

至于国际监测系统的适用范围，譬如是否可用于验证成员国在国际频率登记总表的指配的实际使用情况，在无线电规则委员会第 62 次会议上，委员们认为，监测数据用于识别有害干扰有《无线电规则》第 16 条的规则依据，而是否可用于检查卫星网络提前公布资料、协调请求和通知中的数据的问题，则十分敏感。根据《维也纳条约法公约》第 31 条，条约应依其用语按其上下文并参照条约之目的及宗旨所具有的通常意义，善意解释。条约解释的规则之一是体系解释，即根据条约的上下文来解释。《无线电规则》第四章阐述的是“干扰”问题，且仅包括两条：第 15 条（干扰）和第 16 条（国际监测），这便在国际监测与有害干扰问题的解决之间建立了关联，也就是说国际监测应仅用于处理干扰。如果要将国际监测应用于核实国际频率登记总表内频率的实际使用情况，则应由世界无线电通信大会讨论和制定相关规则。

## 四、无线电规则委员会处理有害干扰案件适用规则的特点

针对有害干扰案件，无线电规则委员会一般是根据主管部门的请求，在《国际电信联盟组织法》规定的权限内，根据《无线电规则》对干扰的来源、性质和责任作出技术上的判断。在有害干扰案件审查过程中，涉及对规则适用和对证据的判定，也不可避免地需要对《无线电规则》的特定条款进行一定的解释。委员会在解释《无线电规则》条款时比较谨慎，其认为委员会只能对明白无误的相关规定加以直接引用和适用，如需解释《国际电信联盟组织法》和《无线电规则》，有权解释主体应分别是全权代表大会和世界无线电通信大会。这一理解和做法符合条约法上的一般规则，也符合《国际电信联盟组织法》的规定。

无线电规则委员会在处理干扰问题方面尚未形成系统、明确的程序规则和证据规则。国际电信联盟法律顾问只在被邀请参加会议和就法律问题发表意见时，才会参与无线电规则委员会活动。

无线电规则委员会并非解决无线电干扰问题的国际司法机构，它是判定无线电干扰的技术性机构。无线电规则委员会一旦判定有害干扰存在，没有强制执行其决定的手段，一般是呼吁当事国协商解决。在无法通过无线电规则委员会解决有害干扰时，管辖受干扰电台的主管部门可以提请世界无线电

通信大会或全权代表大会关注相关案件。

无线电规则委员会的决定是否被有关主管部门遵守，取决于主管部门的意愿，在大多数情况下，有害干扰纠纷得到了较好的解决，但涉及政治因素的案件，无线电规则委员会甚至整个国际电信联盟的作用是有限的。

# 第七章

# 无线电通信争端解决机制

**本章概要：** 无线电通信领域的国际争端可以通过谈判、协商、斡旋、调停、调查、和解等政治性方法来解决，也可以通过仲裁和诉讼等法律性方法来解决。《国际电信联盟组织法》《国际电信联盟公约》《关于强制解决与〈国际电信联盟组织法〉〈国际电信联盟公约〉和行政规则有关的争端的任选议定书》规定了国际电信联盟成员国之间解决无线电通信领域争端的方法。目前解决争端以通过谈判协商解决为主，国际电信联盟无线电通信部门，特别是无线电规则委员会和无线电通信局在解决争端方面发挥了重要作用。

**关键术语：** 谈判、协商、仲裁、诉讼、任选议定书

## 第一节　国际争端解决的一般机制

### 一、国际争端解决的一般规则

争端是关于法律观点或事实的分歧，是两个主体在法律观点和利益上的冲突[473]。国家之间由于利益冲突或对某种特定事实观点不一致，会产生国际争

473　见常设国际法院在“马弗洛马提斯巴勒斯坦特许权（管辖权）案”[Mavrommatis Palestine Concessions（Jurisdiction）Case] 中的表述，PCIJ，Series A，No.2，1924，第 11 页。

端。国际争端构成国际交往的障碍，形成对国际和平与安全的威胁，甚至造成武装冲突或战争。为了公正、及时地解决国际争端，国际实践中形成了有关解决国际争端的原则、规则、程序、机构和方法的体系，成为国际法的一个分支，即国际争端解决法，这对于消除冲突、减少战争危险、维护国际和平与安全、促进各国间友好关系，都具有重大意义。

### （一）国际争端的类型

国际争端的类型涉及是否一切国际争端都能通过法律方法加以评判的问题。有学者认为，根据争端性质的不同，国际争端可分为政治争端、法律争端和事实争端。政治争端是指因国家重大利益、独立或尊严等政治利益冲突引起的争端，适合通过政治途径解决而不适合通过司法裁判解决，又称不可裁判的争端[474]。法律争端是以条约或其他国际法为依据的权利冲突，适合依据国际法规则、通过仲裁或国际法庭加以裁判解决，又称可裁判的争端[475]。1920 年成立的常设国际法院以及 1946 年成立的国际法院，均在其法院规约当中规定了可由法院裁判的法律争端，包括：（1）条约的解释；（2）国际法上的问题；（3）经确定足以违反国际义务的事实的存在；（4）由于破坏国际义务应予赔偿的性质和范围。事实争端是指有关某项事实是否存在和如何看待该项事实的争端[476]。

有学者反对政治争端和法律争端的两分法，例如，凯尔逊认为没有什么争端是按其本质不能适用现行国际法加以解决的，只有两种可能性：现行国际法为被告设定了必须履行的义务，则判原告胜诉；现行国际法没有为被告设定必须履行的义务，则驳回原告的主张。也有学者指出，在国际争端中法律因素和政治因素往往是交织难分的。胡伯法官在常设国际法院演讲时指出：“一切国际争端总有政治因素存在。”因此，在很多情况下，只要当事国同意，

474 程晓霞，余民才. 国际法：第 6 版 [M]. 北京：中国人民大学出版社，2021：275.

475 程晓霞，余民才. 国际法：第 6 版 [M]. 北京：中国人民大学出版社，2021：275.

476 程晓霞，余民才. 国际法：第 6 版 [M]. 北京：中国人民大学出版社，2021：275.

不论什么性质的争端，都可以在现行国际法框架内评价，都是可裁判的；相反，如果一方或者双方不愿意，即使是条约解释或赔偿问题，也是难以通过裁判解决的。

### （二）国际争端与国内争端的区别

国际争端和国内争端的区别主要在于：在国内社会，在个人和法人之上，国家可行使最高权力，国家对内有立法、行政、司法的权力，提供了解决国内争端的法律依据、裁判国内争端的相关机构以及执行法庭判决的公共权力；在国际社会，奉行的是国家主权平等原则，平等者之间无管辖权，国家之上没有超国家的组织或机构来解决国际争端并强制执行国际法庭的裁判，国际法院或法庭解决国家间争端的前提是国家同意接受其管辖。也就是说，法院在国际法律秩序和国内法律秩序中起着不同的作用，也反映出国际社会缺乏稳定的核心机构[477]。

## 二、解决国际争端的方法

在解决国际争端的方法上，根据传统国际法，诉诸战争权是国家主权的应有之义，但现代国际法禁止使用武力或武力威胁，和平解决国际争端成了国际法的一项基本原则。《联合国宪章》第 2 条第 3 款规定：“各会员国应以和平方法解决其国际争端，俾免危及国际和平、安全及正义。”1970 年《关于各国依联合国宪章建立友好关系及合作之国际法原则宣言》发展了该原则并指出：“各国因此应以谈判、调查、调停、和解、公断、司法解决、区域机关或办法之利用或其所选择之他种和平方法寻求国际争端之早日及公平解决。”和平解决国际争端的方法分为非强制性的解决方法和强制性的解决方法。

477　马尔科姆. N. 肖. 国际法 下册：第6版[M]. 白桂梅，高健军，朱利江，李永胜，梁晓晖，译. 北京：北京大学出版社，2011：797.

## （一）非强制性方法

解决国际争端的非强制性方法分为政治性解决方法和法律性解决方法。政治性解决方法包括谈判、协商、斡旋、调停、和解和国际调查等，在广义上利用国际组织解决国际争端也是通过政治方法来解决争端。法律性解决方法包括仲裁和司法裁决。

### 1. 解决国际争端的政治性方法

（1）谈判与协商

谈判是国家间通过外交途径对争端事项进行讨论和协商，以求得争端的和平解决。谈判是比较灵活地解决争端的方式，很多国际条约中都强调首先依靠外交途径通过直接谈判的方式解决争端。某些情况下，基于特定的双边或多边条约，争端双方还担负进行谈判的义务[478]。还有一些条约可能规定当谈判失败时应诉诸第三方机制。谈判双方的地位虽然在法律上是平等的，但实力因素的介入往往是主导性的。

协商，在 20 世纪 50 年代之前并不被认为是解决国际争端的独立方法，最多被视为协调双方政策、为谈判创造条件的辅助手段。但随着国际法的发展，协商在一些国际条约中已成为解决争端的一种独立方法。协商的运用可以是在争端发生后为解决争端而进行的接洽，也可以是在争端发生前为避免争端而就潜在问题进行的信息交流和意见沟通过程。

（2）斡旋与调停

斡旋和调停均为由第三方出面协助当事国解决争端的方式。

斡旋是指第三方不介入具体的争端，主要运用外部手段促成争端当事国从事谈判以解决争端。斡旋中的第三方可以是国家，也可以是个人，可以由当事国一方委托第三方，也可以是第三方自愿进行斡旋。斡旋是任意性的，第三方并无对他国争端进行斡旋的法律义务，争端当事国也无接受

478　例如，《联合国海洋法公约》第 283 条第 1 款规定，当缔约国就公约的解释和适用发生争端时，争端各方应迅速就以谈判或其他和平方法解决争端一事交换意见。

第三方斡旋的义务，即使接受，也不影响其采取其他合法行动的自由。斡旋者的作用主要在于劝告当事方以及提供谈判场所、通信等事务性协作，目的在于促成争端方开始直接谈判，斡旋者本身不直接参加谈判也不提出任何解决方案。

调停也是由第三方介入以解决争端的方法，但调停中调停人的作用不仅限于促成争端当事国开始谈判，而是以更积极的姿态参与谈判，提出其认为适当的争端解决方案作为谈判的基础，以帮助解决争端。

（3）调查与和解

对于因事实不清所造成的国际争端，可能需要查清事实。调查仅限于对事实真相的陈述，不涉及责任归属等任何主观价值判断，澄清事实后的解决方案悉听当事国自行决定。调查属于任意性质，仅在情况允许时采用，当事国对调查报告并没有接受的义务。一般通过特别协议建立调查委员会，并确定调查委员会的组成。

和解又称调解，是指把争端提交给一个中立的国际和解委员会，由其查明事实并提出报告和建议，促使当事国达成协议，以解决争端。但和解与仲裁和司法裁决不同，后两者的裁决均以法律为依据，且裁决是有法律约束力的；而和解报告无法律约束力，和解报告虽然也要尊重事实和力求公允，但并不一定以法律为依据。

谈判、协商、斡旋、调停、调查、和解均属于和平解决国际争端的非强制性方法中的政治方法，其结果没有法律约束力。

**2. 解决国际争端的法律性方法**

仲裁和司法解决是通过非强制性方法解决国际争端的法律方法，其结果具有法律约束力。

（1）仲裁

仲裁是指争端当事国把争端交付它们自行选择的仲裁者处理，并相约服从其裁决的争端解决方式。仲裁有任意性仲裁和强制性仲裁之分。任意性仲裁是指争端发生后，当事国签订协议将争端交付仲裁。强制性仲裁是指各当事国在争端发生前，先经协议同意将未来可能发生的争端交付仲裁，如果发生了争端，依一方当事国请求，即可开始仲裁程序。

一般来说，仲裁裁决是终局性的，不能上诉。仲裁裁决对当事国有约束力，当事国应当遵守仲裁裁决，这既是道义责任，也是法律义务。

在仲裁中，当事国也有一定的自主权，主要是在仲裁员的选任、仲裁依据的规则以及仲裁程序方面，一般由当事国选择或确定。

（2）司法解决

为了通过司法途径解决国际争端，巴黎和会上就提出并设立了常设国际法院，超越了各国国内法律体系和以往的国际仲裁经验，创立了国际司法制度。

1946 年成立国际法院后，通过了《国际法院规约》作为法官选举和法院运作的规则。国际法院有两种管辖权，分别是诉讼管辖权和咨询管辖权。诉讼管辖权是指争端当事国向国际法院提起诉讼，并由国际法院对其争端进行判决。咨询管辖权是指联合国大会、安理会、联合国其他机关和联合国专门机构（包括国际电信联盟在内的、与联合国建立联系的政府间国际组织）请求国际法院就相关法律问题发表咨询意见，其中联合国大会和安理会可请求国际法院针对任何法律问题发表咨询意见，而联合国专门机构只能在联合国大会授权后，就其工作范围内的法律问题请求国际法院发表咨询意见。根据 1947 年在美国大西洋城召开的全权代表大会上批准的国际电信联盟与联合国签署的协议第七条，全权代表大会或理事会根据全权代表大会的授权可以向国际法院征求咨询意见[479]。

国际法院裁判当事国之间的争端，以当事国接受法院管辖为前提。当事国接受国际法院管辖的方式有 3 种：第一，自愿管辖，即争端发生后，当事国协商同意自愿将其争端提交国际法院解决；第二，协定管辖，即在争端发生前，当事国在现行条约、协定中事先约定，遇有条约解释或适用方面的争

479 《向国际法院征求咨询意见》，1994 年全权代表大会第 59 号决议。

端时，应提交国际法院解决；第三，任择强制管辖，即根据《国际法院规约》第 36 条第 2 款的规定，规约当事国可随时声明，对于接受同等义务的任何其他国家，承认国际法院对涉及条约解释、国际法上的任何问题、如经确定即属违反国际义务的任何事实的存在、违反国际义务应作赔偿的性质和范围方面的事项，有强制性管辖权，法院对此类案件的管辖权，既不是根据自愿，也不是根据协议，而是依据当事国的事先声明来行使的，这种管辖权对国际法院来讲是强制性的，但对当事国来讲则是任意承担的。

国际法院也并非唯一的国际司法机构，国际上还存在类似的司法或准司法机构，例如欧洲联盟法院（Court of Justice of the European Union，CJEU）[480]、国际海洋法法庭（International Tribunal for the Law of the Sea，ITLOS）[481] 等。

## （二）强制性方法

传统国际法上强制性解决国际争端的方法，到目前尚属合法的，包括反报、报复和制裁。

反报是一国针对另一国不礼貌、不友好、不公平的行为还之以同样或类似的行为[482]。反报针对的是不友好行为而不是不法行为，反报行为本身也不能超出法律的限度。反报的典型例子是断绝外交关系、驱逐或对外国人加以严

---

480 欧洲联盟法院成立于1952年，位于卢森堡，职责是确保在解释和适用欧盟条约时，法律得以遵守。为此，欧盟法院可审查欧盟各机构行为的合法性，确保会员国遵守条约规定的义务，以及应欧盟成员国法院和法庭的要求解释欧盟法律。该法院构成欧洲联盟的司法权威，并与各成员国的法院和法庭合作，确保统一适用和解释欧洲联盟的法律。

481 国际海洋法法庭是依据《联合国海洋法公约》设立的特别法庭，自1994年11月16日《联合国海洋法公约》生效后开始运行，其职责是裁判解释和适用《联合国海洋法公约》中产生的争端。法庭总部设在德国汉堡。法庭管辖权包括根据《联合国海洋法公约》及其《执行协定》提交法庭的所有争端，以及在赋予法庭管辖权的任何其他协定中已具体规定的所有事项。

482 程晓霞，余民才. 国际法：第6版[M]. 北京：中国人民大学出版社，2021：275.

格控制，各种经济和旅行的限制等[483]。

报复是指一国为了制止另一国的国际不法行为或寻求补救而采取的强制措施[484]。不同于反报，报复所针对的是另一国的国际不法行为。报复一般只能在向对方提出合法要求而无法满足时才能使用，而且不应超出所受实际损害的合理限度。报复是国际法所认可的一种自助手段。

制裁有多边制裁和单边制裁。多边制裁是一个国家或多个国家或国家集团在得到多边条约机制的明确授权下，在该机制范围内决定采取经济、贸易或其他强制措施，以达到迫使某一成员国改变其政策的目的[485]。单边制裁是一个或多个国家或国家集团在没有多边国际条约机制授权的情况下，“自主地”决定采取经济、贸易或其他强制性措施，以达到迫使某一国家改变其政策的目的[486]。多边制裁的合法性在于多边条约机制的明确授权。而就单边制裁的合法性，根据“荷花号案”判决所确立的“国际法不禁止即为允许”的原则（“荷花号原则”）[487]，除非存在禁止性的国际条约或习惯国际法规则，国家有权将单边制裁作为其外交工具。

为了敦促一国和平解决争端，另一国可单方面采取反报、报复和制裁行为，虽然并不一定违反国际法，但也不利于维护和平友好的国际关系，因此，国际社会还是倡导通过非强制性方法来解决国际争端。

以上一般性的国际争端解决方法，在无线电通信领域也是适用的，特别是在适用本章第二节国际电信联盟争端解决机制而不能解决争端的情况下，

483 马尔科姆. N. 肖. 国际法 下册：第6版[M]. 白桂梅，高健军，朱利江，李永胜，梁晓晖，译. 北京：北京大学出版社，2011：895.

484 程晓霞，余民才. 国际法：第6版[M]. 北京：中国人民大学出版社，2021：275.

485 霍政欣.《反外国制裁法》的国际法意涵[J]. 比较法研究，2021(4)：146.

486 霍政欣.《反外国制裁法》的国际法意涵[J]. 比较法研究，2021(4)：146.

487 在国际法实践中，“荷花号原则”因其强烈的实在主义导向而经常受到批判，但其存在和适用仍有一定的合理性和空间。陈一峰. 国际法不禁止即为允许吗？——“荷花号”原则的当代国际法反思[J]. 环球法律评论，2011(3)：133.

一般性国际争端解决机制更有其适用的必要性。

## 第二节　国际电信联盟争端解决机制

### 一、《国际电信联盟组织法》中解决争端的政治性方法和法律性方法

在无线电通信资源国际分配和协调以及无线电干扰处理活动中，不可避免地会出现对国际电信联盟条约规则的解释和适用的不同理解，由此产生争端。《国际电信联盟组织法》第 233 至 235 款规定了争端解决途径。

（1）各成员国可以通过谈判、外交途径，或按照它们之间为解决国际争端所订立的双边或多边条约内规定的程序，或用相互商定的任何其他方法，解决它们之间关于《国际电信联盟组织法》《国际电信联盟公约》或行政规则的解释或适用情况的争议。

（2）如果不采用上述解决办法中的任何一种，则作为争端一方的任何成员国可按照《国际电信联盟公约》所规定的程序请求仲裁。

（3）关于强制解决与《国际电信联盟组织法》《国际电信联盟公约》和行政规则有关的争议的任选议定书应在该议定书的各缔约成员国之间适用。

根据《国际电信联盟组织法》，成员国之间就国际电信联盟法规文件的解释或适用情况的争端解决途径，国际电信联盟并未提供强制机制，只是规定各国可以选择通过以下几种方式来解决：（1）谈判、外交途径；（2）双边条约规定的程序；（3）多边条约规定的程序；（4）其他商定的办法；（5）仲裁；（6）强制仲裁[488]。其中，通过双边或多边条约规定的程序解决争端，不排除由国际法院、区域性法庭、仲裁庭等机构来解决争端。以上争端解决方法大致可分为两类：政治性解决方法和法律性解决方法。

---

488　根据条约相对效力原则，强制仲裁只在批准了《关于强制解决与〈国际电信联盟组织法〉〈国际电信联盟公约〉和行政规则有关的争端的任选议定书》的成员国之间适用。关于条约相对效力原则，见李浩培. 条约法概论：第 2 版 [M]. 北京：法律出版社，2003: 290.

## 二、国际电信联盟解决争端的政治性方法

谈判、协商、斡旋、调停、调查、和解等均属于通过政治性方法解决国际争端的方法，其结果虽然不具有法律约束力，但对争端所涉国家有较强的政治影响力。以上几种方法，在国际电信联盟无线电通信争端解决中均有使用。

### （一）双边谈判与协商

双边谈判与协商是国际电信联盟成员国协调无线电通信资源使用以及处理有害干扰的常见有效途径，特别是在边境地区，往往需要成员国就频率使用事先达成协议，以避免有害干扰。在出现争端后，通过双边谈判和协商也是解决争端的有效事后手段。

### （二）无线电通信部门的争端解决程序

国际无线电通信活动中最常见的两类争端是无线电通信资源使用权的取得和丧失以及有害干扰的处理，在这两类问题上，负有国际规制职责的机构主要是无线电通信局和无线电规则委员会，在特殊情况下，世界无线电通信大会也会处理主管部门的请求。国际电信联盟提供了通过政治性方法解决争端的平台。

无线电通信局的主要职责是按照《无线电规则》的有关规定，有秩序地记录和登记无线电频率指配和（在适当时）相关轨道特性，并不断更新国际频率登记总表；检查该表中的登记条目，以便在有关主管部门同意下，对不能反映实际无线电频率使用情况的登记条目视情况予以修改或删除[489]；应一个或多个有关主管部门的要求，帮助处理有害干扰的案例，并在必要时进行调查，编写一份包括给有关主管部门的建议草案的报告，供无线电规则委员会审议[490]。

无线电规则委员会在无线电通信资源和秩序管理方面的主要职责是在不受无线电通信局影响的情况下，应一个或多个相关主管部门的要求，审议针

489 《国际电信联盟公约》，第172款。

490 《国际电信联盟公约》，第173款。

对无线电通信局有关频率指配的决定提出的申诉；审议无线电通信局主任应一个或多个相关主管部门的要求而提出的关于有害干扰的调查报告，并对此提出建议[491]。

针对无线电通信局对相关问题的处理决定，主管部门可以要求无线电通信局复审，类似于国内法上的行政复议和行政诉讼程序，具体步骤如下。

第一，收妥确认和立即研究。收到复审要求后，无线电通信局应及时对该要求确认收妥，并立即研究该问题。为此应进行一切努力与相关主管部门一起解决该问题而不影响其他主管部门的利益[492]。

第二，复审成功解决问题而不影响其他主管部门利益时的结果公告。如果复审结果成功地解决了提出要求的主管部门的问题又不影响其他主管部门的利益，无线电通信局应公布复审的要点、论据、解决结果以及影响其他主管部门的任何隐含关系供国际电信联盟的所有会员参考。如果这种复审导致对无线电通信局以前形成的结论进行修改，无线电通信局应重新应用形成以前结论的该程序的相关步骤和采取合适的行动[493]。

第三，复审未能成功解决问题或可能影响其他主管部门的利益时的无线电规则委员会程序。如果复审没有成功地解决问题，或者可能影响其他主管部门的利益，无线电通信局应准备一份报告并预先寄送给要求复审的主管部门和其他相关的主管部门以使他们在需要时可向无线电规则委员会提出。无线电通信局还应将该报告和所有支持文件送交无线电规则委员会[494]。

第四，无线电规则委员会召开会议进行讨论，力求取得一致的决定。如这一努力失败，应当以至少三分之二的无线电规则委员会委员投票赞成来作出一项决定。

第五，无线电规则委员会按照《国际电信联盟公约》对复审所作的决定

491 《国际电信联盟公约》，第140款。

492 《无线电规则》(2020年版)，第一卷条款，第14.3款。

493 《无线电规则》(2020年版)，第一卷条款，第14.4款。

494 《无线电规则》(2020年版)，第一卷条款，第14.5款。

对无线电通信局和无线电规则委员会来说应被视为最终决定。如果复审结果要求无线电通信局更改其之前的做法，无线电通信局应重新应用原来作出选择时所使用的程序。如果要求复审的主管部门不同意无线电规则委员会的决定，可以在世界无线电通信大会上提出该问题[495]。世界无线电通信大会的主要职能是制定和修改《无线电规则》，但也处理成员国提出的与世界无线电通信相关的任何问题。

在无线电通信局和无线电规则委员会介入无线电通信领域国际争端解决时，两者可以发挥斡旋、调停、调查的作用，促成争端的和平解决。

## 三、国际电信联盟解决争端的法律性方法

解决《国际电信联盟组织法》《国际电信联盟公约》和行政规则的解释和适用方面的争端的法律方法有 3 种，分别是国际法上一般性的争端解决机制的适用、《国际电信联盟公约》规定的仲裁程序的适用以及《任选议定书》规定的强制仲裁程序的适用。

### （一）双边或多边条约规定的争端解决机制

成员国可以通过国家之间为解决国际争端所订立的双边或多边条约内规定的程序来解决无线电通信领域的争端。此处的程序应当是为解决争端所确立的一般性程序，可以是政治性的方法，也可以是法律性的方法。如果是通过法律性的方法，可以依据《国际法院规约》，通过国际法院来解决国家间争端。通过这种方法解决国际电信联盟法规的解释和适用的争端需要注意的问题是：要仔细研读该双边或者多边条约的内容，以确定该条约所确立的争端解决机制是否包含对国际电信联盟法规的解释和适用的争端的管辖权以及争端所涉国家是否接受此种机制的管辖。

495 《无线电规则》(2020 年版)，第一卷条款，第 14.6 款。

## （二）仲裁

### 1.《国际电信联盟公约》对仲裁的规定

如果不采用政治性方法或成员国之间为解决国际争端所订立的双边或多边条约内规定的法律性解决争端的方法，作为争端一方的任何成员国也可以按照《国际电信联盟公约》所规定的程序请求仲裁。此处用词为“可以”，表明该仲裁程序是由争端国选择使用，不具有强制性。

《国际电信联盟公约》第六章第 41 条规定了仲裁程序规则，属于任意性仲裁，相关规则要素如下。

第一，一般仲裁以争端双方的同意以及仲裁协议的达成为前提。在双方存在仲裁协议的前提下，诉请仲裁的一方应将争端提付仲裁通知书交送争端的对方，作为仲裁程序的开始[496]。争端各方应协商决定将仲裁委托个人、主管部门或政府进行。如在争端提付仲裁通知书提出一个月以内各方仍未就这一点取得一致，则应委托政府进行仲裁[497]。

第二，《国际电信联盟公约》对仲裁人的来源和资格条件作了具体规定。仲裁人的来源可以是个人、主管部门或政府。对仲裁人的资格条件的规定是：如果仲裁人系个人，则不得是争端一方的国民，其住所亦不得在争端一方的国内，同时亦不得受雇于争端一方[498]。如果仲裁人系政府或其主管部门，必须在没有卷入争端但却参加了该项在实施中引起争端的协定的成员国中选择[499]。以上规定都是为了符合仲裁法上关于利益冲突的规定。

第三，仲裁人的选任方法。仲裁人可以是一名或者三名。一名仲裁人的情况称为“唯一仲裁人”，其在争端各方同意的情况下共同指定；或可由每一方提出一名仲裁人的候选人，并请秘书长从提名候选人中抽签决定唯一仲裁

---

496 《国际电信联盟公约》，第 507 款。

497 《国际电信联盟公约》，第 508 款。

498 《国际电信联盟公约》，第 509 款。

499 《国际电信联盟公约》，第 510 款。

人的人选[500]。三名仲裁人的情况下，仲裁人由争端双方自收到争端提付仲裁通知书之日起3个月内各自指定一名[501]。如果争端涉及两方以上，须由在争端中持相同立场的各方所构成的两个集团各自指定一名仲裁人[502]。第三仲裁人由前述两名仲裁人选择，如果这两名仲裁人系由个人而不是由政府或主管部门担任，则该第三仲裁人除了满足前述国籍、住所和雇佣关系方面的条件外，其国籍不得与另两名仲裁人中任何一人相同。如这两名仲裁人未能就第三仲裁人的人选问题达成一致，则应各自提出一名与这项争端毫无关系的第三仲裁人的候选人，然后由秘书长抽签选定[503]。

第四，仲裁地点和仲裁程序的确定。仲裁人或各仲裁人应自由决定仲裁的地点及所适用的程序规则[504]。

第五，仲裁裁决的效力。唯一仲裁人的决定应为最后裁决，对于争端各方均有约束力。如所委托的仲裁人不止一名，则仲裁人多数票所作的决定应为最后裁决，对于争端各方均有约束力[505]。

第六，仲裁所需费用的分担方式。争端各方应各自负担调查和提出仲裁所需的费用。仲裁费除各方本身所耗部分外，应由争端各方平均分担[506]。

第七，国际电信联盟与仲裁活动的关系。国际电信联盟应向仲裁人或各仲裁人提供所需的与争端有关的全部信息。如争端各方同意，应将仲裁人或各仲裁人的决定告知秘书长，以备将来参考[507]。

**2. 国际电信联盟法律顾问对仲裁规则的分析**

仲裁是解决国家间无线电通信领域争端的一种机制。国际电信联盟法律

---

500 《国际电信联盟公约》，第514款。

501 《国际电信联盟公约》，第511款。

502 《国际电信联盟公约》，第512款。

503 《国际电信联盟公约》，第513款。

504 《国际电信联盟公约》，第515款。

505 《国际电信联盟公约》，第516款。

506 《国际电信联盟公约》，第517款。

507 《国际电信联盟公约》，第518款。

顾问在无线电规则委员会第 64 次会议上，针对通过仲裁解决意大利对欧洲其他国家依法运营的无线电业务造成有害干扰的案件，分析了其中的法律问题。

第一，仲裁地点的选择。双方可以在仲裁程序开始之前通过协议确定仲裁地点，否则仲裁员将决定仲裁地点。

第二，仲裁中的法律适用问题。仲裁员将决定适用哪些法律，此类法律应为争端发生时通行的实在国际法，以有关条约、习惯法及一般法律原则、国际法的原则等为基础。在作出裁决时，仲裁员亦可酌情参考一些相关案例。仲裁机构不能仅凭权宜或公平方面的考虑即作出判断。

第三，关于仲裁费用问题。仲裁各方应自行负担仲裁相关费用。此外，《国际电信联盟公约》第 517 款规定："争议各方须各自负担调查和提出仲裁所需的费用。仲裁费除各方本身所耗部分外，须由争议各方平均分担。"因此，仅就参与仲裁个案来讲，国际电信联盟的相关费用应由仲裁当事各方来承担。

第四，仲裁裁决的执行。仲裁将形成一项具有强制效力的仲裁裁决，在国际法中并没有用于执行此类裁决的强制性机制，因此，归根结底，任何解决方案的执行均取决于当事各方的诚信。

第五，国际电信联盟在仲裁过程中的行动范围。两个国际电信联盟的成员国通过协议决定将其间有关无线电通信的争端交付仲裁，国际电信联盟不是仲裁活动的任何一方，但国际电信联盟可通过提供信息或数据的方式来与仲裁活动建立某种关联。

### （三）强制仲裁

《国际电信联盟组织法》第 235 款规定："《关于强制解决与〈国际电信联盟组织法〉〈国际电信联盟公约〉和行政规则有关的争议的任选议定书》（简称《任选议定书》）须在该议定书的各缔约成员国之间适用。"《任选议定书》于 1992 年 12 月 22 日签订于瑞士日内瓦，国际电信联盟的 108 个成员国在签署这一年度全权代表大会通过的《国际电信联盟组织法》和《国际电信联盟公约》的同时，还签署了这一《任选议定书》，中国未签署这一议定书。

根据《任选议定书》规定，该文件由国际电信联盟成员国自愿签署，再由签署国按照其国内相关法律程序予以核准、接受或批准。中国也未批准该《任选议定书》，所以法律上不受该议定书下的强制仲裁程序的约束。

《任选议定书》的主要目的是为该议定书的缔约方设定解决它们之间关于《国际电信联盟组织法》《国际电信联盟公约》或行政规则的解释或适用的任何争端的强制仲裁制度[508]。该强制仲裁制度是《国际电信联盟组织法》第56条所规定的争端解决制度的补充，因此成员国可以一致同意选择第56条规定的争端解决方法的一种，或者在无法达成一致的情况下，根据争端一方的要求，按照《任选议定书》的规定，将争端提交强制仲裁。对该《任选议定书》的修改应由国际电信联盟全权代表大会作出。

#### （四）以上争端解决方法的适用

目前国际电信联盟成员国之间发生的争端，往往通过政治性手段，如谈判、协商等，在国际电信联盟层面加以解决。

## 第三节　通过国际法院解决国家间无线电通信争端

### 一、国际法院概况

国际法院（International Court of Justice，ICJ）是联合国主要司法机关，根据1945年6月26日在旧金山签署的《联合国宪章》而设立，其取代了1920年在国际联盟主持下设立的常设国际法院，以实现联合国的一项宗旨——“以和平方法且依正义及国际法之原则，调整或解决足以破坏和平之国际争端或情势”。

508 《任选议定书》，序言，第3段。

国际法院依照《国际法院规约》( Statute of the Court )及其本身的《规则》( Rules of the Court )运作。《国际法院规约》是《联合国宪章》的一部分。国际法院有两种管辖权：诉讼管辖权和咨询管辖权，对应着国际法院具有双重作用——依照国际法解决各国向其提交的法律争端，以及就正式认可的联合国机关和专门机构提交的法律问题提供咨询意见。在诉讼管辖权方面，《国际法院规约》第 34 条规定，在法院为诉讼当事方的仅限于国家，只有国家才可以向国际法院提交案件，且有关国家必须以某种方式同意接受法院的管辖，国际法院才能处理有关案件。在咨询管辖权方面，国际电信联盟作为联合国的专门机构，可就其职权范围内的国际法问题，请求国际法院作出咨询意见。

## 二、国际法院的管辖范围

根据《国际法院规约》第 36 条第 1 款，国际法院的管辖范围包括各当事国提交的一切案件和《联合国宪章》或现行条约及协约中所特定之一切事件。接受国际法院管辖的国家，可将其在国际无线电通信领域的争端提交国际法院解决。国际无线电通信领域的争端也属于《国际电信联盟组织法》《国际电信联盟公约》和《无线电规则》这 3 部国际条约规定的事件。国际法院对国际无线电通信领域的国家间争端的管辖不存在法律上的障碍。

目前国际法院审判的案件主要涉及领土或边界争端、海洋争端、核裁军谈判、界水的利用、《取缔一切形式种族歧视公约》的适用问题、对和平友好条约的违反、侵犯领事权利等国际法的各个方面，但是尚无无线电通信领域的国际争端提交给国际法院来解决。

## 三、接受国际法院管辖的方式

由国际法院裁判当事国之间的无线电通信国际争端，应以当事国接受法院管辖为前提。当事国接受国际法院管辖的方式有 3 种：第一，自愿管辖，即争端发生后，当事国协商同意自愿将其争端提交国际法院解决；第二，协定管辖，即在争端发生前，当事国在现行各种条约、协定中事先约定，遇有条约解释或适用方面的争端时，应提交国际法院解决；第三，任择强制管辖，即《国际法院规约》当事国可随时声明，对于接受同等义务的任何其他国家，承认国际法院对特定领域的案件的管辖权。

## 四、国际法院裁判案件时适用的法律

根据《国际法院规约》第 38 条，法院对于陈诉各项争端，应依国际法裁判之，裁判时应适用：（1）不论普通或特别国际协约，确立诉讼当事国明白承认之规条者；（2）国际习惯，作为通例之证明而经接受为法律者；（3）一般法律原则为文明各国所承认者；（4）司法判例及各国权威最高之公法学家学说，作为确定法律原则之补助资料者；以及，以上规定不妨碍法院经当事国同意本着“公允及善良”原则裁判案件之权。

《国际法院规约》第 38 条被认为是对国际法渊源的权威性说法。关于以上渊源的适用效果，一般认为，条约、国际习惯法、一般法律原则是有约束力的国际法渊源。条约是成文的、经过缔约国批准的，适用最为方便直接。国际习惯法是在国际法律关系中具有法律约束力的一致性一般国家惯例或通例，是不成文的，判断国际习惯法规则应从客观和主观两方面进行，各国应有长期一致反复的实践，并在主观上认为规则具有法律约束力。证明一项国际习惯法规则的存在需要考察国家的实际行为、国家的外交文件与条约、国内法、国际和国内法律机关的判决或裁决等[509]，因此国际习惯法的适用不如条约方便直接。国际习惯法是各国法律体系共有的原则，其来源是国内法，如禁反言、时效等，一般法律原则是补充渊源，只有在没有条约和国际习惯法的情况下适用。而司法判例和各国权威最高的公法家学说作为国际法的补充

509 程晓霞，余民才．国际法：第 6 版 [M]. 北京：中国人民大学出版社，2021：9.

渊源，是确定法律原则的辅助资料或认识渊源，本身不产生法律约束力[510]。

若国际法院解决国家间的无线电通信争端，可以适用《国际电信联盟组织法》《国际电信联盟公约》《无线电规则》等条约文件，也可以适用当事国共同参加的区域性协定或者缔结的通信领域双边条约，而适用国际习惯法和一般法律原则的可能性较小。

### 五、国际电信联盟与国际法院的关系

就国际电信联盟与国际法院的关系，1947 年美国大西洋城召开的全权代表大会批准了国际电信联盟与联合国签署的协议，列为《国际电信公约最后法案》附件 5，其第 7 条就国际法院的诉讼管辖权和咨询管辖权的行使，作出了两方面的规定：第一，就国际法院根据《国际法院规约》第 34 条审判的国家间争端案件，国际电信联盟同意根据国际法院要求提供任何有关信息；第二，联合国大会授权国际电信联盟请求国际法院就其职权范围内产生的法律问题作出咨询意见，该请求可由国际电信联盟全权代表大会或其授权的行政理事会向法院提出。

## 第四节 通过国内法庭解决无线电通信国际争端

司法主权与电信主权一样，均是一国主权的重要体现，国内法庭是解决无线电通信国际争端的一个可能的平台，但这一平台的使用受国内法、国际法规则的约束。

### 一、国内法庭行使管辖权的依据

管辖权是国家对人、事、物行使规范和执法的权力。依据行使管辖权的

510 程晓霞，余民才．国际法：第 6 版 [M]．北京：中国人民大学出版社，2021：10.

联系因素，国家管辖权可以分为属地管辖权、属人管辖权、保护性管辖权和普遍管辖权。

属地管辖权是国家对其领域内的一切人、事、物行使管辖的权力，除了享有外交特权和豁免的外国人以外，外国人一旦进入一国境内，就处于该国的属地管辖之下。属地管辖权还有主观适用和客观适用之分，前者以行为发生地为行使管辖权的依据，后者则以结果发生地为准。在跨境的无线电干扰中，若适用客观属地管辖原则，对境外发射的信号在境内造成干扰结果的事件，受到有害干扰的国家行使国内管辖权并无法律上的障碍。

属人管辖权是根据国籍行使的管辖，国家对其领域外的本国人可行使管辖权。属人管辖有主动属人管辖和被动属人管辖之分。主动属人管辖是国家对其领域外的本国人行使管辖的权力；被动属人管辖是国家对外国人在国外所犯侵害本国人/本国利益的罪行的管辖，这种管辖与保护性管辖有一定的关联。

保护性管辖权是国家为了保护其本身安全或重大利益，对外国人在该国领域之外所犯罪行实行管辖的权力。《中华人民共和国刑法》第8条是保护性管辖权的体现，该条规定外国人在中华人民共和国领域外对中华人民共和国国家或者公民犯罪，可适用本法。若外国人在外国给本国造成了严重有害干扰，行使保护性管辖权并不违反国际法。

普遍性管辖权是根据国际法，对某些特定的国际罪行，由于危害国际和平与安全，损害全人类的利益，不论犯罪发生于何地以及罪犯国籍如何，所有国家均有权对其实行管辖，如灭绝种族罪、战争罪、危害人类罪等[511]。鉴于普遍性管辖权与几种非常严重的国际罪行相关，无线电通信国际争端似乎与普遍性管辖权关联不大。

## 二、国内诉讼的当事方

在国内诉讼中，个人、法人和其他组织、国家都可以成为诉讼的当事方。

---

511 程晓霞，余民才. 国际法：第6版[M]. 北京：中国人民大学出版社，2021：49-50.

若无线电通信国际争端通过国内法院解决，最有可能成为诉讼当事方的是国家和无线电通信的运营机构。

一国运营机构等非国家行为体就其受到的跨国有害干扰在其本身所在国或所属国法院、在对干扰负有责任的电台所在国或所属国的国内法院以原告身份起诉，是可能出现的情况。一国运营机构等非国家行为体由于对跨国有害干扰负有责任从而在其本国或另一国国内法院成为被告，也是可能存在的情况。

外国国家由于对跨国有害干扰负有责任从而在一国国内法院成为被告，面临国家主权豁免的问题。国家主权豁免是指在民事诉讼中，国家及其财产不受外国法院管辖的特权，包括管辖豁免和强制措施豁免两种。管辖豁免是指一国法院不得对针对外国国家提起的民事诉讼行使管辖权，除非得到该外国国家的明确同意[512]。强制措施豁免是指一国法院不得在其诉讼中针对外国的国家财产采取判决前或判决后的强制措施，如查封、扣押和执行措施，除非得到该外国的明确同意[513]。在国家豁免的范围和程度上，存在绝对豁免原则和限制豁免原则之分。绝对豁免原则是指不论涉及外国国家的行为或财产的性质如何，一律给予豁免，在坚持绝对豁免原则的国家，在无线电通信争端中起诉外国政府的案件，法院可以绝对豁免为由不受理。限制豁免是在性质上将国家的行为区分为主权行为和商业行为，只有国家的主权行为才给予豁免，而对国家的商业行为不给予豁免。

## 三、国内诉讼的性质

因跨国有害干扰而提起的国内诉讼，其性质应为侵权之诉。有害干扰既可能是故意侵权行为，也可能是过失侵权行为，甚至是由于难以控制的信号外溢引起。对此，需证明侵权人有故意或违背国际义务的过失行为，造成了

512 程晓霞，余民才. 国际法：第6版[M]. 北京：中国人民大学出版社，2021：53.

513 程晓霞，余民才. 国际法：第6版[M]. 北京：中国人民大学出版社，2021：54.

有害干扰的后果且产生了损害。不受干扰地通信的权利受到侵害时，原告可以要求侵权人停止侵害，排除妨碍，消除危险，赔偿损失等。

## 四、国内诉讼的法律依据

国内法院处理无线电通信国际争端，可以依据国际法和国内法进行。国际法既包括《国际电信联盟组织法》《国际电信联盟公约》和《无线电规则》等无线电通信领域的专门条约，也包括《联合国宪章》《维也纳条约法公约》等一般国际法领域的条约，还包括双边协定或者区域性协定。国内法则主要是一国无线电通信领域的相关法律法规，比如，在中国，无线电通信领域主要适用《中华人民共和国民法典》《中华人民共和国刑法》等含有无线电管理条款的法律、《中华人民共和国无线电管理条例》等行政法规以及相关领域的部门规章等。

# 第八章

# non-GSO 大规模卫星星座与无线电通信国际规制

**本章概要：** 非对地静止轨道大规模卫星星座部署可能引起无线电频谱和卫星轨道资源的争夺。国际电信联盟通过修订《无线电规则》，在一定程度上满足了卫星部署的规则需求，但《国际电信联盟组织法》第196款关于合理、有效和经济地使用无线电频谱和卫星轨道资源的原则仍然面临挑战。

**关键术语：** non-GSO大规模卫星星座

## 第一节　non-GSO大规模卫星星座发展情况

### 一、人造地球卫星的发展阶段

人类利用人造地球卫星探索和利用外层空间已有 60 余年的历史，卫星在通信、导航、遥感、广播等领域应用广泛。60 多年来，人造地球卫星的发展大致经历了 3 个阶段。

第一阶段：20 世纪 50 年代至 70 年代的早期小型卫星阶段，卫星重量轻且功能简单，用于空间环境探测等简单实验。

第二阶段：20 世纪 70 年代至 80 年代中后期卫星大型化发展阶段，以卫星容量大、功率高、寿命长、可靠性强、功能复杂以及多样化应用为特点，这归功于技术日益成熟、卫星性能稳步提高和大功率运载火箭的成功研制。在这一阶段，对地静止卫星轨道（Geostationary-satellite Orbit，GSO）成了争夺的焦点。

第三阶段：20 世纪 80 年代中后期至今的卫星大型化与现代小卫星并行发展的阶段[514]，并且随着小卫星项目由技术试验转向业务应用[515]，出现了小卫星在中低轨道大规模组网的趋势。

## 二、卫星星座的发展阶段

随着小卫星应用的不断增多，卫星组网构建卫星星座不断演进，据学者研究，其发展大致也可以分为 3 个阶段[516]。

第一阶段：20 世纪 80 年代末到 2000 年，以铱星（Iridium）、全球星（Globalstar）、轨道通信（Orbcomm）、“泰利迪斯”（Teledesic）和“天空之桥”（Skybridge）系统为代表，力图重建一个天基网络、销售独立的卫星电话或上网终端并与地面电信运营商竞争。这些卫星星座在设计时虽然具有先进性，但研制和发射周期长，且存在终端设备笨重、室内无法使用、通话的可靠性和清晰性不足等缺点。而与此同时，地面蜂窝移动电话发展极其迅速。在竞争中，一代卫星星座失败了，铱星系统、全球星系统和轨道通信系统于 2000 年前后宣告破产，未能实现系统部署和商业服务。

第二阶段：2000—2014 年，以新铱星、全球星和轨道通信公司为代表，既为电信运营商提供一部分容量补充和备份，也在海事、航空等极端条件下，面向最终用户提供移动通信服务，与地面电信运营商存在一定程度的竞争，

---

514 张更新. 现代小卫星及其应用 [M]. 北京：人民邮电出版社，2009：1-2.

515 范志涵，张召才. 国外小卫星最新发展研究 [J]. 国际太空，2013(8)：20-29.

516 刘悦，廖春发. 国外新兴卫星互联网星座的发展 [J]. 科技导报，2016(7)：139-141.

但主要还是作为地面通信手段的补充，规模有限。2000 年后，在一代卫星星座失利的情况下，二代星座调整了市场定位，控制了成本，升级了卫星系统，逐渐恢复活力。以铱星公司为例，在市场定位方面，铱星公司不再与地面通信正面竞争，将用户定位为偏远地区的专业用户，比如海上石油钻井平台、采矿、建筑、救灾抢险、野外旅游的组织和个人等，另辟蹊径，使得系统得以存活并实现盈利；在投入成本方面，以象征性的价格买断了老铱星，剥离其全部债务，系统成本的减少可以大幅实现通话和数据使用费用的降低，以达到与地面通信接近的价格水平，使得铱星公司扭亏为盈；在系统能力方面，升级了卫星系统，接近地面系统的能力，解决了卫星终端在室内无法使用的问题，减少了卫星终端的尺寸和重量，提高了数据服务的速率，提升了在特定应用场景下的竞争能力。

第三阶段：2014 年至今，以“另外三十亿人”网络公司（O3b Networks）为代表，为全球用户提供干线传输和蜂窝回程业务，地面电信运营商是其客户和合作伙伴，卫星网络成为地面网络的补充。O3b 系统形成于 2007 年，公司自 2014 年提供商业服务以来，仅用半年时间就达到了原计划一年一亿美金的收入水平，得到了市场认可，证明了第三代卫星互联网星座的发展前景。近几年，随着卫星“轨道革命”的全面深化以及小卫星系统、技术的快速演进，低轨卫星部署数量呈现爆发式增长，通信卫星领域呈现出越来越明显的“低轨化”分布特征，“星链”星座已经成为迄今为止人类发展的规模最大的卫星系统，传统高轨卫星部署和在轨占比不断下滑，新态势、新格局已对卫星的研制和利用方式形成巨大冲击，并将持续对人类进入和认知太空的能力产生深远影响[517]。

随着非对地静止卫星轨道（non-GSO）大规模卫星星座的部署，对地静止轨道市场受到了一定的影响。传统卫星行业对 GSO 轨道资源的争夺非常激烈，国际电联针对频率和轨道资源分配的早期规则，也围绕着 GSO 轨

517 纪凡策. 2020年国外通信卫星发展综述[J]. 国际太空，2021(2)：36.

道资源展开。随着 non-GSO 大规模卫星星座的计划和开始部署，首先受到影响的是 GSO 轨道市场。2017 年 6 月，美国卫星工业协会发布《卫星产业状况报告》指出，自 2010 年以来，全球 GSO 通信卫星订单处于整体下滑态势，2016 年全球卫星制造业收入同比大幅下滑了 21 亿美元，收入水平退回至 2012 年。全球最大的 GSO 通信卫星制造商——美国劳拉空间系统公司由于缺乏卫星订单，不得不裁员 10%。整体看来，受低轨卫星星座的快速发展以及全球卫星在轨容量过于饱和状态的影响，GSO 通信卫星制造市场体量缩减[518]。小卫星的制造和使用成了人类外空活动的一个重要趋势。

## 三、目前主要的卫星星座项目

目前主要的卫星项目有以下几个[519]。

### （一）Starlink 低轨道卫星星座

Starlink（“星链”）低轨卫星星座由 SpaceX 公司提出，最初计划为 12 000 颗卫星，包括 4425 颗 Ka/Ku 波段卫星和 7518 颗 V 波段卫星，轨道高度分别为 1200km 和 340km，后增加到 42 000 颗。2016 年前后，SpaceX 公司分别通过美国联邦通信委员会（FCC）和挪威政府向 ITU 申报了建设 Starlink 低轨道卫星星座的频率和轨道，2018 年 2 月发射了 2 颗测试卫星，2019 年正式启动卫星发射工作，并于 2019 年 5 月 23 日用一枚“猎鹰 9”火箭将首批 60 颗“星链”卫星送入太空，迈出该公司构建全球卫星互联网的重要一步。2019 年 10 月 7 日，SpaceX 通过 FCC 一次性向国际电信联盟申请了名称为“USASAT0NGSO-3”系列 3 万颗新卫星的协调请求。截至 2021 年 8 月，SpaceX 公司已经通过 30 次组网发射将 1738 颗 Starlink 星座卫星

---

518 李博. 国外通信卫星领域最新发展态势分析[J]. 国际太空，2018(7)：14.

519 阮永井，胡敏，云朝明. 低轨大规模星座备份的挑战与分析[C]. 第三届中国空天安全会议论文集(2021-09-29).

送入轨道，完成了第一期的建设。

### （二）Telesat

Telesat 的星座包括两个阶段：初始阶段部署 298 颗卫星，第二阶段部署 1671 颗。所有卫星分布在两组轨道上：极地轨道高度 1015km，倾角 98.98°；倾斜轨道高度 1325km，倾角 50.88° 。

### （三）OneWeb 卫星系统

OneWeb 星座是第一个宣布的大规模卫星星座项目，最初计划包括 720 颗卫星，运行在 1200km 高度，分布在 18 个轨道平面上，每个轨道平面上有 40 颗卫星。2018 年年初，OneWeb 发射了最初的 10 颗卫星，原计划在 2019 年全面启动卫星发射计划，到 2022 年为目前无法使用互联网连接的农村和难以到达的地区提供互联网，到 2027 年弥合数字鸿沟。OneWeb 与欧洲火箭发射服务商 Arianespace 签署了协议，在 2017—2019 年至少进行 21 次卫星发射。2020 年 3 月，由于新冠肺炎疫情带来的财务影响和市场动荡，OneWeb 的融资计划未能取得进展，公司在发射 74 颗卫星后正式申请破产保护并裁员。2020 年 7 月，英国政府以 5 亿美元收购了 OneWeb 公司 45% 的股份，和英国政府一同组建财团参加收购的还有印度电信公司巴蒂企业集团。2020 年 5 月，OneWeb 请求联邦通信委员会授权将卫星数量从第一阶段的 716 颗增加到第二阶段的 47 844 颗，所有卫星都位于 1200km 的高度，但分布在 3 个轨道层上，分别有 1764 颗、23 040 颗和 23 040 颗卫星。目前 OneWeb 专注于发射第一代的 648 颗卫星，计划将在 2022 年提供全球覆盖并实现商业服务。截至 2021 年 8 月，OneWeb 已经发射了 288 颗卫星。

### （四）Kuiper 星座计划

Kuiper 星座计划由亚马逊公司提出，系统空间段由 3236 颗 Ka 波段卫星组成，分布的轨道高度为 590km、610km 和 630km，计划分 5 个阶段进行部署。

总体来看，全球低轨宽带星座正呈现出“单点引领、多点跟进”的新特点。虽然“星链”当前在系统部署、应用推广等方面均保持领先身位，但由于卫星互联网具有足够大的市场、各国卫星落地政策的差异、地缘政治等多方面影响因素，该领域的未来发展走向及格局尚不明朗。

## 第二节　适用于non-GSO大规模卫星星座的国际法

non-GSO 大规模卫星星座部署的好处在于其有助于实现全球范围的网络覆盖，由于其终端和接入费用的低廉，将很大程度上成为偏远和不发达地区的主要通信方式。non-GSO 大规模卫星星座的部署也可能带来一系列隐患，如可能导致外层空间中卫星数量急剧增加，可能引起空间物体登记、空间碎片减缓或移除、空间物体造成损害的赔偿责任等一系列问题，也会引起无线电频谱和 non-GSO 轨道的争夺以及有害干扰问题。同时，non-GSO 大规模卫星星座网络不同于现有传统地面通信设施，它不受国界限制，难以物理隔绝，且无法监控，可能造成现有国家防火墙形同虚设，对一国信息安全构成严重威胁。non-GSO 大规模卫星星座还具备军民两用性，星座系统本身就可能隐藏了军用平台和系统，其建成后也很可能进一步产生新的军事用途，甚至直接融入军事系统，并由此对国家安全产生威胁，进而影响国际和平与安全。non-GSO 大规模卫星星座对天文学和宇宙学观测也产生了越来越明显的不利影响，主要是星座反射和发射的光会严重影响光学和近红外观测，星座通信的电磁辐射会对无线电天文观测造成污染，星座本身也会对天基空间天文观测台产生碰撞威胁等。

尽管 non-GSO 大规模卫星星座的发展带来了一系列隐忧，但这也是人类探索和利用外层空间的一种方式，在国际层面遵守规范外层空间活动的国际法以及国际电信联盟关于无线电频谱和卫星轨道资源分配和使用的规则，在国内遵守本国法律法规，则其合法性并不存在问题。

## 一、适用于 non-GSO 大规模卫星星座的空间物体登记规则

在空间物体登记方面，目前适用的是《关于登记射入外层空间物体的公约》（简称《登记公约》）。该公约由联合国大会第 3235（XXIX）号决议通过，于 1975 年 1 月 14 日向各国开放签署，于 1976 年 9 月 15 日生效，截至 2019 年 7 月共有 69 个成员 / 组织。中国于 1988 年 12 月 12 日加入该公约。

《登记公约》的目的在于根据《外空条约》确立由发射国登记其射入外层空间物体的规定，并设置一个由联合国秘书长保持的射入外层空间物体总登记册，以此为缔约各国提供一种辨认外空物体的方法和程序。

根据《登记公约》第 1 条，"发射国"包括一个发射或促使发射空间物体的国家，或一个从其领土上或设备发射外空物体的国家。由此，"发射国"的范围很广。根据《登记公约》第 2 条，发射国在发射一个空间物体进入或越出地球轨道时，应以登入其所须保持的适当登记册的方式登记该空间物体。每一发射国应将其设置此种登记册的情况通知联合国秘书长。任何此种空间物体有两个以上的发射国时，各该国应共同决定由其中的哪一国登记该空间物体。

《登记公约》第 4 条规定了需要登记的空间物体信息，即每一登记国应在切实可行的范围内尽速向联合国秘书长供给有关登入其登记册的每一个外空物体的下列情报：发射国或多数发射国的国名；外空物体的适当标志或其登记号码；发射的日期和地域或地点；基本的轨道参数，包括交点周期、倾斜角、远地点、近地点；以及外空物体的一般功能。每一登记国还应在切实可行的最大限度内，尽速将其曾提送情报的原在地球轨道内但现已不在地球轨道内的空间物体通知联合国秘书长。

《登记公约》的目的在于使得各国对其本国在外层空间的活动承担国际责任，尤其是根据《空间物体所造成损害的国际责任公约》（简称《责任公约》）的规定，对其发射到外空的物体所造成的损害承担责任[520]。同时，如果发射当

520 《登记公约》序言，第 2、4 段；《责任公约》第 2 条、第 3 条。

局要回收位于发射当局领域外的空间物体，已登记的情况可视为该国有权回收该物体的证明[521]。因此，通过《登记公约》进行登记，可以明确一国对空间物体的管辖权和控制权，以及相应的责任承担。

根据《登记公约》，non-GSO 大规模卫星星座中的卫星属于应当进行登记的空间物体，相关发射国若为《登记公约》的缔约国，应履行该公约规定的登记义务。

## 二、适用于 non-GSO 大规模卫星星座的损害赔偿责任规则

《责任公约》由联合国大会第 2777（XXVI）号决议通过，于 1972 年 3 月 29 日开放签字，1972 年 9 月 1 日生效。截至 2019 年 7 月，该公约共有 96 个成员 / 组织。中国于 1988 年 12 月 20 日加入该公约。

《责任公约》目的是确立关于空间物体所造成损害的责任的有效国际规则与程序，特别要保证对这种损害的受害人按公约规定迅速给予充分公正的赔偿，相关规定在适用于一般空间物体或者大规模卫星星座方面并无规则上的差异。《责任公约》第 2 条和第 3 条规定了两种归责原则，分别是发射国对地球表面和飞行中的飞机的损害的绝对责任以及发射国对地球表面以外其他地方的空间物体或人员、财产的损害的过失责任。

non-GSO 大规模卫星星座的部署增加了空间物体碰撞和造成损害的风险，而《责任公约》对此提供了一定的救济机制。

## 三、适用于 non-GSO 大规模卫星星座的空间碎片减缓规则

随着外层空间卫星数量的迅速增加，特别是近几年来小卫星及 non-GSO 大规模卫星星座的部署，卫星碰撞以及产生空间碎片的概率增大，可能

521 《登记公约》序言，第 3 段。

会破坏轨道环境并对其他航天器运行安全造成影响。

在空间碎片减缓的法规方面，目前并没有直接适用的有约束力的国际条约，但一些国际组织、多边论坛起草了一些指南、行为准则、标准类的文件，可作为国际软法发挥作用。这些指南、行为准则或标准包括机构间空间碎片协调委员会（Inter-Agency Space Debris Coordination Committee，IADC）《空间碎片减缓指南》（2020 年修订）、《联合国空间碎片缓减准则》（2007 年）、欧洲《空间碎片减缓行为准则》（2004 年）、欧空局项目的空间碎片减缓要求（2008 年）、国际电信联盟对地静止轨道的环保问题的建议书（ITU-R S.1003-2，2010 年）、国际标准化组织关于空间系统——空间碎片减缓要求、国际标准化组织关于空间系统——航天器设计和运行空间碎片减缓指南以及联合国《外层空间活动长期可持续准则》等，间接相关的国际公约包括《禁止为军事或任何其他敌对目的使用改变环境的技术的公约》等。

以联合国和平利用外层空间委员会《空间碎片减缓指南》为例，该文件规定了在航天器和运载火箭的飞行任务规划、设计制造和操作（发射、运行和处置）阶段应该遵循的 7 条准则，包括限制在正常运作期间分离碎片；最大限度地减少操作阶段可能发生的分裂解体；限制轨道中意外碰撞的可能性；避免故意自毁和其他有害活动；最大限度地降低剩存能源导致的任务后分裂解体的可能性；限制航天器和运载火箭轨道级在任务结束后长期存在于 LEO 轨道区域；限制航天器和运载火箭轨道级在任务结束后对 GSO 轨道区域的长期干扰。该文件所提出的空间碎片减缓原则得到了世界主要航天国家的高度认可，具有很强的技术权威性。

此外，出于对遏制空间碎片环境日益恶化趋势的共同愿望，世界上主要航天国家于 1993 年成立了机构间空间碎片协调委员会。IADC 于 2002 年推出了《IADC 空间碎片减缓指南》，2007 和 2020 年进行了修订。该文件对航天器寿命末期的处理进行了相应的规定，包括：限制航天器和运载火箭轨道级在任务结束后长期存在于低地球轨道（LEO）区域，在任务结束后应离轨（最好是直接再入大气层）或机动到处置轨道，靠大气阻力限制其在轨寿命。

目前普遍认为，LEO 轨道航天器任务结束后 25 年或者更短时间内离轨是合理和合适的寿命限制；对于特定的操作，如大型星座，更短的剩余轨道寿命和/或更高的轨道处置成功概率可能是必要的；对地静止卫星轨道航天器在任务结束后应机动到距离对地静止卫星轨道保护区足够远的区域，近地点高度应至少提升 300km，并明确了寿命即将结束的对地静止卫星轨道卫星离轨处理的轨道偏心率不得大于 0.003，以保证离轨处置后的废弃卫星日后不会由于摄动影响重新进入对地静止卫星轨道受保护区域。

non-GSO 大规模卫星星座部署过程中应尽量遵守有关空间碎片减缓的相关准则和标准。

## 四、适用于 non-GSO 大规模卫星星座的无线电通信国际规则

从无线电通信的角度来看，部署 NGSO 大规模卫星星座，其本质上是构建用于星地和星间通信的卫星通信系统，应遵守国际电信联盟关于无线电频谱和卫星轨道资源分配和使用以及干扰处理的规则。部署 non-GSO 大规模卫星星座，可用于宽带通信、导航、遥感、空间科学等多种用途，目前引起关注的主要是用于宽带通信的星座，星座规模百颗以上，其频率和轨道协调难度、干扰可能性、空间环境恶化程度等，随着单个卫星系统计划中卫星数量的增加、多个卫星系统计划的提出而不断增大，引发一系列法律和规则问题。

根据《国际电信联盟组织法》第 195 款，各成员国须努力将所使用的频率数目和频谱限制在足以满意地提供必要业务所需的最低限度，为此，它们须努力尽早采用最新的技术发展成果。如果将大规模卫星星座视为一种新技术或者新应用，其反映出《国际电信联盟组织法》第 195 款的局限性：新技术或新应用的采用并不一定减少频谱的使用或提高频率利用率。

根据《国际电信联盟组织法》第 196 款，在使用无线电业务的频段时，各成员国须铭记，无线电频率和任何相关的轨道，包括对地静止卫星轨道，

均为有限的自然资源，必须依照《无线电规则》的规定，合理、有效和经济地使用，以使各国或国家集团可以在照顾发展中国家的特殊需要和某些国家地理位置的特殊需要的同时，公平地使用这些轨道和频率。当 non-GSO 轨道容量有限时，可能只能部署一定数量的卫星星座，若一个或几个卫星星座抢占了 non-GSO 轨道和频率资源，使得其他国家今后不能较好地利用 NGSO，则《国际电信联盟组织法》第 196 款提及的公平原则事实上受到了挑战。

目前卫星操作者根据国际电信联盟《无线电规则》的规定，可以通过规划法或协调法两种途径取得卫星频率和轨道的使用权，并将相应频率指配登入国际频率登记总表。规划法只针对特定区域、特定频段和特定业务，而 non-GSO 大规模卫星星座目前应根据协调法取得频率和卫星轨道资源使用权，其本质是先登先占。国际电信联盟现有的具体规则并没有禁止或者限制 non-GSO 大规模卫星星座的部署，然而 non-GSO 大规模卫星星座对现有频率和卫星轨道资源利用的原则提出的冲击是不可忽视的。

2019 年世界无线电通信大会通过了题为《在特定频段和业务中用于实施非对地静止卫星系统中空间电台频率指配的分阶段方法》的第 35 号决议，列入《无线电规则》第三卷，从而成为规范特定频段和业务内 non-GSO 卫星星座基于里程碑部署方法的有约束力的国际条约规则。其出发点是考虑到根据《无线电规则》第 11.44 款，对非对地静止卫星轨道系统的频率指配，不论业务或频段，需在 7 年规则期限内投入使用，但针对大规模卫星星座（在某些情况下，系统由数百颗或数千颗卫星组成），期望在这 7 年规则期限内部署一个系统的所有卫星可能是不现实的。因此，非对地静止轨道系统的频率指配的投入使用不能被视为对这些系统完全部署的确认，而可能只是表明能够使用频率指配的卫星部署的开始，因此，应给予适当时间，以便这些卫星星座能够完成部署。

根据新规则，non-GSO 卫星星座基于里程碑部署方法设定了 3 个里程碑，即在卫星网络 7 年到期后的 2 年内，须部署卫星总数的 10%；到期后 5 年内须部署卫星总数的 50%；到期后 7 年内，须部署卫星总数的 100%（可以减少一颗卫星）。在相应里程碑内没有完成的卫星部署，其频率指配将从国际频率登记总表中注销，以保证登记总表准确地反映卫星网络实际运行情况，并减少频谱和卫星轨道资源的囤积。适用里程碑规则的频段和业务主要包括 Ku、Ka 和 Q/V 频段，限于卫星固定、卫星广播和卫星移动业务。通过新规则，国际电信联盟希望可以促进频谱和卫星轨道资源的高效、合理和经济地使用，并提高非对地静止轨道系统部署的透明度。

## 第三节　大规模卫星星座的挑战与应对

non-GSO 大规模卫星星座不仅带来了无线电频谱和卫星轨道资源争夺的白热化，也给外会空间活动的长期可持续性发展带来了挑战，主要体现在以下几方面。

（1）大规模卫星星座在近地轨道部署，导致近地区域空间物体密度过大，增大了其互相之间，以及卫星星座与其他越出或返回地球的航天器之间的碰撞风险，增加了空间碎片数量激增的风险，增加了空间物体之间干扰运行的风险，使得近地空间环境的安全与稳定受到威胁。

（2）频率和卫星轨道资源是有限的，近地轨道只能部署有限数量的卫星星座，大规模卫星星座的部署占据了较多的频率和卫星轨道资源，事实上增加了当前未部署此类星座的国家和今后世代探索、利用近地轨道区域的困难性，违反公平原则，也违反可持续发展的理念。

（3）大规模卫星星座的部署增加了卫星、空间站等空间物体运行环境的复杂性，间接增加了运行成本。

（4）大规模卫星星座的部署导致空间观测等空间科学研究的困难，不利于人类研究和探索外层空间。

联合国和平利用外层空间委员会于 2019 年 6 月通过了《外层空间活动长期可持续性准则》(《LTS 准则》)[522]。《LTS 准则》第 A.4 项是“确保公平、合理、有效利用卫星所用无线电频率频谱及各个轨道区域”，指出各国在履行国际电

522　见 A/AC.105/C.1/L.366。

信联盟相关义务时，应特别注意空间活动的长期可持续性和全球可持续发展等问题，并对此提出了 6 项要求。这 6 项要求反映了当前国际社会就 5 个问题的关切：第一，无线电频谱和卫星轨道资源的定性、使用目的和使用原则（准则 A.4–2）；第二，使用电磁频谱时应考虑天基地球观测系统和其他天基系统和服务在支持全球可持续性发展方面的要求（准则 A.4–4）；第三，避免对无线电信号收发产生有害干扰以及解决有害干扰的义务（准则 A.4–1、A.4–3、A.4–5）；第四，各国和国际组织确保执行国际电信联盟的无线电监管程序，并通过合作提升决策和执行效率（准则 A.4–5）；第五，轨道处置要求（准则 A.4–6）。

《LTS 准则》概括提及了大型星座对空间活动长期可持续性的影响，但其尚未设定关于大规模卫星星座的规定，而作为软法，也不太可能延缓或阻挡 non-GSO 大规模卫星星座的部署。但反过来，non-GSO 大规模卫星星座所提出的问题，对完善《LTS 准则》和推动外空活动的可持续性发展，以及从可持续发展的角度改进国际电信联盟的相关规则，可提供一定的思路，体现在以下几方面。

（1）根据《外空条约》第六条和《国际电信联盟组织法》第 6 条第 38 款确立的规则，各缔约国对其政府部门及其非政府的团体组织在外层空间（包括月球和其他天体）所从事的活动，要承担国际责任。各缔约国应负责保证本国活动的实施，符合《外空条约》的规定。非政府团体在外层空间（包括月球和其他天体）的活动，应由有关的缔约国批准，并连续加以监督。各成员国有义务责令所有经其批准而建立和运营电信并从事国际业务的运营机构或运营能够对其他国家无线电业务造成有害干扰的电台的运营机构遵守《国际电信联盟组织法》《国际电信联盟公约》和行政规则的规定。坚持国家对其本身及其管辖范围内的其他行为体的外空活动、无线电通信活动的批准和监管义务，可以发挥国家在国际条约或软法规则制定中的主体作用，便于推动在相关领域形成有利于全人类利益的共识并加以推广实施，避免追求短期效益或经济利益而损害人类社会共同利益，也易于纠正相关行为体在国际空间活动中的违章行为。

（2）推动和建立联合国会员国、相关国际组织和私营行为体关于可持续发展理念、外空活动可持续性准则等方面的一般共识，通过国际电信联盟、机构间空间碎片协调委员会、国际标准化组织（International Organization for Standardization，ISO）、联合国和平利用外层空间委员会等相关平台的活动，将相关理念、原则和规则逐步渗透和体现在相关平台的硬法和软法规则中。

（3）针对 non-GSO 大规模卫星星座现象，从外空活动可持续的角度，推动将合理、有效、经济和公平地利用卫星频率和轨道资源的原则细化为相关规则，或建立 non-GSO 频率和轨道的规划，或推动建立规则限制某一 non-GSO 卫星系统中的卫星数量。然而，考虑到对地静止卫星轨道相关规划的酝酿和形成耗时近 20 年，以及目前 SpaceX 等星链部署的进度，这一建议面临较大难度。这其实体现了国际电信联盟规则变动的困难性，在很多场合，往往全权代表大会或者世界无线电通信大会之前会有较为激进的改革主张和提案，但会后很难形成有效的规则，因为在会上，小的、对技术性规则的修改被认为比重大的、破坏现存国际协议基础的变革更为重要，正如近 50 年前时任国际电信联盟秘书长 Mohamed Ezzedine MiLi 指出的："国际电信联盟会议倾向于让代表们在考虑所有成员的需要和利益的基础上，尽可能达成妥协。这一方法是基于以下事实：没人能够接受一个全面满足某个成员要求却明显损害了其他成员利益、激进的解决方案。在这种情况下，其他成员别无选择，只能宣布该提案是不可接受的，从而不可能得以实施[523]。"

（4）针对 non-GSO 大规模卫星星座现象，推动相关主管部门在国内立法和实践方面贯彻善意履行国际义务的国际法基本原则，自我设限式地减少频率和卫星轨道资源的审批数量、减缓审批进度。然而，在国家作为平等主体的国际社会欠缺更高层次的立法、执法和司法权威的情况下，秉承现实主义理念的国家，也很难会真正采取自我设限的做法。

523 MOHAMED EZZEDINE MILI. International jurisdiction in telecommunication affairs[J]. Telecommunication Journal，1973，40（3）：124-125.

# 附　录

## 附录一　主要缩略语表

| 缩略语 | 英文全称 | 中文全称 |
| --- | --- | --- |
| ANC | Air Navigation Commission | 空中航行委员会 |
| APG | APT Conference Preparatory Group for WRC | APT-WRC 大会筹备组 |
| APT | Asia-Pacific Telecommunity | 亚太电信组织 |
| APT-PP | APT Preparatory Group for ITU Plenipotentiary Conferences | APT-PP 大会筹备组 |
| ASMG | Arab Spectrum Management Group | 阿拉伯频谱管理小组 |
| ATU | African Telecommunications Union | 非洲电信联盟 |
| BR | Radiocommunication Bureau | 无线电通信局 |
| BR IFIC | BR International Frequency Information Circular | 《国际频率信息通报》 |
| BSS | Broadcasting-Satellite Service | 卫星广播业务 |
| CCIF | International Telephone Consultative Committee | 国际电话咨询委员会 |
| CCIR | International Radio Consultative Committee | 国际无线电咨询委员会 |
| CCIT | International Telegraph Consultative Committee | 国际电报咨询委员会 |
| CCSDS | Consultative Committee for Space Data System | 空间数据系统咨询委员会 |
| CCV | Coordination Committee for Vocabulary | 词汇协调委员会 |
| CEPT | European Conference of Postal and Telecommunications Administrations | 欧洲邮政和电信主管部门大会 |
| CERP | European Committee for Postal Regulation | 欧洲邮政监管委员会 |
| CGMS | Coordination Group for Meteorological Satellites | 气象卫星协调组 |
| CITEL | Inter-American Telecommunication Commission | 美洲国家电信委员会 |
| CJEU | Court of Justice of the European Union | 欧洲联盟法院 |
| CPM | Conference Preparatory Meeting | 大会筹备会议 |

续表

| 缩略语 | 英文全称 | 中文全称 |
|---|---|---|
| CS | ITU Constitution | 《国际电信联盟组织法》 |
| CV | ITU Convention | 《国际电信联盟公约》 |
| EARC-63 | Extraordinary Administrative Radio Conference to Allocate Frequency Bands for Space Radiocommunication Purposes | 分配太空无线电通信频带之非常无线电行政大会 |
| ECC | Electronic Communications Committee | 电子通信委员会 |
| ECHR | European Convention for the Protection of Human Rights and Fundamental Freedoms | 《欧洲保障人权和基本自由公约》 |
| ECO | European Communications Office | 欧洲通信办公室 |
| ESOA | European Satellite Operators Association | 欧洲卫星运营商协会 |
| FAO | Food and Agriculture Organization of the United Nations | 联合国粮食及农业组织 |
| FCC | Federal Communications Commission | [美国]联邦通信委员会 |
| FSS | Fixed-Satellite Service | 卫星固定业务 |
| HFCC | High Frequency Coordination Conference | 高频协调大会 |
| GADSS | Global Aeronautical Distress and Safety System | 全球航空遇险和安全系统 |
| GATT | General Agreement on Tariffs and Trade | 《关税及贸易总协定》 |
| GATS | General Agreement on Trade in Services | 《服务贸易总协定》 |
| GCOS | Global Climate Observing System | 全球气候观测系统 |
| GLONASS | Global Navigation  Satellite System | 全球导航卫星系统 |
| GMDSS | Global Maritime Distress and Safety System | 全球海上遇险和安全系统 |
| GNSS | Global Navigation Satellite System | 全球导航卫星系统 |
| GOS | Global Observing System | 全球观测系统 |
| GPS | Global Positioning System | 全球定位系统 |
| GRSS | Geoscience and Remote Sensing Society | 地球科学和遥感技术协会 |
| GSMA | Global System for Mobile Communications Association | 全球移动通信系统协会 |
| GSO | Geostationary- satellite Orbit | 对地静止卫星轨道 |
| GVF | Global VSAT Forum | 全球 VSAT 论坛 |
| IADC | Inter-Agency Space Debris Coordination Committee | 机构间空间碎片协调委员会 |
| IARU | International Amateur Radio Union | 国际业余无线电联盟 |

续表

| 缩略语 | 英文全称 | 中文全称 |
| --- | --- | --- |
| IATA | International Air Transport Association | 国际航空运输协会 |
| ICAO | International Civil Aviation Organization | 国际民航组织 |
| ICCPR | International Covenant on Civil and Political Rights | 《公民权利和政治权利国际公约》 |
| ICDO | International Civil Defence Organization | 国际民防组织 |
| ICJ | International Court of Justice | 国际法院 |
| IEEE | Institute of Electrical and Electronics Engineers | 电气电子工程师学会 |
| IFRB | International Frequency Registration Board | 国际频率登记委员会 |
| IMCO | Inter-governmental Maritime Consultative Organization | 政府间海事协商组织 |
| IMO | International Maritime Organization | 国际海事组织 |
| IMSO | International Mobile Satellite Organization | 国际移动卫星组织 |
| IMT | International Mobile Telecommunications | 国际移动通信 |
| INMARSAT | International Maritime Satellite Organization | 国际海事卫星组织 |
| IOM | International Organization for Migration | 国际移民组织 |
| ISO | International Organization for Standardization | 国际标准化组织 |
| ITLOS | International Tribunal for the Law of the Sea | 国际海洋法法庭 |
| ITRs | International Telecommunication Regulations | 《国际电信规则》 |
| ITSO | International Telecommunications Satellite Organization | 国际通信卫星组织 |
| ITU | International Telecommunication Union | 国际电信联盟 |
| ITU | International Telegraphy Union | 国际电报联盟 |
| ITU-D | ITU Telecommunication Development Sector | 国际电信联盟电信发展部门 |
| ITU-R | ITU Radiocommunication Sector | 国际电信联盟无线电通信部门 |
| ITU-T | ITU Telecommunication Standardization Sector | 国际电信联盟电信标准化部门 |
| ITWG | International Technology Working Groups | 国际技术工作组 |
| IUCAF | Scientific Committee on Frequency Allocations for Radio Astronomy and Space Science | 射电天文学与空间科学频率划分科学委员会 |
| LAS | League of Arab States | 阿拉伯国家联盟 |

续表

| 缩略语 | 英文全称 | 中文全称 |
|---|---|---|
| LRIT | Long-Range Identification and Tracking of Ships | 船舶远程识别与跟踪 |
| MEPC | Marine Environment Protection Committee | 海洋环境保护委员会 |
| MSC | Maritime Safety Committee | 海上安全委员会 |
| MSS | Mobile-Satellite Service | 卫星移动业务 |
| OCHA | Office for the Coordination of Humanitarian Affairs | 联合国人道主义事务协调厅 |
| RCC | Regional Commonwealth in the Field of Communications | 区域通信联合体 |
| RDSS | Radiodetermination-Satellite Service | 卫星无线电测定业务 |
| RoP | Rules of Procedure | 《程序规则》 |
| RR | Radio Regulations | 《无线电规则》 |
| RRB | Radio Regulations Board | 无线电规则委员会 |
| SFCG | Space Frequency Coordination Group | 空间频率协调组 |
| SG | Study Group | 研究组 |
| SIA | Satellite Industry Association | 卫星工业协会 |
| UDHR | Universal Declaration of Human Rights | 《世界人权宣言》 |
| UN | United Nations | 联合国 |
| UNCLOS | UN Convention on the Law of the Sea | 《联合国海洋法公约》 |
| UNCOPUOS | United Nations Committee on the Peaceful Use of Outer Space | 联合国和平利用外层空间委员会 |
| UNDP | United Nations Development Programme | 联合国开发计划署 |
| UNEP | United Nations Environment Programme | 联合国环境规划署 |
| UNHCR | United Nations High Commissioner for Refugees | 联合国难民事务高级专员公署 |
| UNICEF | United Nations International Children's Emergency Fund | 联合国儿童基金会 |
| UNIDROIT | International Institute for the Unification of Private Law | 国际统一私法协会 |
| UNOOSA | United Nations Office for Outer Space Affairs | 联合国外空事务办公室 |
| WARC SAT-77 | World Administrative Radio Conference for the Planning of the Broadcasting-Satellite Service，in Frequency Bands 11.7-12.2GHz（Regions 2 and 3）and 11.7-12.5GHz（Region 1） | 卫星广播世界无线电行政大会 |
| WARC-ST | World Administrative Radio Conference for Space Tele-communications | 空间电信世界无线电行政大会 |
| WCIT | World Conference on International Telecommunications | 国际电信世界大会 |
| WFP | World Food Programme | 世界粮食计划署 |
| WIGOS | World Meteorological Organization Integrated Global Observing System | 世界气象组织全球综合观测系统 |

续表

| 缩略语 | 英文全称 | 中文全称 |
|---|---|---|
| WHO | World Health Organization | 世界卫生组织 |
| WMO | World Meteorological Organization | 世界气象组织 |
| WRC | World Radiocommunication Conference | 世界无线电通信大会 |
| WSIS | World Summit on the Information Society | 信息社会世界峰会 |
| WTDC | World Telecommunication Development Conference | 世界电信发展大会 |
| WTO | World Trade Organization | 世界贸易组织 |
| WTSA | World Telecommunication Standardization Assembly | 世界电信标准化全会 |
| WWW | World Weather Watch | 世界天气监测网 |

# 附录二 主要文件名称

## 一、国际条约

《1949 年 8 月 12 日日内瓦四公约关于保护国际性武装冲突受难者的附加议定书》

《大陆架公约》

《非洲人权和民族权宪章》

《服务贸易总协定》

《改善海上武装部队伤者病者及遇船难者境遇公约》

《改善战地武装部队伤者病者境遇公约》

《公民权利和政治权利国际公约》

《关税及贸易总协定》

《关于成立区域通信联合体的协议》

《关于登记射入外层空间物体的公约》

《关于废弃战争作为国家政策工具的一般条约》

《关于各国探索和利用外层空间包括月球与其他天体活动所应遵守原则的条约》

《关于各国在月球和其他天体上活动的协定》

《关于强制解决与〈国际电信联盟组织法〉〈国际电信联盟公约〉和行政规则有关的争议的任选议定书》

《关于向减灾和救灾行动提供电信资源的坦佩雷公约》

《关于在邮政和电信领域开展国家间协调的协议》

《关于战俘待遇的公约》

《关于战时保护平民的公约》

《关于执行1982年12月10日〈联合国海洋法公约〉第十一部分的协定》

《关于执行1982年12月10日〈联合国海洋法公约〉第十一部分的协定的决议》

《国际电报公约》

《国际电信公约》

《国际电信规则》

《国际电信联盟大会、全会和会议总规则》

《国际电信联盟公约》

《国际电信联盟组织法》

《国际法院规约》

《国际海上人命安全公约》

《国际海事卫星组织公约》

《国际海事卫星组织业务协定》

《国际联盟盟约》

《国际民用航空公约》

《国际通信卫星组织协定》

《国际无线电报公约》

《国际移动卫星组织公约》

《海牙第四公约：陆战法规和惯例公约》

《和平解决国际争端公约》

《核动力船舶营运人双重责任公约》

《基础电信协议》

《建立欧洲邮政和电信主管部门大会的协定》

《空间物体造成损害的国际责任公约》

《联合国海洋法公约》

《联合国宪章》

《美洲国家电信委员会规约》

《美洲国家电信委员会规则》

《美洲国家组织宪章》

《美洲人权公约》

《欧洲保障人权和基本自由公约》

《气候变化框架公约》

《世界贸易组织协定》

《世界气象组织公约》

《维也纳领事关系公约》

《维也纳条约法公约》

《维也纳外交关系公约》

《无线电规则》

《限制用兵力索取债务公约》

《亚太电信组织宪章》

《1949 年 8 月 12 日日内瓦四公约关于保护非国际性武装冲突受难者的附加议定书》

《1949 年 8 月 12 日日内瓦四公约关于采纳一个新增特殊标志的附加议定书》

《移动设备国际利益公约》

《移动设备国际利益公约关于航空器设备特定问题的议定书》

《移动设备国际利益公约关于空间资产特定问题的议定书》

《政府间海事协商组织公约》

《中华人民共和国政府和老挝人民民主共和国政府国境铁路协定》

## 二、国际组织宣言、决议、指南、标准等

《ICT 与气候变化》2017 年世界电信发展大会第 66 号决议

《ITU-R 程序规则》

《变革我们的世界：2030 年可持续发展议程》

《波哥大宣言》

《对地静止卫星轨道的环保问题》国际电信联盟 2010 年建议书

《各国经济权利和义务宪章》

《关于从外层空间遥感地球的原则》

《关于对地静止卫星轨道的使用以及利用其规划空间业务的决议》

《关于电信 /ICT 在备灾、早期预警、救援、减灾、赈灾和灾害响应方面的作用》2017 年世界电信发展大会第 34 号决议

《关于各国利用人造地球卫星进行国际直接电视广播所应遵守的原则》

《关于各国依联合国宪章建立友好关系及合作之国际法原则之宣言》

《关于各国以平等权利公平地使用空间无线电通信业务的对地静止卫星轨道和频带的决议》

《关于利用卫星广播促成信息自由流动、教育和文化交流的指导原则宣言》

《关于自然资源永久主权的决议》

《国际电信联盟 2020—2023 年战略规划》2018 年国际电信联盟全权代表大会第 71 号决议

《对卫星网络申报实行成本回收》国际电信联盟理事会第 482 号决定

《国际电信联盟理事会议事规则》

《国际业余无线电联盟章程》

《国家对国际不法行为的责任条款草案》

《加强电信监管机构间合作》2017 年世界电信发展大会第 48 号决议

《加强国际电信联盟在有关外层空间活动透明度和树立信心措施方面的作用》2014 年国际电信联盟全权代表大会第 186 号决议

《建立新的国际经济秩序行动纲领》

《建立新的国际经济秩序宣言》

《将电信 / 信息通信技术用于人道主义援助以及监测和管理紧急和灾害情况，包括与卫生相关的紧急情况的早期预警、预防、减灾和赈灾工作》2018 年国际电信联盟全权代表大会第 136 号决议

《将性别平等观点纳入国际电信联盟的主要工作、促进性别平等并通过电信 / 信息通信技术增强女性权能》2018 年国际电信联盟全权代表大会第 70 号决议

《接纳学术成员参加国际电信联盟的工作》2018 年国际电信联盟全权代表大会第 169 号决议

《接纳学术界、大学及其相关研究机构参加国际电信联盟三个部门的工作》2010 年国际电信联盟全权代表大会第 169 号决议

《空间碎片减缓准则》

《频率在 3000GHz 以上的频谱的使用》2002 年国际电信联盟全权代表大会第 118 号决议

《全权代表大会的决定、决议和建议的处理》1998 年国际电信联盟全权代表大会第 3 号决定

《圣彼得堡宣言》

《使用电信手段保障现场人道主义人员的安全》1998 年国际电信联盟全权代表大会第 98 号决议

《世界人权宣言》

《外层空间活动长期可持续性准则》

《外层空间活动中的透明度和建立信任措施》

《危险活动所致跨界损害的损失分担原则草案》

《维也纳宣言和行动纲领》

《一些国际电信联盟产品和服务的成本回收》2010 年国际电信联盟全权

代表大会第 91 号决议

《预防危险活动造成跨界损害的条款草案》

《在同等地位上使用国际电信联盟的六种正式语文和工作语文》2002 年国际电信联盟全权代表大会第 115 号决议

1969 UN General Assembly Resolution 2574 D(XXIV): Question of the Reservation Exclusively for Peaceful Purposes of the Sea-bed and the Ocean Floor, and the Subsoil Thereof, Underlying the High Seas beyond the Limits of Present National Jurisdiction, and the Use of Their Resources in the Interests of Mankind(1969-12-15), UN Doc. A/Res/2574(XXIV).

1970 UN General Assembly Resolution 2749(XXV): Declaration of Principles Governing the Sea-Bed and the Ocean Floor, and the Subsoil Thereof, Beyond the Limits of National Jurisdiction(1970-12-12), U.N. Doc. A/RES/25/2749(XXV).

## 三、国内法

《边境地区地面无线电业务频率国际协调规定》

《地球站国际协调与登记管理暂行办法》

《境外卫星电视频道落地管理办法》

《卫星网络申报协调与登记维护管理办法(试行)》

《中华人民共和国广播电视管理条例》

《中华人民共和国领海及毗连区法》

《中华人民共和国领事特权与豁免条例》

《中华人民共和国民法典》

《中华人民共和国外交特权与豁免条例》

《中华人民共和国无线电管理条例》

《中华人民共和国刑法》

# 附录三　参考文献

## 一、著作

《国际公法学》编写组. 国际公法学：第 2 版 [M]. 北京：高等教育出版社，2018.

HAIM MAZAR. 无线电频谱管理政策、法规与技术 [M]. 王磊，谢树果，译. 北京：电子工业出版社，2018.

IAN BROWNLIE，GUY S. GOODWIN-GILL. Basic documents on human rights[M]. $4^{th}$ ed. Oxford：Oxford University Press，2002.

白桂梅. 人权法学 [M]. 北京：北京大学出版社，2011.

程晓霞，余民才. 国际法：第 6 版 [M]. 北京：中国人民大学出版社，2021.

古祖雪，柳磊. 国际通信法律制度研究 [M]. 北京：法律出版社，2014.

劳特派特. 奥本海国际法 上卷 平时法 第一分册 [M]. 王铁崖，陈体强，译. 北京：商务印书馆，1971.

李浩培. 条约法概论：第 2 版 [M]. 北京：法律出版社，2003.

马尔科姆. N. 肖. 国际法 下册：第 6 版 [M]. 白桂梅，高健军，朱利江，李永胜，梁晓晖，译. 北京：北京大学出版社，2011.

盛红生，肖凤城，杨泽伟. 21 世纪前期武装冲突中的国际法问题研究 [M]. 北京：法律出版社，2014.

王丽娜，王兵. 卫星通信系统：第 2 版 [M]. 北京：国防工业出版社，2014.

鲁传颖. 网络空间治理与多利益攸关方理论 [M]. 北京：时事出版社，2016 业出版社，2014.

王铁崖. 国际法 [M]. 北京：法律出版社，1995.

翁木云，吕庆晋，谢绍斌，刘正锋，等. 频谱管理与监测：第 2 版 [M]. 北京：电子工业出版社，2017.

徐显明．国际人权法 [M]．北京：法律出版社，2004.

伊恩·劳埃德，戴维·米勒．通信法 [M]．曾剑秋，译．北京：北京邮电大学出版社，2006.

余劲松．国际经济法学：第 2 版 [M]．北京：高等教育出版社，2019.

张更新．现代小卫星及其应用 [M]．北京：人民邮电出版社，2009.

中国社会科学院语言研究所词典编辑室．现代汉语词典：第 6 版 [M]．北京：商务印书馆，2012.

朱立东，吴廷勇，卓永宁．卫星通信导论：第 4 版 [M]．北京：电子工业出版社，2015.

朱文奇．现代国际法 [M]．北京：商务印书馆，2013.

## 二、期刊和会议论文

A.M. RUTKOWSKI. The 1979 World Administrative Radio Conference: the ITU in a changing world[J]. International Lawyer, 1979, 13(2): 289-328.

ALAN JAMIESON. 为世界各区域划分频谱 代表亚洲和太平洋 [J]. 国际电信联盟新闻杂志——为变化中的世界划分频谱，2015(5): 21.

ALEXANDRE KISS. The common heritage of mankind: utopia or reality?[J]. International Journal, 1985, 40(3): 423-441.

ERKKI HOLMILA. Common heritage of mankind in the law of the sea[J]. Acta Societatis Martensis, 2005(1): 187-205.

F. MOLINA NEGRO, J.-M. NOVILLO-FERTRELLY PAREDE. The International Telecommunication Convention from Madrid(1932)to Nairobi(1982): half a century in the life of the Union[J]. Telecommunication Journal 1982, 49(12): 814-817.

FABIO LEITE. Evolving Radiocommunications[J]. ITU News,

2015( 3 ) : 9–15.

FRANCIS LYALL. Legal issues of expanding global satellite communications services and global navigation satellite services, with special emphasis on the development of telecommunications and Ecommerce in Asia[J]. Singapore journal of international & comparative law，2001，5( 1 ) : 227–245.

FRANCIS LYALL. Paralysis by phantom: problems of the ITU filing procedures[J] . Proceedings on law of outer space，1996，39: 187–193.

GIOVANNI VERLINI. “纸卫星”——卫星产业面临的一道难题 [J]. 王琦，译. 卫星与网络，2010( 6 ) : 62–64.

HARVEY LISZT. 射电天文、频谱管理和 2019 年世界无线电通信大会 [J]. 国际电信联盟新闻杂志——不断演进的新技术的频谱管理，2019( 5 ) : 81–84.

ITU. Moving beyond monopolies[J]. ITU News，2005( 2 ) : 8–10.

ITU. The Council turns 60[J]. ITU News，2007( 7 ) : 4–5.

ITU. 私营部门在国际电信联盟活动中的参与 [J]. 国际电信联盟新闻杂志——国际电信联盟的 150 年创新，2015( 3 ) : 30–33.

JOHN METTROP. 水上移动业务和船舶港口安全系统 [J]. 国际电信联盟新闻杂志——2012 年世界无线电通信大会. 2012( 1 ) : 62–65.

KITACK LIM. 水上通信——保护水上业务的频谱 [J]. 国际电信联盟新闻杂志——不断演进的新技术的频谱管理，2019( 5 ) : 68–71.

LOFTUR JONASSON. 航空运输和安全使用的频谱 [J]. 国际电信联盟新闻杂志——不断演进的新技术的频谱管理，2019( 5 ) : 63–67.

MARKUS DREIS. 从太空监测天气和气候——对于我们的全球现代社会而言不可或缺 [J]. 国际电信联盟新闻杂志——监视我们不断变化的星球，2019( 1 ) : 30–35.

MICHAEL KREPON. A code of conduct for responsible space-faring nations，40 years of the outer space treaty[C]. Geneva:

UNIDIR，2010(2010-04-03).

MOHAMED EZZEDINE MILI. International jurisdiction in telecommunication affairs[J]. Telecommunication Journal，1973，40(3)：122-128.

VALERY. TIMOFEEV. From radiotelegraphy to worldwide wireless [J]. ITU News Magazine，2006(3)：5-9.

YVON HENRI. 为卫星行业服务：致力于频谱 / 卫星轨道资源的充分利用 [J]. 国际电信联盟新闻杂志——2012 年世界无线电通信大会，2012(1)：21-28.

陈一峰. 国际法不禁止即为允许吗？——“荷花号”原则的当代国际法反思 [J]. 环球法律评论，2011(3)：132-141.

崔宏宇. 从软法的作用与影响看《外空活动长期可持续性（LTS）准则》的执行问题 [J]. 空间碎片研究，2021(1)：65-69.

董智先. 论外层空间界限 [J]. 法律科学，1994(6)：71-75.

范志涵，张召才. 国外小卫星最新发展研究 [J]. 国际太空，2013(8)：20-29.

韩慧鹏. 2018 上半年全球发射卫星概况及发展趋势分析 [J]. 卫星与网络，2018(8)：28-33.

霍政欣.《反外国制裁法》的国际法意涵 [J]. 比较法研究，2021(4)：143-157.

纪凡策. 2020 年国外通信卫星发展综述 [J]. 国际太空，2021(2)：36-41.

柯玲娟. 外层空间定义定界问题研究. 研究生法学 [J]. 2001(1)：64-69.

李博. 国外通信卫星领域最新发展态势分析 [J]. 国际太空，2018(7)：10-15.

李博，赵琪. 2018 年国外通信卫星发展综述 [J]. 国际太空，2019(2)：34-41.

李芃芃，方箭，芒戈. 边境（界）地区地面无线电业务频率协调方法：2014 年度全国无线及移动通信学术大会论文集（C).（2014-09-26)：297-299.

刘悦，廖春发. 国外新兴卫星互联网星座的发展 [J]. 科技导报，2016(7)：139-148.

柳芳. 全球航空业的安全与效率 [J]. 国际电信联盟新闻杂志——为变化

中的世界划分频谱，2015( 5 ) : 31–34.

马里奥. 马尼维奇. WRC–19: 助力全球无线电通信迈向更美好的明天 [J]. 国际电信联盟新闻杂志——不断演进的新技术的频谱管理，2019( 5 ) : 6–10.

马里奥. 马尼维奇. 地面无线电通信的重要性 [J]. 国际电信联盟新闻杂志——地面无线电通信，2019( 4 ) : 4–7.

佩特里. 塔拉斯. 世界气象组织全球综合观测系统的空间设备 [J]. 国际电信联盟新闻杂志——监视我们不断变化的星球，2019( 1 ) : 12–15.

阮永井，胡敏，云朝明. 低轨大规模星座备份的挑战与分析 [C]. 第三届中国空天安全会议论文集 ( 2021–09–29 ).

邵培仁. 论人类传播史上的五次革命 [J]. 中国广播电视学刊，1996( 7 ) : 5–8.

宋雯. ITU 简史 [J]. 中国标准导报，2013( 8 ) : 62–63.

田伟. 关注“纸卫星”[J]. 卫星与网络，2014( 4 ) : 68–72.

肖巍，钱箭星. 人权与发展 [J]. 复旦学报 ( 社会科学版 )，2004( 3 ) : 104–109.

杨国华，成进.《移动设备国际利益公约》及其《关于航空器特定问题的议定书》简介 [J]. 法学评论，2002( 4 ) : 127–133.

杨敏敏，王芳，周新伟，张琳. 从国际高频协调会议看短波广播的发展 [J]. 广播电视信息，2007( 12 ) : 18–29.

赵理海. 外层空间法介绍 ( 二 ) ——外层空间的法律地位 ( 续 )[J]. 法学杂志，1994( 1 ) : 40–41.

郑雷. 论中国对专属经济区内他国军事活动的法律立场——以“无暇号”事件为视角 [J]. 法学家，2011( 1 ) : 137–146.

## 三、报告

Michael Krepon. A Code of Conduct for Responsible Space-faring Nations, 40 Years of the Outer Space Treaty[C]. Geneva: UNIDIR，2010( 2010–04–03 ).

Samuel Black. No Harmful Interference with Space Objects: The Key to Confidence-Building[R]. Washington: Henry L. Stimson Center, 2008.

工业和信息化部无线电管理局（国家无线电办公室）. 中国无线电管理年度报告（2019 年）[R].（2020-06）

国际电信联盟. ITU-R 研究组 [R]. 日内瓦：国际电信联盟，2020.

红十字国际委员会. 国际人道法及其在当代武装冲突中面临的挑战 [R]. 日内瓦：红十字国际委员会，2015.

## 四、学位论文

陈威. 论专属经济区的剩余权利 [D]. 北京：中国政法大学，2007.

李杨. 外空安全机制研究 [D]. 北京：中共中央党校，2018.